スバラシク実力がつくと評判の

演習 力学

キャンパス・ゼミ

改訂4 revision

MATHEMA マセマ

マセマ出版社

はじめに

既刊の『**力学キャンパス・ゼミ**』は多くの読者の皆様のご支持を頂いて，**物理学教育の新たなスタンダードな参考書**として定着してきているようです。そして，マセマには連日のようにこの『力学キャンパス・ゼミ』で養った実力をより確実なものとするための『**演習書(問題集)**』が欲しいとのご意見が寄せられてきました。このご要望にお応えするため，この『**演習 力学キャンパス・ゼミ 改訂4**』を作成致しました。

力学を単に理解するだけでなく，自分のものとして使いこなせるようになるために**問題練習は欠かせません**。
この『**演習 力学キャンパス・ゼミ 改訂4**』は，そのための**最適な演習書**と言えます。

ここで，まず本書の特徴を紹介しておきましょう。

- 『力学キャンパス・ゼミ』に準拠して全体を7章に分け，各章のはじめには，解法のパターンが一目で分かるように，*methods & formulae*(要項)を設けている。
- マセマオリジナルの頻出典型の演習問題を，各章毎に**分かりやすく体系立てて配置**している。
- 各演習問題には(ヒント)を設けて解法の糸口を示し，また(解答&解説)では，定評あるマセマ流の読者の目線に立った**親切で分かりやすい解説**で明快に解き明かしている。
- 演習問題の中には，類似問題を2題併記して，**2題目は穴あき形式**にして自分で穴を埋めながら実践的な練習ができるようにしている箇所も多数設けた。
- **2色刷り**の美しい構成で，読者の理解を助けるための**図解も豊富**に掲載している。

さらに，本書の具体的な利用法についても紹介しておきましょう。

- まず，各章毎に，*methods & formulae*(要項)と演習問題を一度**流し読み**して，学ぶべき内容の全体像を押さえる。

● 次に，(*methods & formulae*) (要項) を**精読**して，公式や定理，それに解法パターンを頭に入れる。そして，各演習問題の(解答 & 解説)を見ずに，問題文と(ヒント)のみ読んで，**自分なりの解答**を考える。
● その後，(解答 & 解説)をよく読んで，自分の解答と比較してみる。そして，間違っている場合は，**どこにミスがあったかをよく検討**する。
● 後日，また(解答 & 解説)を見ずに**再チャレンジ**する。
● そして，問題がスラスラ解けるようになるまで，何度でも納得がいくまで**反復練習**する。

以上の流れに従って練習していけば，力学も確実にマスターできますので，**大学や大学院の試験でも高得点で乗り切れる**はずです。この力学は大学で様々な自然科学を学習していく上での基礎となる分野です。ですから，これをマスターすることにより，さらに熱力学や電磁気学などの分野にも進むことができるのです。頑張りましょう。

また，この『**演習 力学キャンパス・ゼミ 改訂 4**』では『力学キャンパス・ゼミ』では扱えなかった**2 球の衝突，保存力の性質，規準振動，3 質点系の連成振動，実体振り子の力学的エネルギー，剛体の回転に関するオイラーの方程式の複素数による解法**なども詳しく解説しています。ですから，『**力学キャンパス・ゼミ**』を完璧にマスターできるだけでなく，さらに**ワンランク上の勉強**もできます。

この『**演習 力学キャンパス・ゼミ 改訂 4**』は皆さんの物理学の学習の**良きパートナーとなるべき演習書**です。本書によって，多くの方々が力学に開眼され，力学の面白さを堪能されることを願ってやみません。

皆様のさらなる成長を心より楽しみにしております。

マセマ代表　馬場 敬之(けいし)

この改訂 **4** では，Appendix(付録)の『**解析力学入門**』に新たに単振り子についてのハミルトンの正準方程式の演習問題を加えました。

目次

講義 1 Lecture 位置，速度，加速度 methods & formulae

§1. 位置，速度，加速度

1 直線上を運動する**質点**の**速度**と**加速度**の定義を下に示す。

1 次元運動の位置，速度，加速度

x 軸上を運動する質点 P の時刻 t における位置を $x = x(t)$ とおくと，時刻 t における速度 $v(t)$ と加速度 $a(t)$ は，次のように定義される。

(i) 速度 $v(t) = \dfrac{dx}{dt} = \dot{x}$　　(ii) 加速度 $a(t) = \dfrac{dv}{dt} = \dfrac{d^2x}{dt^2} = \ddot{x}$

(ex) 質点 P の位置が $x = t^3$ のとき，

速度 $v = \dfrac{dx}{dt} = (t^3)' = 3t^2$

加速度 $a = \dfrac{dv}{dt} = (3t^2)' = 6t$　となる。

この計算の流れを，右図に模式図で示す。

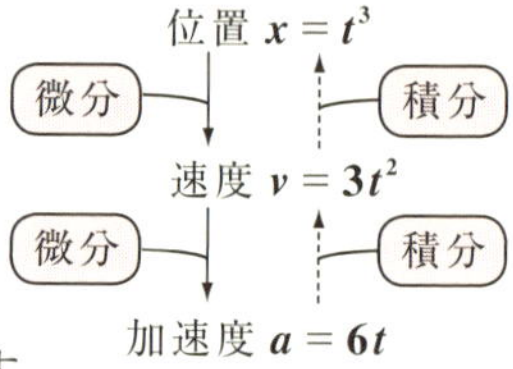

2 次元，3 次元の運動では，質点 P の位置ベクトル $\boldsymbol{r}(t)$ を時刻 t で微分することで速度ベクトル $\boldsymbol{v}(t)$，加速度ベクトル $\boldsymbol{a}(t)$ を順次求める。ここでは 2 次元運動の速度，加速度の定義を次に示す。3 次元の運動は，同様にこれに z 成分が加わるだけである。

2 次元運動の位置，速度，加速度

xy 座標平面上を運動する質点 P の時刻 t における位置ベクトルを $\boldsymbol{r}(t) = [x(t),\ y(t)]$ とおくと，時刻 t における速度ベクトル $\boldsymbol{v}(t)$ と加速度ベクトル $\boldsymbol{a}(t)$ は，次のように定義される。

(i) 速度ベクトル $\boldsymbol{v}(t) = \dfrac{d\boldsymbol{r}}{dt} = \dot{\boldsymbol{r}} = [\dot{x},\ \dot{y}] = \left[\dfrac{dx}{dt},\ \dfrac{dy}{dt}\right]$

(ii) 加速度ベクトル $\boldsymbol{a}(t) = \dfrac{d\boldsymbol{v}}{dt} = \dfrac{d^2\boldsymbol{r}}{dt^2} = \ddot{\boldsymbol{r}}$

$$= [\ddot{x},\ \ddot{y}] = \left[\frac{d^2x}{dt^2},\ \frac{d^2y}{dt^2}\right]$$

右図に示すように，2 次元運動する質点 P の xy 直交座標系における位置ベクトル $\boldsymbol{r}=[x,\ y]$ を，極座標を使って $\boldsymbol{r}=[r,\ \theta]$ と表すこともできる。この xy 座標と極座標の変換公式を下に示す。

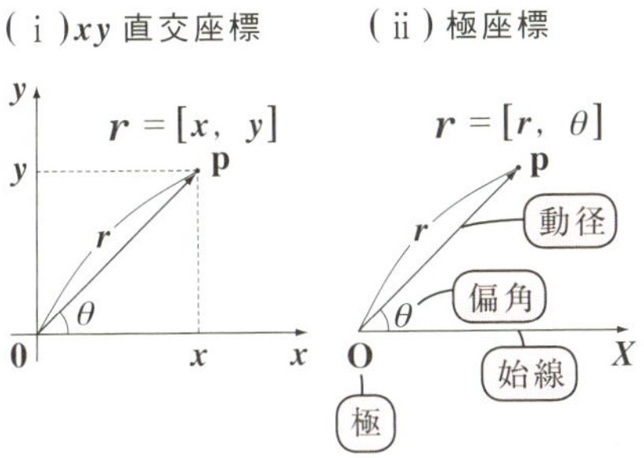

$$\begin{cases} x = r\cos\theta \\ y = r\sin\theta \end{cases} \qquad \begin{cases} r^2 = x^2 + y^2 \\ \theta = \tan^{-1}\dfrac{y}{x} \end{cases}$$

§ 2. 加速度の応用

2 次元，3 次元の運動で，質点 P の速度 $\boldsymbol{v}(t)$ の向きは常に軌道の接線方向と一致する。しかし，加速度 $\boldsymbol{a}(t)$ は接線方向だけでなく，これと直交する主法線方向にも成分をもつ。これをまとめて下に示す。

速度，加速度の $\boldsymbol{t}$ と $\boldsymbol{n}$ による表現

質点 P が位置ベクトル $\boldsymbol{r}(t)$ に従って運動するとき，この速度 $\boldsymbol{v}(t)$ と加速度 $\boldsymbol{a}(t)$ は，**単位接線ベクトル $\boldsymbol{t}$** と**単位主法線ベクトル $\boldsymbol{n}$** を使って，次のように表せる。

(i) 速度ベクトル $\boldsymbol{v}(t) = v\boldsymbol{t}$

(ii) 加速度ベクトル $\boldsymbol{a}(t) = \dfrac{dv}{dt}\boldsymbol{t} + \dfrac{v^2}{R}\boldsymbol{n}$

（ただし，$v = \|\boldsymbol{v}\|$：速さ，R：**曲率半径**）

また，運動する質点の速度 $\boldsymbol{v}(t)$ と加速度 $\boldsymbol{a}(t)$ の $r\theta$ 座標表示を下に示す。

$\boldsymbol{v}(t)$ と $\boldsymbol{a}(t)$ の $r\theta$ 座標表示

質点 P が，極座標表示された位置ベクトル $\boldsymbol{r}(t) = [r(t),\ \theta(t)]$ に従って運動するとき，P の速度 $\boldsymbol{v}(t)$ と加速度 $\boldsymbol{a}(t)$ の $r\theta$ 座標表示は，次のようになる。

(i) 速度ベクトル $\boldsymbol{v}(t) = [v_r,\ v_\theta] = [\dot{r},\ r\dot{\theta}]$

(ii) 加速度ベクトル $\boldsymbol{a}(t) = [a_r,\ a_\theta] = \left[\ddot{r} - r\dot{\theta}^2,\ \dfrac{1}{r}\dfrac{d}{dt}(r^2\dot{\theta})\right] = [\ddot{r} - r\dot{\theta}^2,\ 2\dot{r}\dot{\theta} + r\ddot{\theta}]$

演習問題 1 ●1次元運動の位置，速度，加速度 (I)●

(1) 滑らかな床面上で，壁から自然長 l_0 のバネの先に重り（質点）P を付け，これを A だけ伸ばして静かに手を離し，単振動をさせる。P の位置 x を，$x = A\sin(\omega t + \phi)$ とおいて，初期条件：時刻 $t = 0$ のとき，位置 $x_0 = A$ の下で，P の位置 x，速度 v，加速度 a を t の関数として表せ。（ただし，$0 \leqq \phi < 2\pi$ とする。）

(2) 滑らかな床面上で，質点 P が加速度 $a = -2$ で直線運動する。初期条件：時刻 $t = 0$ のとき，初速度 $v_0 = 4$，位置 $x_0 = 3$ の下で，P の速度 v，位置 x を t の関数として表せ。

ヒント！ (1)位置 x を t で順に微分することで，速度 v，加速度 a を求める。(2)逆に，加速度 $a = -2$ からスタートして，t で順に積分すれば速度 v，位置 x が求まる。

解答＆解説

(1) 位置 $x = A\sin(\omega t + \phi)$ とおくと，初期条件：$t = 0$ のとき $x_0 = A$ より，

$x_0 = A\sin(\omega \cdot 0 + \phi) = A\sin\phi = A$ 　 $\therefore \sin\phi = 1$ より，$\phi = \frac{\pi}{2}$ だから，

位置 $x = A\sin\left(\omega t + \frac{\pi}{2}\right)$ …① となる。 ……………………(答)

速度 $v = \dot{x} = \frac{d}{dt}\left\{A\sin\left(\omega t + \frac{\pi}{2}\right)\right\} = \omega A\cos\left(\omega t + \frac{\pi}{2}\right)$ ……………(答)

加速度 $a = \dot{v} = \ddot{x} = \frac{d}{dt}\left\{\omega A\cos\left(\omega t + \frac{\pi}{2}\right)\right\} = -\omega^2 A\sin\left(\omega t + \frac{\pi}{2}\right)$ …② …(答)

（$A\sin\left(\omega t + \frac{\pi}{2}\right)$ は x（①より））

①を②に代入して，$a = -\omega^2 x$ となる。

(2) 加速度 $a = -2$ より，速度 $v = \int a\,dt = \int -2\,dt = -2t + C_1$

初期条件：$t = 0$ のとき $v_0 = 4$ より，$v_0 = -2 \cdot 0 + C_1 = C_1 = 4$

$\therefore$ 速度 $v = -2t + 4$ ……………………………………(答)

位置 $x = \int v\,dt = \int (-2t + 4)\,dt = -t^2 + 4t + C_2$

初期条件：$t = 0$ のとき $x_0 = 3$ より，$x_0 = -0^2 + 4 \cdot 0 + C_2 = C_2 = 3$

$\therefore$ 位置 $x = -t^2 + 4t + 3$ となる。 ……………………(答)

演習問題 2　● 1 次元運動の位置，速度，加速度 (Ⅱ) ●

(1) 滑らかな床面上で，壁から自然長 l_0 のバネの先に重り (質点) **P** を付け，これを A だけ伸ばして静かに手を離し，単振動をさせる。**P** の位置 x を，$x = A\cos(\omega t + \phi)$ とおいて，初期条件：時刻 $t = 0$ のとき，位置 $x_0 = A$ の下で，**P** の位置 x，速度 v，加速度 a を t の関数として表せ。
(ただし，$0 \leqq \phi < 2\pi$ とする。)

(2) 滑らかな床面上で，質点 **P** が加速度 $a = 4$ で直線運動する。初期条件：時刻 $t = 0$ のとき，初速度 $v_0 = -2$，位置 $x_0 = -1$ の下で，**P** の速度 v，位置 x を t の関数として表せ。

ヒント！ 演習問題 1 と同様に求めればいい。

解答＆解説

(1) 位置 $x = A\cos(\omega t + \phi)$ とおくと，初期条件：$t = 0$ のとき $x_0 = A$ より，

$x_0 = A\cos(\omega \cdot 0 + \phi) = A\cos\phi = A$　　$\therefore \cos\phi = 1$ より，$\phi =$ (ア) だから，

位置 $x = A\cos\omega t$　…①　となる。 ……………………………(答)

速度 $v = \dot{x} = \dfrac{d}{dt}(A\cos\omega t) = -\omega$ (イ) ……………………(答)

加速度 $a = \dot{v} = \ddot{x} = \dfrac{d}{dt}(-\omega A\sin\omega t) = -\omega^2 A\cos\omega t$　…②　………(答)

（$A\cos\omega t$ は x (①より)）

①を②に代入して，$a = -\omega^2 x$ となる。

(2) 加速度 $a = 4$ より，速度 $v = \int a\,dt = \int 4\,dt = 4t + C_1$

初期条件：$t = 0$ のとき $v_0 = -2$ より，$v_0 = 4 \cdot 0 + C_1 = C_1 = -2$

$\therefore$ 速度 $v =$ (ウ) ……………………………………(答)

位置 $x = \int v\,dt = \int (4t - 2)\,dt = 2t^2 - 2t + C_2$

初期条件：$t = 0$ のとき $x_0 = -1$ より，$x_0 = 2 \cdot 0^2 - 2 \cdot 0 + C_2 = -1$

$\therefore$ 位置 $x =$ (エ)　となる。 ……………………………(答)

解答　(ア) 0　　(イ) $A\sin\omega t$　　(ウ) $4t - 2$　　(エ) $2t^2 - 2t - 1$

演習問題 3　●2 次元運動の速度，加速度 (Ⅰ)●

次の位置ベクトル $\boldsymbol{r}(t)$ で表される質点 P の運動の速度 $\boldsymbol{v}(t)$ と加速度 $\boldsymbol{a}(t)$ を求めよ。さらに，点 P の軌道の方程式を導き，それを図示せよ。

(1) $\boldsymbol{r}(t)=[t,\ \log(t-1)]\ (t \geqq 2)$　(2) $\boldsymbol{r}(t)=[2\cos(\omega t+1),\ 2\sin(\omega t+1)]\ (\omega>0)$

ヒント！ $\boldsymbol{r}(t)$ を時刻 t で 1 回微分して，速度ベクトル $\boldsymbol{v}(t)$ を，2 回微分して加速度ベクトル $\boldsymbol{a}(t)$ を求める。$\boldsymbol{r}(t)=[x(t),\ y(t)]$ とおいて，x と y の関係式が P の軌道の方程式となる。

解答＆解説

(1) $\boldsymbol{r}(t)=[x(t),\ y(t)]=[t,\ \log(t-1)]$ を時刻 t で順に 2 回微分して，

速度 $\boldsymbol{v}(t)=[\dot{x},\ \dot{y}]=[t',\ \{\log(t-1)\}']=\left[1,\ \dfrac{1}{t-1}\right]$ ……………………(答)

加速度 $\boldsymbol{a}(t)=[\ddot{x},\ \ddot{y}]=\left[1',\ \left(\dfrac{1}{t-1}\right)'\right]=\left[0,\ -\dfrac{1}{(t-1)^2}\right]$ ……………………(答)

また，$x=t,\ y=\log(t-1)$ より時刻 t を消去して，
質点 P の軌道の方程式は，
$y=\log(x-1)\quad(x \geqq 2)$ である。……(答)
これを右図に示す。 ……………………(答)

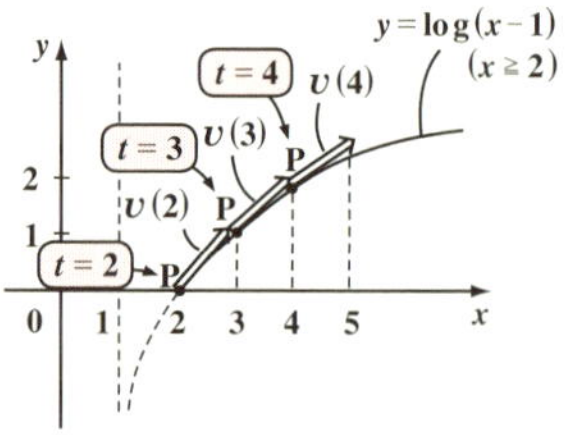

(2) $\boldsymbol{r}(t)=[2\cos(\omega t+1),\ 2\sin(\omega t+1)]$ を時刻 t で順に 2 回微分して，

速度 $\boldsymbol{v}(t)=[v_x,\ v_y]=[\dot{x},\ \dot{y}]=[\{2\cos(\omega t+1)\}',\ \{2\sin(\omega t+1)\}']$
$=[-2\omega\sin(\omega t+1),\ 2\omega\cos(\omega t+1)]$ ……………………(答)

加速度 $\boldsymbol{a}(t)=[a_x,\ a_y]=[\ddot{x},\ \ddot{y}]=[\{-2\omega\sin(\omega t+1)\}',\ \{2\omega\cos(\omega t+1)\}']$
$=[-2\omega^2\cos(\omega t+1),\ -2\omega^2\sin(\omega t+1)]\ (=-\omega^2\cdot\boldsymbol{r}(t))$ …(答)

また，$x^2+y^2=4\{\underbrace{\cos^2(\omega t+1)+\sin^2(\omega t+1)}_{1}\}=4$

∴質点 P の軌道の方程式は，
$x^2+y^2=4$　である。…………(答)
これを右図に示す。 …………(答)

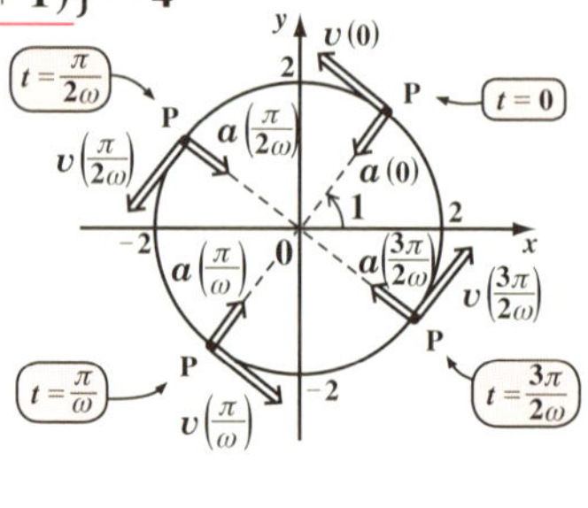

演習問題 4 ● 2 次元運動の速度，加速度 (II) ●

次の位置ベクトル $\boldsymbol{r}(t)$ で表される質点 P の運動の速度 $\boldsymbol{v}(t)$ と加速度 $\boldsymbol{a}(t)$ を求めよ。さらに，点 P の軌道の方程式を導き，それを図示せよ。

(1) $\boldsymbol{r}(t) = [e^t,\ t]\ (t \geqq 0)$　　(2) $\boldsymbol{r}(t) = [\cos(\omega t - 1),\ \sin(\omega t - 1)]\ (\omega > 0)$

ヒント！ 速度 $\boldsymbol{v}(t) = \dot{\boldsymbol{r}}(t)$，加速度 $\boldsymbol{a}(t) = \dot{\boldsymbol{v}}(t) = \ddot{\boldsymbol{r}}(t)$ だ。

解答＆解説

(1) $\boldsymbol{r}(t) = [x(t),\ y(t)] = [e^t,\ t]$ を時刻 t で順に 2 回微分して，

速度 $\boldsymbol{v}(t) = [\dot{x},\ \dot{y}] = [(e^t)',\ t'] = [e^t,\ 1]$ ……………………………(答)

加速度 $\boldsymbol{a}(t) = [\ddot{x},\ \ddot{y}] = [(e^t)',\ 1'] = [e^t,\ 0]$ …………………………(答)

また，$x = e^t$，$y = t$ より時刻 t を消去して，

質点 P の軌道の方程式は，

$x = e^y\ (y \geqq 0)$　である。…………(答)

これを右図に示す。………………(答)

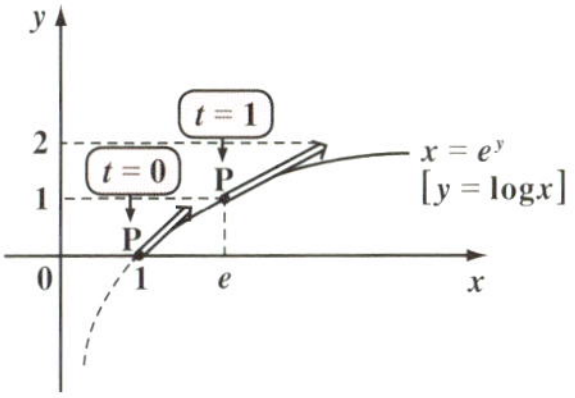

(2) $\boldsymbol{r}(t) = [\cos(\omega t - 1),\ \sin(\omega t - 1)]$ を時刻 t で順に 2 回微分して，

速度 $\boldsymbol{v}(t) = [v_x,\ v_y] = [\dot{x},\ \dot{y}] = [\{\cos(\omega t - 1)\}',\ \{\sin(\omega t - 1)'\}]$

$= [-\omega\sin(\omega t - 1),\ \omega\cos(\omega t - 1)]$ ……………………(答)

加速度 $\boldsymbol{a}(t) = [a_x,\ a_y] = [\ddot{x},\ \ddot{y}] = [\{-\omega\sin(\omega t - 1)\}',\ \{\omega\cos(\omega t - 1)\}']$

$= [-\omega^2\cos(\omega t - 1),\ -\omega^2\sin(\omega t - 1)](= -\omega^2\boldsymbol{r}(t))$…(答)

また，$x^2 + y^2 = \underbrace{\cos^2(\omega t - 1) + \sin^2(\omega t - 1)}_{1} = 1$

∴質点 P の軌道の方程式は，

$x^2 + y^2 = 1$　である。………(答)

これを右図に示す。………(答)

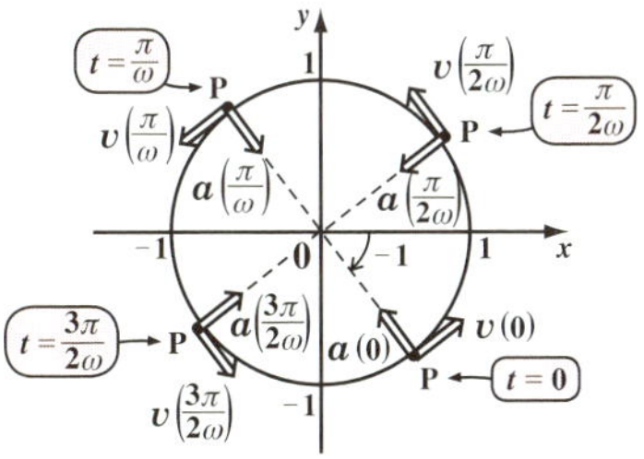

演習問題 5 ● 2次元の位置ベクトルの極座標表示（Ⅰ）●

次の xy 座標で表された各位置ベクトル $\boldsymbol{r}(t)$ を極座標で表せ。

(1) $\boldsymbol{r}(t) = [x,\ y] = [t,\ \log(t-1)]$ （ただし，$t>1$）

(2) $\boldsymbol{r}(t) = [x,\ y] = [2\cos(\omega t+1),\ 2\sin(\omega t+1)]$ （ただし，$\omega>0$）

ヒント！ xy 座標と極座標の変換公式：$r^2 = x^2+y^2$，$\theta = \tan^{-1}\dfrac{y}{x}$ を使う。

解答＆解説

(1) xy 座標→極座標の変換公式より，

$\cdot\, r^2 = x^2+y^2 = t^2+\{\log(t-1)\}^2$

$\therefore\ r = \sqrt{t^2+\{\log(t-1)\}^2}$

$\cdot\, \dfrac{y}{x} = \dfrac{\log(t-1)}{t}\quad (=\tan\theta)$

$\therefore\ \theta = \tan^{-1}\dfrac{\log(t-1)}{t}$

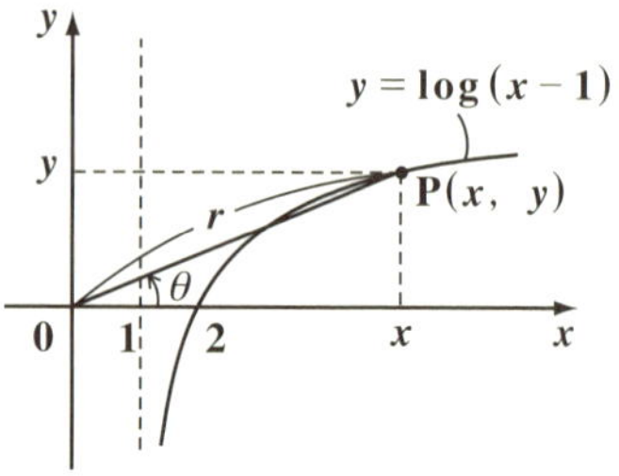

以上より，$\boldsymbol{r}(t)$ を極座標で表すと，

$$\boldsymbol{r}(t) = [r,\ \theta] = \left[\sqrt{t^2+\{\log(t-1)\}^2},\ \tan^{-1}\frac{\log(t-1)}{t}\right]$$ ………(答)

(2) xy 座標→極座標の変換公式より，

$\cdot\, r^2 = x^2+y^2 = 4\{\underbrace{\cos^2(\omega t+1)+\sin^2(\omega t+1)}_{1}\} = 4 \quad \therefore\ r = 2$ ←定数

$\cdot\, x \neq 0$ として，

$\dfrac{y}{x} = \dfrac{\cancel{2}\sin(\omega t+1)}{\cancel{2}\cos(\omega t+1)} = \tan(\omega t+1)\ (=\tan\theta)$

$\therefore\ \theta = \omega t+1$

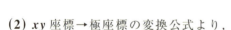

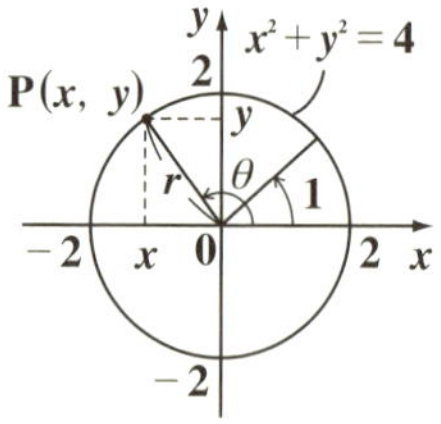

一般には，$\theta = \omega t+1+n\pi$ （n：整数）だが，$n=0$ として示した。

以上より，$\boldsymbol{r}(t)$ を極座標で表すと，

$$\boldsymbol{r}(t) = [r,\ \theta] = [2,\ \omega t+1]$$ ………(答)

演習問題 6　● 2次元の位置ベクトルの極座標表示(Ⅱ) ●

次の xy 座標で表された各位置ベクトル $\boldsymbol{r}(t)$ を極座標で表せ。

(1) $\boldsymbol{r}(t)=[x,\ y]=[e^t,\ t]$

(2) $\boldsymbol{r}(t)=[x,\ y]=[\cos(\omega t-1),\ \sin(\omega t-1)]$　（ただし，$\omega>0$）

ヒント！ xy 座標と極座標の変換公式を使う。

解答＆解説

(1) xy 座標→極座標の変換公式より，

$\cdot\ r^2=x^2+y^2=e^{2t}+t^2$　$\therefore\ r=$ (ア)

$\cdot\ \dfrac{y}{x}=\dfrac{t}{e^t}(=\tan\theta)$　$\therefore\ \theta=$ (イ)

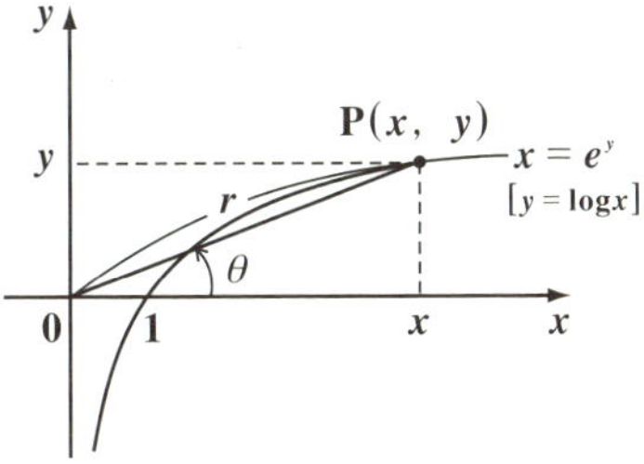

以上より，$\boldsymbol{r}(t)$ を極座標で表すと，

$\boldsymbol{r}(t)=[r,\ \theta]=[$ (ア) , (イ) $]$ ……………………………(答)

(2) xy 座標→極座標の変換公式より，

$\cdot\ r^2=x^2+y^2=\underline{\cos^2(\omega t-1)+\sin^2(\omega t-1)}=1$　$\therefore\ r=$ (ウ) ←定数

（下線部 $=1$）

$\cdot\ x\neq 0$ として，$\dfrac{y}{x}=\dfrac{\sin(\omega t-1)}{\cos(\omega t-1)}=\tan(\omega t-1)\ (=\tan\theta)$

$\therefore\ \theta=$ (エ)

以上より，$\boldsymbol{r}(t)$ を極座標で表すと，

$\boldsymbol{r}(t)=[r,\ \theta]=[$ (ウ) , (エ) $]$　……(答)

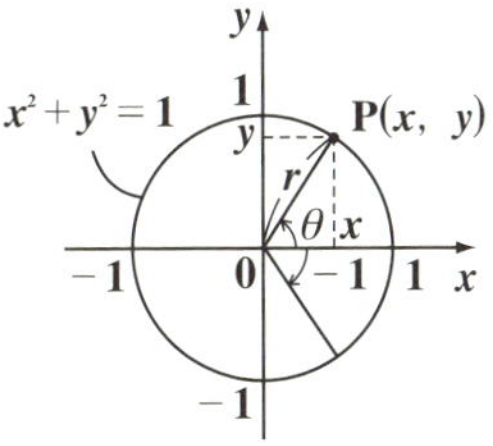

解答　(ア) $\sqrt{e^{2t}+t^2}$　(イ) $\tan^{-1}\dfrac{t}{e^t}$　(ウ) 1　(エ) $\omega t-1$（または，$\omega t-1+n\pi$）

演習問題 7 ● 内積・外積・ベクトル 3 重積 (Ⅰ) ●

$\boldsymbol{a}=[1,\ -2,\ -3]$, $\boldsymbol{b}=[4,\ 1,\ -7]$, $\boldsymbol{c}=[-2,\ 3,\ 5]$ のとき,

(1) 内積 $\boldsymbol{a}\cdot\boldsymbol{b}$, $\boldsymbol{a}\cdot\boldsymbol{c}$ を求めよ。 (2) 外積 $\boldsymbol{b}\times\boldsymbol{c}$, $\boldsymbol{a}\times(\boldsymbol{b}\times\boldsymbol{c})$ を求めよ。

(3) $\boldsymbol{a}\times(\boldsymbol{b}\times\boldsymbol{c})=(\boldsymbol{a}\cdot\boldsymbol{c})\boldsymbol{b}-(\boldsymbol{a}\cdot\boldsymbol{b})\boldsymbol{c}$ …(＊) が成り立つことを確認せよ。

ヒント！ (1)(2) $\boldsymbol{a}=[a_1,\ a_2,\ a_3]$, $\boldsymbol{b}=[b_1,\ b_2,\ b_3]$ のとき, 内積 $\boldsymbol{a}\cdot\boldsymbol{b}=a_1b_1+a_2b_2+a_3b_3$, 外積 $\boldsymbol{a}\times\boldsymbol{b}=[a_2b_3-a_3b_2,\ a_3b_1-a_1b_3,\ a_1b_2-a_2b_1]$ となる。(3) は (1)(2) の結果を使う。(＊) はベクトル 3 重積の公式だ。

解答＆解説

内積公式
$\boldsymbol{a}\cdot\boldsymbol{b}=a_1b_1+a_2b_2+a_3b_3$

(1) $\boldsymbol{a}=[1,\ -2,\ -3]$, $\boldsymbol{b}=[4,\ 1,\ -7]$ より,

$\boldsymbol{a}\cdot\boldsymbol{b}=1\cdot4+(-2)\cdot1+(-3)\cdot(-7)=23$ ……………………………(答)

$\boldsymbol{a}=[1,\ -2,\ -3]$, $\boldsymbol{c}=[-2,\ 3,\ 5]$ より,

$\boldsymbol{a}\cdot\boldsymbol{c}=1\cdot(-2)+(-2)\cdot3+(-3)\cdot5=-23$ ……………………(答)

(2) $\boldsymbol{b}=[4,\ 1,\ -7]$, $\boldsymbol{c}=[-2,\ 3,\ 5]$ の外積は,

$\boldsymbol{b}\times\boldsymbol{c}=[26,\ -6,\ 14]$ ……(答)

$\boldsymbol{a}=[1,-2,-3]$, $\boldsymbol{b}\times\boldsymbol{c}=[26,-6,14]$ の外積は,

$\boldsymbol{a}\times(\boldsymbol{b}\times\boldsymbol{c})=[-46,\ -92,\ 46]$ …① …(答)

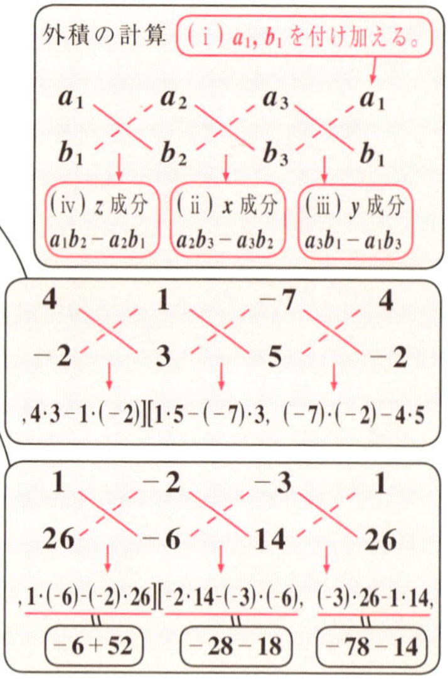

(3) (1) より, $\boldsymbol{a}\cdot\boldsymbol{c}=-23$, $\boldsymbol{a}\cdot\boldsymbol{b}=23$

$\therefore\ (\boldsymbol{a}\cdot\boldsymbol{c})\boldsymbol{b}-(\boldsymbol{a}\cdot\boldsymbol{b})\boldsymbol{c}$

$=-23[4,\ 1,\ -7]-23[-2,\ 3,\ 5]$

$=[-92,\ -23,\ 161]-[-46,\ 69,\ 115]$

$=[-92+46,\ -23-69,\ 161-115]$

$=[-46,\ -92,\ 46]$ ……②

以上①, ②より,

公式

$\boldsymbol{a}\times(\boldsymbol{b}\times\boldsymbol{c})=(\boldsymbol{a}\cdot\boldsymbol{c})\boldsymbol{b}-(\boldsymbol{a}\cdot\boldsymbol{b})\boldsymbol{c}$ …(＊) は成り立つ。 ………(終)

演習問題 8 ● 内積・外積・ベクトル 3 重積 (Ⅱ) ●

$\boldsymbol{a}=[4,\ 2,\ 1]$，$\boldsymbol{b}=[1,\ 0,\ -2]$，$\boldsymbol{c}=[5,\ 3,\ 1]$ のとき，

(1) 内積 $\boldsymbol{a}\cdot\boldsymbol{b}$，$\boldsymbol{a}\cdot\boldsymbol{c}$ を求めよ。 (2) 外積 $\boldsymbol{b}\times\boldsymbol{c}$，$\boldsymbol{a}\times(\boldsymbol{b}\times\boldsymbol{c})$ を求めよ。

(3) $\boldsymbol{a}\times(\boldsymbol{b}\times\boldsymbol{c})=(\boldsymbol{a}\cdot\boldsymbol{c})\boldsymbol{b}-(\boldsymbol{a}\cdot\boldsymbol{b})\boldsymbol{c}$ …(∗) が成り立つことを確認せよ。

ヒント！ $\boldsymbol{a}=[a_1,\ a_2,\ a_3]$，$\boldsymbol{b}=[b_1,\ b_2,\ b_3]$ のとき，(1) 内積 $\boldsymbol{a}\cdot\boldsymbol{b}$ はスカラー値であり，$\boldsymbol{a}\cdot\boldsymbol{b}=a_1b_1+a_2b_2+a_3b_3$，(2) 外積 $\boldsymbol{a}\times\boldsymbol{b}$ はベクトルで，$\boldsymbol{a}\times\boldsymbol{b}=[a_2b_3-a_3b_2,\ a_3b_1-a_1b_3,\ a_1b_2-a_2b_1]$ となる。(∗) は P199 で使う。

解答＆解説

公式
$\boldsymbol{a}\cdot\boldsymbol{b}=a_1b_1+a_2b_2+a_3b_3$

(1) $\boldsymbol{a}=[4,\ 2,\ 1]$，$\boldsymbol{b}=[1,\ 0,\ -2]$ より，

$\boldsymbol{a}\cdot\boldsymbol{b}=4\cdot1+2\cdot0+1\cdot(-2)=2$ ……………………………………(答)

$\boldsymbol{a}=[4,\ 2,\ 1]$，$\boldsymbol{c}=[5,\ 3,\ 1]$ より，

$\boldsymbol{a}\cdot\boldsymbol{c}=$ (ア) $=27$ ……(答)

(2) $\boldsymbol{b}=[1,\ 0,\ -2]$，$\boldsymbol{c}=[5,\ 3,\ 1]$ より，

$\boldsymbol{b}\times\boldsymbol{c}=$ (イ) ……(答)

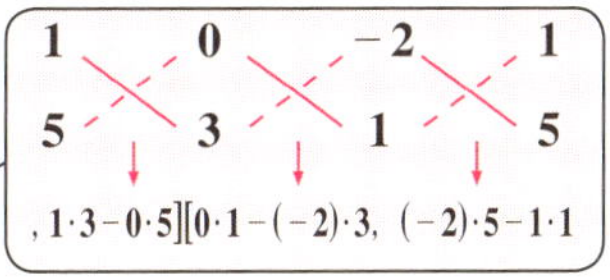

$\boldsymbol{a}=[4,\ 2,\ 1]$，$\boldsymbol{b}\times\boldsymbol{c}=$ (イ) より，

$\boldsymbol{a}\times(\boldsymbol{b}\times\boldsymbol{c})=$ (ウ) …①

……(答)

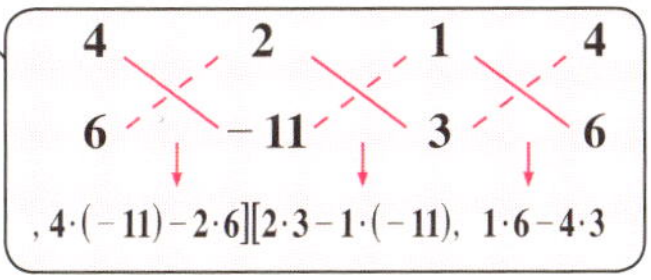

(3) (1) より，$\boldsymbol{a}\cdot\boldsymbol{c}=27$，$\boldsymbol{a}\cdot\boldsymbol{b}=2$

$\therefore\ (\boldsymbol{a}\cdot\boldsymbol{c})\boldsymbol{b}-(\boldsymbol{a}\cdot\boldsymbol{b})\boldsymbol{c}=27[1,\ 0,\ -2]-2[5,\ 3,\ 1]$

$=[27,\ 0,\ -54]-[10,\ 6,\ 2]$

$=$ (ウ) …②

以上①，②より，

$\boldsymbol{a}\times(\boldsymbol{b}\times\boldsymbol{c})=(\boldsymbol{a}\cdot\boldsymbol{c})\boldsymbol{b}-(\boldsymbol{a}\cdot\boldsymbol{b})\boldsymbol{c}$ ……(∗) は成り立つ。 ……(終)

解答 (ア) $4\cdot5+2\cdot3+1\cdot1$ (イ) $[6,\ -11,\ 3]$ (ウ) $[17,\ -6,\ -56]$

演習問題 9　●3次元運動の速度，加速度(Ⅰ)●

次の各位置ベクトル $\boldsymbol{r}(t)$ で表される質点Pの運動の速度 $\boldsymbol{v}(t)$ と加速度 $\boldsymbol{a}(t)$ を求めよ。また，点Pの軌道の概形を描け。((1) $t \geqq 2$，(2) $t \geqq 0$ とする。)

(1) $\boldsymbol{r}(t) = [t, \log(t-1), 1-t]$　(2) $\boldsymbol{r}(t) = [2\cos(\omega t+1), 2\sin(\omega t+1), 3t]$ $(\omega > 0)$

ヒント！ (1)(2)とも，$\boldsymbol{v}(t) = \dot{\boldsymbol{r}}(t)$，$\boldsymbol{a}(t) = \dot{\boldsymbol{v}}(t)$ を計算する。

解答＆解説

(1) $\boldsymbol{r}(t) = [x(t), y(t), z(t)] = [t, \log(t-1), 1-t]$ を時刻 t で順に2回微分すると，

$$\begin{cases} \text{速度 } \boldsymbol{v}(t) = [\dot{x}, \dot{y}, \dot{z}] = \left[1, \dfrac{1}{t-1}, -1\right] & \cdots\cdots(\text{答}) \\ \text{加速度 } \boldsymbol{a}(t) = [\ddot{x}, \ddot{y}, \ddot{z}] = \left[0, -\dfrac{1}{(t-1)^2}, 0\right] & \cdots\cdots(\text{答}) \end{cases}$$

ここで，$t = 2$，3，4 に対応するPの位置ベクトル $\boldsymbol{r}(t)$ は，

$\boldsymbol{r}(2) = [2, 0, -1]$

$\boldsymbol{r}(3) = [3, \log 2, -2]$

$\boldsymbol{r}(4) = [4, \log 3, -3]$

これより，点Pの軌道の概形を右図に示す。…………(答)

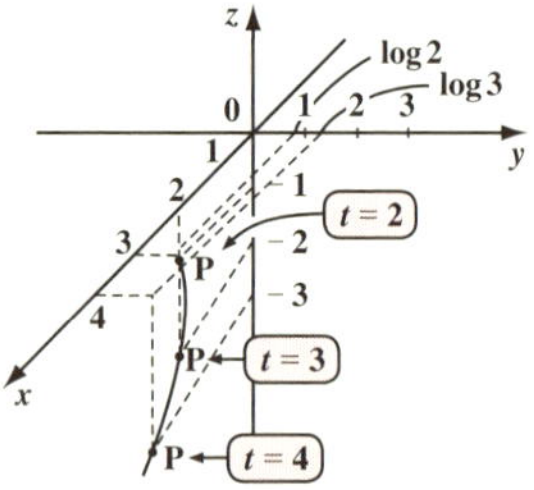

(2) $\boldsymbol{r}(t) = [2\cos(\omega t+1), 2\sin(\omega t+1), 3t]$ を t で順に2回微分すると，

$$\begin{cases} \text{速度 } \boldsymbol{v}(t) = [-2\omega\sin(\omega t+1), \ 2\omega\cos(\omega t+1), \ 3] & \cdots\cdots(\text{答}) \\ \text{加速度 } \boldsymbol{a}(t) = [-2\omega^2\cos(\omega t+1), \ -2\omega^2\sin(\omega t+1), \ 0] & \cdots\cdots(\text{答}) \end{cases}$$

ここで，$t = 0, \dfrac{\pi}{2\omega}, \dfrac{\pi}{\omega}, \dfrac{3\pi}{2\omega}$ に対応するPの位置ベクトル $\boldsymbol{r}(t)$ は，

$\boldsymbol{r}(0) = [2\cos 1, 2\sin 1, 0]$

$\boldsymbol{r}\left(\dfrac{\pi}{2\omega}\right) = \left[2\cos\left(\dfrac{\pi}{2}+1\right), 2\sin\left(\dfrac{\pi}{2}+1\right), \dfrac{3\pi}{2\omega}\right]$

$\boldsymbol{r}\left(\dfrac{\pi}{\omega}\right) = \left[2\cos(\pi+1), 2\sin(\pi+1), \dfrac{3\pi}{\omega}\right]$

$\boldsymbol{r}\left(\dfrac{3\pi}{2\omega}\right) = \left[2\cos\left(\dfrac{3}{2}\pi+1\right), 2\sin\left(\dfrac{3}{2}\pi+1\right), \dfrac{9\pi}{2\omega}\right]$

これより，点Pの軌道の概形を右図に示す。

………(答)

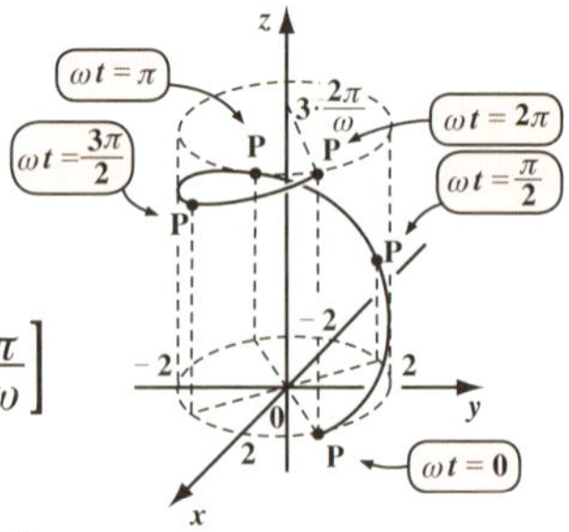

演習問題 10　●3次元運動の速度，加速度（Ⅱ）●

次の各位置ベクトル $\boldsymbol{r}(t)$ で表される質点 P の運動の速度 $\boldsymbol{v}(t)$ と加速度 $\boldsymbol{a}(t)$ を求めよ。また，点 P の軌道の概形を描け。((1)(2)共に，$t \geqq 0$ とする。)

(1) $\boldsymbol{r}(t) = [e^t,\ t,\ 2t]$　(2) $\boldsymbol{r}(t) = [\cos(\omega t - 1),\ \sin(\omega t - 1),\ -2t]\ (\omega > 0)$

ヒント！ $\boldsymbol{r}(t)$ の x, y, z 成分を，時刻 t で順に2回微分して，$\boldsymbol{v}(t)$, $\boldsymbol{a}(t)$ を求める。

解答＆解説

(1) $\boldsymbol{r}(t) = [e^t,\ t,\ 2t]$ を時刻 t で順に2回微分して，

速度 $\boldsymbol{v}(t) = [(e^t)',\ t',\ (2t)'] =$ (ア) ……………………(答)

加速度 $\boldsymbol{a}(t) = [(e^t)',\ 1',\ 2'] = [e^t,\ 0,\ 0]$ ……………………(答)

ここで，

$\boldsymbol{r}(0) = [e^0,\ 0,\ 0] = [1,\ 0,\ 0]$

$\boldsymbol{r}(1) = [e,\ 1,\ 2]$

$\boldsymbol{r}(2) = [e^2,\ 2,\ 4]$

これより，点 P の軌道の概形を右図に示す。……………………(答)

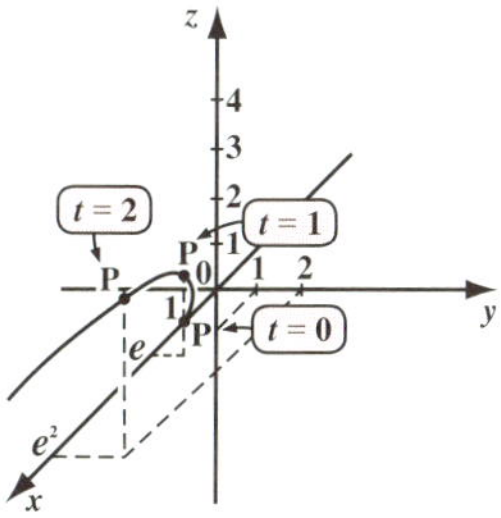

(2) $\boldsymbol{r}(t) = [\cos(\omega t - 1),\ \sin(\omega t - 1),\ -2t]$ を時刻 t で順に2回微分すると，

速度 $\boldsymbol{v}(t) = [-\omega\sin(\omega t - 1),\ \omega\cos(\omega t - 1),\ -2]$ ……………(答)

加速度 $\boldsymbol{a}(t) = [-\omega^2\cos(\omega t - 1),$ (イ) $,\ 0]$ …………(答)

ここで，

$\boldsymbol{r}(0) = [\cos(-1),\ \sin(-1),\ 0]$

$\boldsymbol{r}\left(\frac{\pi}{2\omega}\right) = \left[\cos\left(\frac{\pi}{2} - 1\right),\ \sin\left(\frac{\pi}{2} - 1\right),\ -\frac{\pi}{\omega}\right]$

$\boldsymbol{r}\left(\frac{\pi}{\omega}\right) = \left[\cos(\pi - 1),\ \sin(\pi - 1),\ -\frac{2\pi}{\omega}\right]$

$\boldsymbol{r}\left(\frac{3\pi}{2\omega}\right) = \left[\cos\left(\frac{3}{2}\pi - 1\right),\right.$ (ウ) $\left.,\ -\frac{3\pi}{\omega}\right]$

点 P の軌道の概形を右図に示す。……(答)

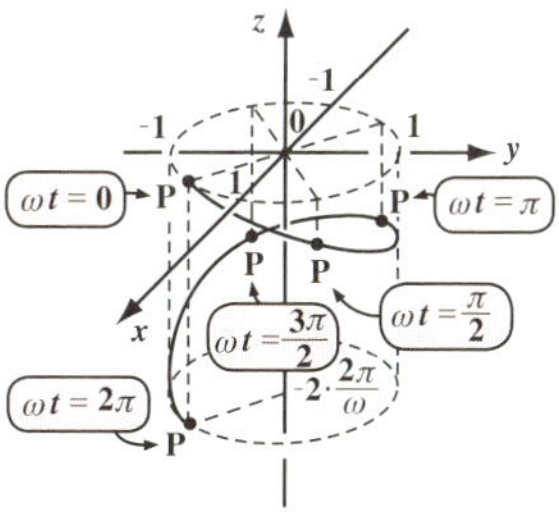

解答　(ア) $[e^t,\ 1,\ 2]$　(イ) $-\omega^2\sin(\omega t - 1)$　(ウ) $\sin\left(\frac{3}{2}\pi - 1\right)$

演習問題 11　● 速さと曲率半径（Ⅰ）●

xyz 座標系で，位置ベクトル $\boldsymbol{r}(t) = [t,\ t^2,\ 1-t]$ で表される質点 P の運動の時刻 t における速さ v と曲率半径 R を求めよ。

ヒント！ 加速度 $\boldsymbol{a}(t)$ は，単位接線ベクトル $\boldsymbol{t}$ と単位主法線ベクトル $\boldsymbol{n}$ を用いて，$\boldsymbol{a}(t) = \frac{dv}{dt}\boldsymbol{t} + \frac{v^2}{R}\boldsymbol{n}$ $(v = \|\boldsymbol{v}(t)\|$：速さ，$R$：曲率半径）と表せる。

解答＆解説

$\boldsymbol{r}(t)$ を t で順次微分して，質点 P の速度 $\boldsymbol{v}(t)$ と加速度 $\boldsymbol{a}(t)$ は，

$\boldsymbol{v}(t) = [1,\ 2t,\ -1]$ ……①，　$\boldsymbol{a}(t) = [0,\ 2,\ 0]$ ……② となる。

①より，

速さ $v = \|\boldsymbol{v}(t)\| = \sqrt{1^2 + (2t)^2 + (-1)^2} = \sqrt{4t^2+2}$ …③ ………………（答）

（合成関数の微分）

$$\therefore \frac{dv}{dt} = \frac{1}{2}(4t^2+2)^{-\frac{1}{2}} \cdot 8t = \frac{4t}{\sqrt{4t^2+2}} \quad \cdots\cdots④$$

③と④を，$\boldsymbol{a}(t) = \frac{dv}{dt}\boldsymbol{t} + \frac{v^2}{R}\boldsymbol{n}$ に代入して，

$$\boldsymbol{a}(t) = \frac{4t}{\sqrt{4t^2+2}}\boldsymbol{t} + \frac{4t^2+2}{R}\boldsymbol{n} \quad \cdots\cdots⑤$$

ここで，②より，$\|\boldsymbol{a}(t)\|^2 = 0^2 + 2^2 + 0^2 = 4$ ……⑥

⑤の両辺の大きさをとって 2 乗すると，$\|\boldsymbol{t}\| = \|\boldsymbol{n}\| = 1$，$\boldsymbol{t}\cdot\boldsymbol{n} = 0$ より，（$\because \boldsymbol{t} \perp \boldsymbol{n}$）

$$\underbrace{\|\boldsymbol{a}(t)\|^2}_{4} = \frac{16t^2}{4t^2+2}\underbrace{\|\boldsymbol{t}\|^2}_{1} + \frac{(4t^2+2)^2}{R^2}\underbrace{\|\boldsymbol{n}\|^2}_{1} = \frac{8t^2}{2t^2+1} + \frac{(4t^2+2)^2}{R^2}$$

この左辺に⑥を代入して，

$$4 = \frac{8t^2}{2t^2+1} + \frac{(4t^2+2)^2}{R^2}, \quad 1 = \frac{2t^2}{2t^2+1} + \frac{(2t^2+1)^2}{R^2}$$

両辺を $(2t^2+1)R^2$ 倍して，$(\cancel{2t^2}+1)R^2 = \cancel{2t^2R^2} + (2t^2+1)^3$

$R^2 = (2t^2+1)^3$

$\therefore$ 曲率半径 $R = (2t^2+1)\sqrt{2t^2+1}$ ………………………………（答）

演習問題 12　● 速さと曲率半径 (Ⅱ) ●

xyz 座標系で，位置ベクトル $\boldsymbol{r}(t) = [e^t,\ t,\ 2t]$ で表される質点 P の運動の時刻 t における速さ v と曲率半径 R を求めよ。

ヒント！ $\boldsymbol{a}(t) = \dfrac{dv}{dt}\boldsymbol{t} + \dfrac{v^2}{R}\boldsymbol{n}$ （$v = \|\boldsymbol{v}(t)\|$：速さ，$R$：曲率半径）を使う。

解答＆解説

$\boldsymbol{r}(t)$ を t で順次微分して，質点 P の速度 $\boldsymbol{v}(t)$ と加速度 $\boldsymbol{a}(t)$ は，

$\boldsymbol{v}(t) = [e^t,\ 1,\ 2]$ ……①，　$\boldsymbol{a}(t) = [e^t,\ 0,\ 0]$ ……② となる。①より，

速さ $v = \|\boldsymbol{v}(t)\| = \sqrt{(e^t)^2 + 1^2 + 2^2} =$ (ア)　…③ ……………………(答)

合成関数の微分

$$\therefore \frac{dv}{dt} = \frac{2e^{2t}}{2\sqrt{e^{2t}+5}} = \frac{e^{2t}}{\sqrt{e^{2t}+5}} \quad \cdots\cdots ④$$

③と④を，$\boldsymbol{a}(t) =$ (イ) に代入して，

$$\boldsymbol{a}(t) = \frac{e^{2t}}{\sqrt{e^{2t}+5}}\boldsymbol{t} + \frac{e^{2t}+5}{R}\boldsymbol{n} \quad \cdots\cdots ⑤$$

ここで，②より，$\|\boldsymbol{a}(t)\|^2 = (e^t)^2 + 0^2 + 0^2 = e^{2t}$ ……⑥　　∵ $\boldsymbol{t} \perp \boldsymbol{n}$

⑤の両辺の大きさをとって 2 乗すると，$\|\boldsymbol{t}\| = \|\boldsymbol{n}\| =$ (ウ)，$\boldsymbol{t}\cdot\boldsymbol{n} =$ (エ) より，

$$\underbrace{\|\boldsymbol{a}(t)\|^2}_{e^{2t}} = \frac{e^{4t}}{e^{2t}+5}\underbrace{\|\boldsymbol{t}\|^2}_{1} + \frac{(e^{2t}+5)^2}{R^2}\underbrace{\|\boldsymbol{n}\|^2}_{1} = \frac{e^{4t}}{e^{2t}+5} + \frac{(e^{2t}+5)^2}{R^2}$$

この左辺に⑥を代入して，

$$e^{2t} = \frac{e^{4t}}{e^{2t}+5} + \frac{(e^{2t}+5)^2}{R^2}$$　両辺を $(e^{2t}+5)R^2$ 倍して，

$e^{2t}(e^{2t}+5)R^2 = e^{4t}R^2 + (e^{2t}+5)^3$，　$5R^2e^{2t} = (e^{2t}+5)^3$

∴ 曲率半径 $R =$ (オ) ……………………………………………(答)

解答　(ア) $\sqrt{e^{2t}+5}$　　(イ) $\dfrac{dv}{dt}\boldsymbol{t} + \dfrac{v^2}{R}\boldsymbol{n}$　　(ウ) 1　　(エ) 0

(オ) $\dfrac{(e^{2t}+5)\sqrt{e^{2t}+5}}{\sqrt{5}e^t}$

演習問題 13　●加速度の $\boldsymbol{t}$ と $\boldsymbol{n}$ による表現(Ⅰ)●

xyz 座標系で，位置ベクトル $\boldsymbol{r}(t)=[t,\ t^3-1,\ 2t]$ で表される質点 P の運動の加速度 $\boldsymbol{a}(t)$ を $\boldsymbol{t}$ と $\boldsymbol{n}$ とで表せ。
（ただし，$\boldsymbol{t}$：単位接線ベクトル，$\boldsymbol{n}$：単位主法線ベクトル）

ヒント！ $\boldsymbol{a}(t)=\dfrac{dv}{dt}\boldsymbol{t}+\dfrac{v^2}{R}\boldsymbol{n}$ より，v とその時刻 t による微分，そして曲率半径 R を求める。$\|\boldsymbol{a}(t)\|^2$ をうまく利用する。

解答＆解説

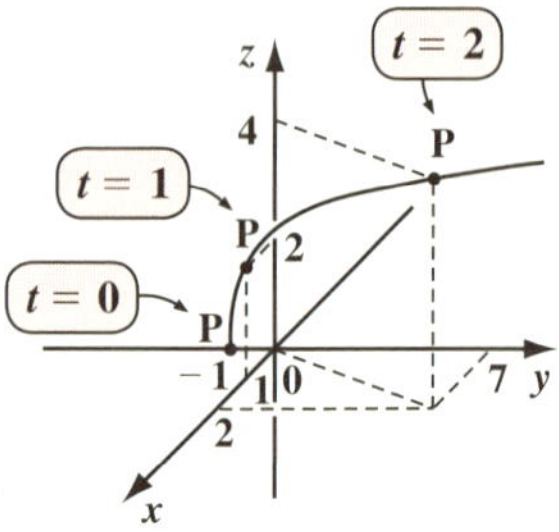

$\boldsymbol{r}(t)=[t,\ t^3-1,\ 2t]$ を t で順に 2 回微分すると，

$\boldsymbol{v}(t)=[1,\ 3t^2,\ 2]$ ……①

$\boldsymbol{a}(t)=[0,\ 6t,\ 0]$ ……② となる。

$\therefore\ v=\|\boldsymbol{v}(t)\|=\sqrt{1^2+(3t^2)^2+2^2}=(9t^4+5)^{\frac{1}{2}}$ ……③

よって，$\dfrac{dv}{dt}=\dfrac{1}{2}(9t^4+5)^{-\frac{1}{2}}\cdot 36t^3=\dfrac{18t^3}{\sqrt{9t^4+5}}$ …④

③，④を公式：$\boldsymbol{a}(t)=\dfrac{dv}{dt}\boldsymbol{t}+\dfrac{v^2}{R}\boldsymbol{n}$　（R：曲率半径）に代入して，

$$\boldsymbol{a}(t)=\frac{18t^3}{\sqrt{9t^4+5}}\boldsymbol{t}+\frac{9t^4+5}{R}\boldsymbol{n}\quad\cdots\cdots⑤$$

（$\boldsymbol{t}$：単位接線ベクトル，$\boldsymbol{n}$：単位主法線ベクトル）

ここで，$\|\boldsymbol{t}\|=\|\boldsymbol{n}\|=1$，$\boldsymbol{t}\cdot\boldsymbol{n}=0$ より，

⑤の両辺の大きさをとって 2 乗すると，

（②より，$\|\boldsymbol{a}\|^2=36t^2$）

$$\|\boldsymbol{a}(t)\|^2=\frac{324t^6}{9t^4+5}\underbrace{\|\boldsymbol{t}\|^2}_{1}+\frac{(9t^4+5)^2}{R^2}\underbrace{\|\boldsymbol{n}\|^2}_{1}=36t^2$$

$$\frac{324t^6}{9t^4+5}+\frac{(9t^4+5)^2}{R^2}=36t^2,\quad \frac{1}{R^2}=\frac{1}{(9t^4+5)^2}\left(36t^2-\frac{324t^6}{9t^4+5}\right)$$

$$\frac{1}{R^2}=\frac{36t^2}{(9t^4+5)^2}\left(1-\frac{9t^4}{9t^4+5}\right),\quad \frac{1}{R^2}=\frac{5\cdot 6^2\cdot t^2}{(9t^4+5)^3}$$

$$\frac{1}{R}=\frac{6\sqrt{5}t}{(9t^4+5)\sqrt{9t^4+5}}\quad\cdots\cdots⑥$$

⑥を⑤に代入して，

$$\boldsymbol{a}(t)=\frac{18t^3}{\sqrt{9t^4+5}}\boldsymbol{t}+\frac{6\sqrt{5}t}{\sqrt{9t^4+5}}\boldsymbol{n}$$ となる。……………………………(答)

演習問題 14 ●加速度の $\boldsymbol{t}$ と $\boldsymbol{n}$ による表現(Ⅱ)●

xyz 座標系で，位置ベクトル $\boldsymbol{r}(t)=[\cos(t-1),\ \sin(t-1),\ t]$ で表される質点 P の運動の加速度 $\boldsymbol{a}(t)$ を $\boldsymbol{t}$ と $\boldsymbol{n}$ とで表せ。
(ただし，$\boldsymbol{t}$：単位接線ベクトル，$\boldsymbol{n}$：単位主法線ベクトル)

ヒント！ 前問と同様に，v とその時刻 t による微分を公式：$\boldsymbol{a}(t)=\dfrac{dv}{dt}\boldsymbol{t}+\dfrac{v^2}{R}\boldsymbol{n}$ に代入して，この両辺の大きさをとって 2 乗する。

解答＆解説

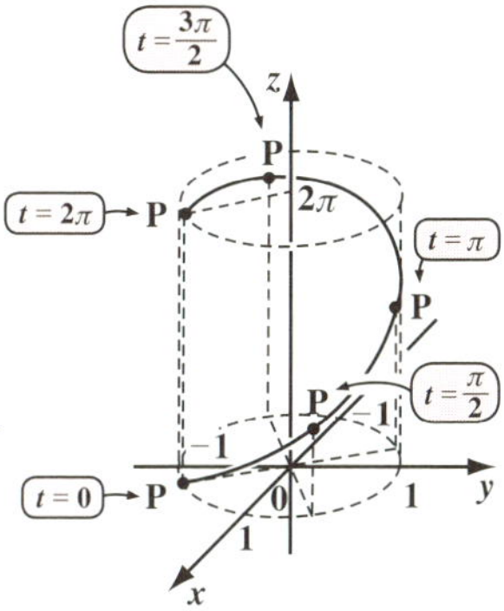

$\boldsymbol{r}(t)=[\cos(t-1),\ \sin(t-1),\ t]$ を t で順に 2 回微分すると，

$\boldsymbol{v}(t)=[-\sin(t-1),\ \cos(t-1),\ 1]$ ………①

$\boldsymbol{a}(t)=[-\cos(t-1),\ -\sin(t-1),\ 0]$ ……②

$\therefore\ v=\|\boldsymbol{v}(t)\|=\sqrt{\underbrace{\{-\sin(t-1)\}^2+\{\cos(t-1)\}^2}_{1}+1^2}$

$=\boxed{(ア)}$ ………………③

よって，$\dfrac{dv}{dt}=\boxed{(イ)}$ ……④

③，④を公式：$\boldsymbol{a}(t)=\dfrac{dv}{dt}\boldsymbol{t}+\dfrac{v^2}{R}\boldsymbol{n}$ (R：曲率半径)に代入して，

$\boldsymbol{a}(t)=\dfrac{\boxed{(ウ)}}{R}\boldsymbol{n}$ ……⑤

ここで，$\|\boldsymbol{n}\|=1$ より，

⑤の両辺の大きさをとって 2 乗すると，

$\|\boldsymbol{a}(t)\|^2=\dfrac{\boxed{(エ)}}{R^2}\|\boldsymbol{n}\|^2=\dfrac{\boxed{(エ)}}{R^2}=1$ ($\because$ ②より，$\|\boldsymbol{a}\|^2=1$)

$\therefore\ \dfrac{1}{R^2}=\dfrac{1}{\boxed{(エ)}}$ より，$\dfrac{1}{R}=\dfrac{1}{\boxed{(オ)}}$ ……⑥　　⑥を⑤に代入して，

$\boldsymbol{a}(t)=\boxed{(カ)}\cdot\boldsymbol{n}$ となる。 ……………………………(答)

解答 (ア) $\sqrt{2}$　(イ) 0　(ウ) 2　(エ) 4　(オ) 2　(カ) 1

演習問題 15　● 速度，加速度の $r\theta$ 座標表示（Ⅰ）●

質点 **P** が，極座標表示された位置ベクトル $\boldsymbol{r}(t)=[r(t),\ \theta(t)]$ に従って運動するとき，**P** の速度 $\boldsymbol{v}(t)$ と加速度 $\boldsymbol{a}(t)$ の $r\theta$ 座標表示は，r と θ によって次のように表されることを示せ。

(i) 速度ベクトル $\boldsymbol{v}(t)=[v_r,\ v_\theta]=[\dot{r},\ r\dot{\theta}]$

(ii) 加速度ベクトル $\boldsymbol{a}(t)=[a_r,\ a_\theta]=\left[\ddot{r}-r\dot{\theta}^2,\ \dfrac{1}{r}\dfrac{d}{dt}(r^2\dot{\theta})\right]=[\ddot{r}-r\dot{\theta}^2,\ 2\dot{r}\dot{\theta}+r\ddot{\theta}]$

ヒント！ 原点を **O** として，$\overrightarrow{\mathbf{OP}}$ の向きに r 軸をとり，これと直交する向きに θ 軸をとる。動径 **OP** と x 軸とのなす角が θ より，$r\theta$ 座標系を原点 **O** のまわりに $-\theta$ だけ回転し xy 座標系に一致するようにしたとき，$\boldsymbol{v}$ の xy 座標系での成分表示 $[v_x,\ v_y]$ は，$r\theta$ 座標系における成分表示 $[v_r,\ v_\theta]$ を原点 **O** のまわりに θ だけ回転したものとなる。

解答＆解説

図 (i) に示すように，$\overrightarrow{\mathbf{OP}}$ の向きに r 軸をとり，θ 軸を θ が増加する向きに r 軸と直交する方向にとる。この $r\theta$ 座標系における速度 $\boldsymbol{v}(t)$ の成分表示を，

$\boldsymbol{v}=[v_r,\ v_\theta]$ とおく。

また，図 (ii) に示すように，xy 座標系での $\boldsymbol{v}(t)$ の成分表示を，

$\boldsymbol{v}=[v_x,\ v_y]$ とおくと，図 (iii) に示すように，$r\theta$ 座標系を $-\theta$ だけ回転して，xy 座標系と一致させて考えると，$[v_r,\ v_\theta]$ を原点 **O** のまわりに θ だけ回転したものが $[v_x,\ v_y]$ となることが分かる。

$$\therefore \begin{bmatrix} v_x \\ v_y \end{bmatrix}=R(\theta)\begin{bmatrix} v_r \\ v_\theta \end{bmatrix} \text{ より，}$$

（θ 回転の行列）

$$\begin{bmatrix} v_x \\ v_y \end{bmatrix}=\begin{bmatrix} \cos\theta & -\sin\theta \\ \sin\theta & \cos\theta \end{bmatrix}\begin{bmatrix} v_r \\ v_\theta \end{bmatrix} \cdots\cdots ①$$

ここで，$\overrightarrow{\mathbf{OP}}$ の xy 座標表示を $[x,\ y]$，極座標表示を $[r,\ \theta]$ とおくと，

(i)

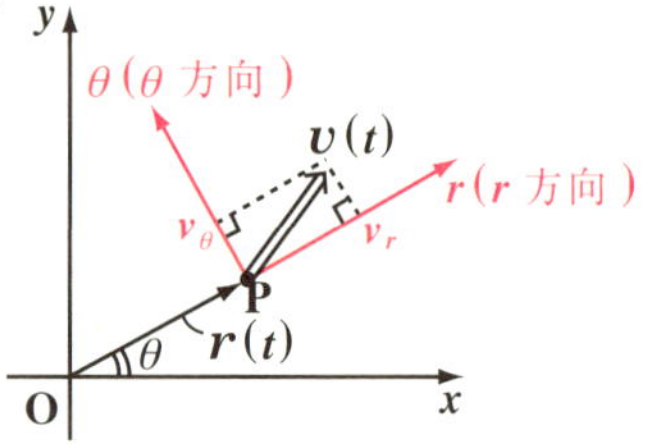

（r 方向と θ 方向は共に，r と θ が増加する向きにとる。）

(ii)

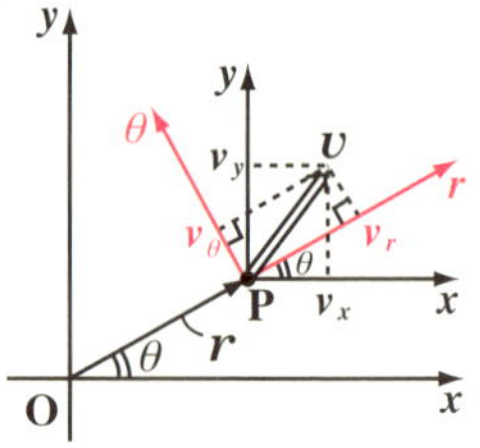

(iii)

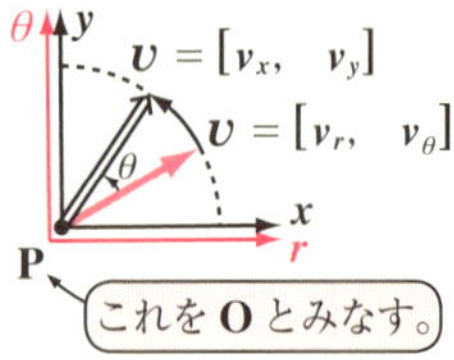

（r 軸，θ 軸を $-\theta$ だけ回転すると，$[v_x,\ v_y]$ は，$[v_r,\ v_\theta]$ を θ だけ回転したものであることが分かる。）

$$\begin{cases} x = r\cos\theta \\ y = r\sin\theta \end{cases}$$ …②となる。②の両辺を t で微分して，

（x, y, r, θ はすべて t の関数）

$$\begin{cases} \dot{x} = \dot{r}\cos\theta + r\cdot\dot{\theta}(-\sin\theta) \\ \dot{y} = \dot{r}\sin\theta + r\cdot\dot{\theta}\cos\theta \end{cases}$$

（$\dot{x} = v_x$，$\dot{y} = v_y$）

（$\frac{d}{dt}(\cos\theta) = \frac{d\theta}{dt}\cdot\frac{d(\cos\theta)}{d\theta}$）

（$\frac{d}{dt}(\sin\theta) = \frac{d\theta}{dt}\cdot\frac{d(\sin\theta)}{d\theta}$）

$$\therefore \begin{cases} v_x = \dot{x} = \dot{r}\cos\theta - r\dot{\theta}\sin\theta \\ v_y = \dot{y} = \dot{r}\sin\theta + r\dot{\theta}\cos\theta \end{cases}$$ ……③より，

$$\begin{bmatrix} v_x \\ v_y \end{bmatrix} = \begin{bmatrix} \dot{r}\cos\theta - r\dot{\theta}\sin\theta \\ \dot{r}\sin\theta + r\dot{\theta}\cos\theta \end{bmatrix} = \begin{bmatrix} \cos\theta & -\sin\theta \\ \sin\theta & \cos\theta \end{bmatrix}\begin{bmatrix} \dot{r} \\ r\dot{\theta} \end{bmatrix}$$ ……④

（$\dot{r} = v_r$，$r\dot{\theta} = v_\theta$）

$R^{-1}(\theta)$ は存在するので，①と④を比較して，速度 $\boldsymbol{v}(t)$ は r と θ により，

$\boldsymbol{v}(t) = [v_r,\ v_\theta] = [\dot{r},\ r\dot{\theta}]$ と表される。…………………………………………(終)

次に，加速度 $\boldsymbol{a}(t)$ の xy 座標表示を $\boldsymbol{a} = [a_x,\ a_y]$，$r\theta$ 座標表示を $\boldsymbol{a} = [a_r,\ a_\theta]$ とおくと，速度 $\boldsymbol{v}(t)$ のときとまったく同様にして，

$$\begin{bmatrix} a_x \\ a_y \end{bmatrix} = R(\theta)\begin{bmatrix} a_r \\ a_\theta \end{bmatrix} = \begin{bmatrix} \cos\theta & -\sin\theta \\ \sin\theta & \cos\theta \end{bmatrix}\begin{bmatrix} a_r \\ a_\theta \end{bmatrix}$$ ……⑤ が成り立つ。

ここで，③の両辺をさらに t で微分して，

（$(fgh)' = f'gh + fg'h + fgh'$）

$$\begin{aligned} a_x = \ddot{x} &= (\dot{r}\cos\theta)' - (r\dot{\theta}\sin\theta)' \\ &= \ddot{r}\cos\theta + \dot{r}\dot{\theta}(-\sin\theta) - (\dot{r}\dot{\theta}\sin\theta + r\ddot{\theta}\sin\theta + r\dot{\theta}\cdot\dot{\theta}\cos\theta) \\ &= (\ddot{r} - r\dot{\theta}^2)\cos\theta - (2\dot{r}\dot{\theta} + r\ddot{\theta})\sin\theta \end{aligned}$$

←（$\cos\theta$ と $\sin\theta$ でまとめる。）

$$\begin{aligned} a_y = \ddot{y} &= (\dot{r}\sin\theta)' + (r\dot{\theta}\cos\theta)' \\ &= \ddot{r}\sin\theta + \dot{r}\dot{\theta}\cos\theta + \{\dot{r}\dot{\theta}\cos\theta + r\ddot{\theta}\cos\theta + r\dot{\theta}\cdot\dot{\theta}(-\sin\theta)\} \\ &= (\ddot{r} - r\dot{\theta}^2)\sin\theta + (2\dot{r}\dot{\theta} + r\ddot{\theta})\cos\theta \end{aligned}$$

←（$\sin\theta$ と $\cos\theta$ でまとめる。）

$$\therefore \begin{cases} a_x = \ddot{x} = (\ddot{r} - r\dot{\theta}^2)\cos\theta - (2\dot{r}\dot{\theta} + r\ddot{\theta})\sin\theta \\ a_y = \ddot{y} = (\ddot{r} - r\dot{\theta}^2)\sin\theta + (2\dot{r}\dot{\theta} + r\ddot{\theta})\cos\theta \end{cases}$$ より，

$$\begin{bmatrix} a_x \\ a_y \end{bmatrix} = \begin{bmatrix} (\ddot{r} - r\dot{\theta}^2)\cos\theta - (2\dot{r}\dot{\theta} + r\ddot{\theta})\sin\theta \\ (\ddot{r} - r\dot{\theta}^2)\sin\theta + (2\dot{r}\dot{\theta} + r\ddot{\theta})\cos\theta \end{bmatrix} = \begin{bmatrix} \cos\theta & -\sin\theta \\ \sin\theta & \cos\theta \end{bmatrix}\begin{bmatrix} \ddot{r} - r\dot{\theta}^2 \\ 2\dot{r}\dot{\theta} + r\ddot{\theta} \end{bmatrix}$$ …⑥

（$\ddot{r} - r\dot{\theta}^2 = a_r$，$2\dot{r}\dot{\theta} + r\ddot{\theta} = a_\theta$）

$R^{-1}(\theta)$ は存在するので，⑤と⑥を比較して，加速度 $\boldsymbol{a}(t)$ は r と θ により，

$\boldsymbol{a}(t) = [a_r,\ a_\theta] = [\ddot{r} - r\dot{\theta}^2,\ 2\dot{r}\dot{\theta} + r\ddot{\theta}]$ と表される。

ここで，$\frac{1}{r}\frac{d}{dt}(r^2\dot{\theta}) = \frac{1}{r}(2r\dot{r}\dot{\theta} + r^2\ddot{\theta}) = 2\dot{r}\dot{\theta} + r\ddot{\theta}$ より，$a_\theta = \frac{1}{r}\frac{d}{dt}(r^2\dot{\theta})$

と表せる。…………………………………………………………………(終)

演習問題 16　●速度，加速度の $r\theta$ 座標表示（Ⅱ）●

質点Pの位置ベクトル $\boldsymbol{r}(t)$ が，次のように極座標表示されているとき，Pの速度 $\boldsymbol{v}(t)$ と加速度 $\boldsymbol{a}(t)$ の $r\theta$ 座標表示を求めよ。

(1) $\boldsymbol{r}(t) = [r(t),\ \theta(t)] = [t^2,\ t]$

(2) $\boldsymbol{r}(t) = [r(t),\ \theta(t)] = [e^t,\ -t^2]$

ヒント！ 速度 $\boldsymbol{v}(t) = [v_r,\ v_\theta] = [\dot{r},\ r\dot{\theta}]$，加速度 $\boldsymbol{a}(t) = [a_r,\ a_\theta] = [\ddot{r} - r\dot{\theta}^2,\ 2\dot{r}\dot{\theta} + r\ddot{\theta}]$ の公式通り求める。$a_\theta = \dfrac{1}{r}\dfrac{d}{dt}(r^2\dot{\theta})$ は，演習問題 68 で公式として使う。覚えておこう。

解答＆解説

(1) $\boldsymbol{r}(t) = [r(t),\ \theta(t)] = [t^2,\ t]$ より，$r = t^2,\ \theta = t$

$$\begin{cases} \dot{r} = (t^2)' = 2t \\ \ddot{r} = (2t)' = 2 \end{cases} \qquad \begin{cases} \dot{\theta} = t' = 1 \\ \ddot{\theta} = 1' = 0 \end{cases}$$

$\therefore\ \boldsymbol{v}(t) = [\dot{r},\ r\dot{\theta}] = [2t,\ t^2 \cdot 1] = [2t,\ t^2]$ ……………………（答）

$\boldsymbol{a}(t) = [\ddot{r} - r\dot{\theta}^2,\ 2\dot{r}\dot{\theta} + r\ddot{\theta}] = [2 - t^2 \cdot 1^2,\ 2 \cdot 2t \cdot 1 + t^2 \cdot 0]$

$= [2 - t^2,\ 4t]$ ……………………（答）

$$a_\theta = \frac{1}{r}\frac{d}{dt}(r^2\dot{\theta}) = \frac{1}{t^2}\frac{d}{dt}(t^4 \cdot 1) = \frac{1}{t^2} \cdot 4t^3 = 4t$$

(2) $r(t) = [r(t),\ \theta(t)] = [e^t,\ -t^2]$ より，$r = e^t,\ \theta = -t^2$

$$\begin{cases} \dot{r} = (e^t)' = e^t \\ \ddot{r} = (e^t)' = e^t \end{cases} \qquad \begin{cases} \dot{\theta} = (-t^2)' = -2t \\ \ddot{\theta} = (-2t)' = -2 \end{cases}$$

$\therefore\ \boldsymbol{v}(t) = [\dot{r},\ r\dot{\theta}] = [e^t,\ e^t \cdot (-2t)] = [e^t,\ -2te^t]$ ……………………（答）

$\boldsymbol{a}(t) = [\ddot{r} - r\dot{\theta}^2,\ 2\dot{r}\dot{\theta} + r\ddot{\theta}] = [e^t - e^t(-2t)^2,\ 2e^t(-2t) + e^t \cdot (-2)]$

$= [(1 - 4t^2)e^t,\ -2(1 + 2t)e^t]$ ……………………（答）

$$a_\theta = \frac{1}{r}\frac{d}{dt}(r^2\dot{\theta}) = \frac{1}{e^t}\frac{d}{dt}\{e^{2t} \cdot (-2t)\} = \frac{1}{e^t}\{-2(2e^{2t} \cdot t + e^{2t})\} = -2(1 + 2t)e^t$$

演習問題 17　● 速度，加速度の $r\theta$ 座標表示（Ⅲ）●

質点 P の位置ベクトル $\boldsymbol{r}(t)$ が，次のように極座標表示されているとき，P の速度 $\boldsymbol{v}(t)$ と加速度 $\boldsymbol{a}(t)$ の $r\theta$ 座標表示を求めよ。

(1) $\boldsymbol{r}(t)=[r(t),\ \theta(t)]=[t^3,\ \sin t]$

(2) $\boldsymbol{r}(t)=[r(t),\ \theta(t)]=[t+1,\ \cos t]$

ヒント！ $\boldsymbol{v}(t)$ と $\boldsymbol{a}(t)$ の $r\theta$ 座標表示の公式：
$\boldsymbol{v}(t)=[\dot{r},\ r\dot{\theta}]$，$\boldsymbol{a}(t)=\left[\ddot{r}-r\dot{\theta}^2,\ \frac{1}{r}\frac{d}{dt}(r^2\dot{\theta})\right]=[\ddot{r}-r\dot{\theta}^2,\ 2\dot{r}\dot{\theta}+r\ddot{\theta}]$ を使う。

解答＆解説

(1) $\boldsymbol{r}(t)=[r(t),\ \theta(t)]=[t^3,\ \sin t]$ より，$r=t^3$，$\theta=\sin t$

$$\begin{cases}\dot{r}=(t^3)'=3t^2\\ \ddot{r}=(3t^2)'=6t\end{cases}\qquad \begin{cases}\dot{\theta}=(\sin t)'=\cos t\\ \ddot{\theta}=(\cos t)'=-\sin t\end{cases}$$

$\therefore\ \boldsymbol{v}(t)=[\dot{r},\ \boxed{(ア)}]=[3t^2,\ t^3\cos t]$ ……………………（答）

$\boldsymbol{a}(t)=[\boxed{(イ)},\ 2\dot{r}\dot{\theta}+r\ddot{\theta}]=[6t-t^3\cdot\cos^2 t,\ 2\cdot 3t^2\cdot\cos t+t^3(-\sin t)]$

$=[6t-t^3\cos^2 t,\ 6t^2\cos t-t^3\sin t]$ ……………………（答）

$a_\theta=\frac{1}{r}\boxed{(ウ)}=\frac{1}{t^3}\frac{d}{dt}(t^6\cos t)=\frac{1}{t^3}(6t^5\cos t-t^6\sin t)=6t^2\cos t-t^3\sin t$

(2) $r(t)=[r(t),\ \theta(t)]=[t+1,\ \cos t]$ より，$r=t+1$，$\theta=\cos t$

$$\begin{cases}\dot{r}=(t+1)'=1\\ \ddot{r}=1'=0\end{cases}\qquad \begin{cases}\dot{\theta}=(\cos t)'=-\sin t\\ \ddot{\theta}=(-\sin t)'=-\cos t\end{cases}$$

$\therefore\ \boldsymbol{v}(t)=[\dot{r},\ \boxed{(ア)}]=[1,\ (t+1)\cdot(-\sin t)]=[1,\ -(t+1)\cdot\sin t]$ …（答）

$\boldsymbol{a}(t)=[\boxed{(イ)},\ 2\dot{r}\dot{\theta}+r\ddot{\theta}]$

$=[0-(t+1)(-\sin t)^2,\ 2\cdot 1\cdot(-\sin t)+(t+1)(-\cos t)]$

$=[-(t+1)\sin^2 t,\ -2\sin t-(t+1)\cos t]$ ……………（答）

$a_\theta=\frac{1}{r}\boxed{(ウ)}=\frac{1}{t+1}\frac{d}{dt}\{(t+1)^2(-\sin t)\}=\frac{-1}{t+1}\{2(t+1)\sin t+(t+1)^2\cos t\}$
$=-2\sin t-(t+1)\cos t$

解答　(ア) $r\dot{\theta}$　(イ) $\ddot{r}-r\dot{\theta}^2$　(ウ) $\frac{d}{dt}(r^2\dot{\theta})$

講義 Lecture 2 運動の法則 methods & formulae

§1. 運動の第1法則（慣性の法則）

ニュートンは，運動の3つの法則を適用することにより，様々な物体の運動が理解できることを示した。
氷の上を滑る物体は，まさつが小さいため，長い距離を滑っていく。もしまさつがなければ，物体は氷の上をずっと等速度で直線運動を続けるだろう。運動の状態が変化するとすれば，力が働いた場合だと考えられる。
これを簡明に示したものが，次の**運動の第1法則**である。

運動の第1法則：慣性の法則

> 物体に外力が作用しない限り，その物体は静止し続けるか，または等速度運動(等速直線運動)を続ける。

物体に力が働かなければ，その速度をそのまま維持しようとする性質を**慣性**と呼び，この第1法則を**慣性の法則**と呼ぶこともある。

§2. 運動の第2法則（運動方程式）

地表に固定された座標系のように，第1法則が成り立つ座標系に対して，次の**運動の第2法則**が成り立つ。（これを**慣性系**という。）

運動の第2法則：運動方程式

> 物体の**運動量**$(m\boldsymbol{v})$の変化率$\left(\frac{d}{dt}(m\boldsymbol{v})\right)$は，その物体に作用する力$\boldsymbol{f}$に等しい。
>
> $$\frac{d(m\boldsymbol{v})}{dt}=\boldsymbol{f} \quad \cdots\cdots(*1) \quad (m:\text{質量})$$

質量mが一定であれば$(*1)$は，$m\frac{d\boldsymbol{v}}{dt}=m\boldsymbol{a}=\boldsymbol{f}$ と表すことができる。
物体の運動量$\boldsymbol{p}=m\boldsymbol{v}$ を用いて**運動方程式**$(*1)$は，$\frac{d\boldsymbol{p}}{dt}=\boldsymbol{f}\cdots\cdots(*2)$ とも表せる。

力と運動量を時刻 t の関数としてそれぞれ $\boldsymbol{f}(t)$, $\boldsymbol{p}(t)$ とおき，(＊2) の両辺を $t=t_1$ から $t=t_2$ まで積分すると，

$$\int_{t_1}^{t_2}\frac{d\boldsymbol{p}}{dt}\,dt=\int_{t_1}^{t_2}\boldsymbol{f}(t)\,dt \qquad \text{左辺}=[\,\boldsymbol{p}(t)\,]_{t_1}^{t_2}=\boldsymbol{p}(t_2)-\boldsymbol{p}(t_1)\ \text{より,}$$

$$\boldsymbol{p}(t_2)-\boldsymbol{p}(t_1)=\int_{t_1}^{t_2}\boldsymbol{f}(t)\,dt \qquad \therefore\ \boldsymbol{p}(t_1)+\int_{t_1}^{t_2}\boldsymbol{f}(t)\,dt=\boldsymbol{p}(t_2)\ \cdots\cdots(*3)$$

この $\int_{t_1}^{t_2}\boldsymbol{f}\,dt$ を，$t=t_1$ から $t=t_2$ までに力が物体に与えた**力積**という。

(＊3) は,「物体の運動量は, 力から受けた力積だけ変化する」ことを示す。

§3. 運動の第3法則（作用・反作用の法則）

2球が衝突するとき，2つの球は互いに力を及ぼし合う。この互いに他に及ぼし合う2つの力について，次の**運動の第3法則**が成り立つ。

運動の第3法則：作用・反作用の法則

物体1が物体2に力 $\boldsymbol{f}_{12}$ を及ぼすとき，物体2は物体1に，大きさが等しく逆向きの力 $\boldsymbol{f}_{21}$ を及ぼす。すなわち，次式が成り立つ。

$\boldsymbol{f}_{12}=-\boldsymbol{f}_{21}\ \cdots\cdots(*4)$　　これを**作用・反作用の法則**という。

$t_1\leqq t\leqq t_2$ の間，2つの物体1と2は，外力を受けずに相互作用の内力 $\boldsymbol{f}_{21}$ と $\boldsymbol{f}_{12}$ のみを受けて運動するとき，1と2がこの内力から受ける力積を $\boldsymbol{I}_1$, $\boldsymbol{I}_2$, さらに物体1, 2の運動量を $\boldsymbol{p}_1(t)$, $\boldsymbol{p}_2(t)$ とおくと，(＊3) より，

$$\begin{cases}\boldsymbol{I}_1=\int_{t_1}^{t_2}\boldsymbol{f}_{21}\,dt=\boldsymbol{p}_1(t_2)-\boldsymbol{p}_1(t_1)\ \cdots\cdots①\\ \boldsymbol{I}_2=\int_{t_1}^{t_2}\boldsymbol{f}_{12}\,dt=\boldsymbol{p}_2(t_2)-\boldsymbol{p}_2(t_1)\ \cdots\cdots②\end{cases}\quad \text{となる。}$$

ここで，$\boldsymbol{f}_{12}+\boldsymbol{f}_{21}=\boldsymbol{0}\ \cdots\cdots(*4)$　より，

$$\int_{t_1}^{t_2}\boldsymbol{f}_{21}dt+\int_{t_1}^{t_2}\boldsymbol{f}_{12}dt=\int_{t_1}^{t_2}\underbrace{(\boldsymbol{f}_{21}+\boldsymbol{f}_{12})}_{\boldsymbol{0}}dt=\boldsymbol{0}\ \cdots\cdots③$$

①＋②をつくり，③を用いると，$\boldsymbol{0}=\boldsymbol{p}_1(t_2)-\boldsymbol{p}_1(t_1)+\boldsymbol{p}_2(t_2)-\boldsymbol{p}_2(t_1)$

これより，$\boldsymbol{p}_1(t_1)+\boldsymbol{p}_2(t_1)=\boldsymbol{p}_1(t_2)+\boldsymbol{p}_2(t_2)$ となり，運動量の和は保存される。以上を，次にまとめて示す。

2つの物体の運動量保存則

時刻 $t=t_1$ から $t=t_2$ までの間，2つの物体1と2が外力を受けずに相互作用(内力)のみで運動する場合，この2つの物体の運動量の和は保存される。

$$\boldsymbol{p}_1(t_1)+\boldsymbol{p}_2(t_1)=\boldsymbol{p}_1(t_2)+\boldsymbol{p}_2(t_2)$$ これを**運動量保存則**という。

2つの質点 P_1 と P_2 が x 軸上を運動して，衝突した場合，その衝突前後の P_1 の速度を v_1，v_1'，P_2 の速度を v_2，v_2' とおくと，これら速度の間に次の**衝突の法則**が成り立つ。

$$\frac{v_2'-v_1'}{v_1-v_2}=e \quad (e：\text{はねかえり係数})$$

(ex)

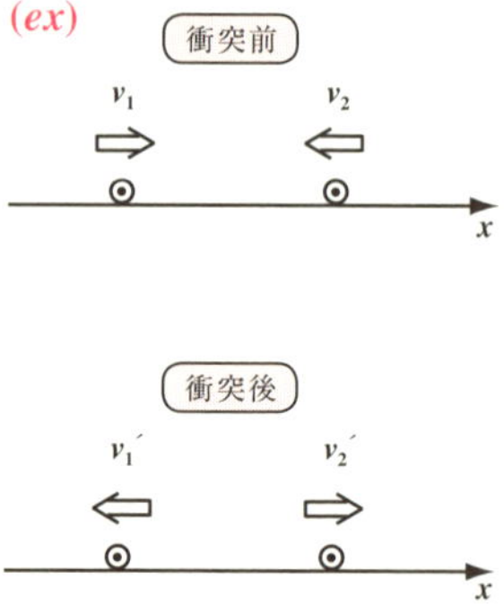

e は，2つの物体 P_1，P_2 によって定まる定数で，$0 \leqq e \leqq 1$ をみたす。

分母の v_1-v_2 は，近づく相対的な速度を表し，分子の $v_2'-v_1'$ は，遠ざかる相対的な速度を表し，この比が e(一定)となる。

質点Pの位置ベクトルを $\boldsymbol{r}$ とおく。運動方程式：$\frac{d\boldsymbol{p}}{dt}=\boldsymbol{f}$ の両辺と $\boldsymbol{r}$ との外積をとると，

$$\boldsymbol{r}\times\frac{d\boldsymbol{p}}{dt}=\boldsymbol{r}\times\boldsymbol{f} \quad \cdots\cdots ④$$

この右辺を**力 $\boldsymbol{f}$ のモーメント**と呼び，$\boldsymbol{N}$ で表す：$\boldsymbol{r}\times\boldsymbol{f}=\boldsymbol{N}$ ……⑤

$$\frac{d}{dt}(\boldsymbol{r}\times\boldsymbol{p})=\underbrace{\dot{\boldsymbol{r}}}_{\boldsymbol{v}}\times\underbrace{\boldsymbol{p}}_{m\boldsymbol{v}}+\boldsymbol{r}\times\dot{\boldsymbol{p}}$$ ← 公式：$(\boldsymbol{f}\times\boldsymbol{g})'=\boldsymbol{f}'\times\boldsymbol{g}+\boldsymbol{f}\times\boldsymbol{g}'$ より

$$=\underbrace{\boldsymbol{v}\times m\boldsymbol{v}}_{0\ (\because\ \boldsymbol{v}/\!/m\boldsymbol{v})}+\boldsymbol{r}\times\dot{\boldsymbol{p}}=\boldsymbol{r}\times\frac{d\boldsymbol{p}}{dt} \quad \cdots\cdots ⑥$$ ← 一般に，$\boldsymbol{a}/\!/\boldsymbol{b}$ ならば $\boldsymbol{a}\times\boldsymbol{b}=\boldsymbol{0}$ となる。

⑤と⑥を④に代入して，

$$\frac{d}{dt}(\boldsymbol{r}\times\boldsymbol{p})=\boldsymbol{N} \quad \cdots\cdots ⑦$$

ここで，$\boldsymbol{r}\times\boldsymbol{p}$ を**運動量 $\boldsymbol{p}$ のモーメント**といい，これを特に**角運動量**と呼び，$\boldsymbol{L}$ で表す。$\boldsymbol{L}$ を用いると⑦は，

$\frac{d\boldsymbol{L}}{dt} = \boldsymbol{N}$ ……(∗5) と表される。
($\boldsymbol{L} = \boldsymbol{r} \times \boldsymbol{p}$：角運動量，$\boldsymbol{N} = \boldsymbol{r} \times \boldsymbol{f}$：力のモーメント)
(∗5) は，ある大きさをもった物体か，複数の質点から成る質点系の回転運動を調べる場合に役立つ。以上をまとめて，下に示す。

回転の運動方程式

物体の角運動量 $(\boldsymbol{L} = \boldsymbol{r} \times \boldsymbol{p})$ の変化率 $\left(\frac{d\boldsymbol{L}}{dt}\right)$ は，その物体に作用する力のモーメント $(\boldsymbol{N} = \boldsymbol{r} \times \boldsymbol{f})$ に等しい。

$\frac{d\boldsymbol{L}}{dt} = \boldsymbol{N}$ ……(∗5)　($\boldsymbol{L}$：角運動量，$\boldsymbol{N}$：力のモーメント)

次に，**万有引力の法則**を示す。

万有引力の法則

距離 r だけ離れた質量 M と m の 2 つの物体には常に互いに引き合う力が作用する。この力を**万有引力**と呼び，その大きさ f は質量の積 Mm に比例し，距離の 2 乗 r^2 に反比例する。

万有引力の大きさ $f = G\frac{Mm}{r^2}$ ……(∗6)

(**万有引力定数** $G = 6.672 \times 10^{-11}\ (\mathrm{Nm^2/kg^2})$)

太陽と惑星の間に働く万有引力を基に，太陽のまわりの惑星の回転の運動方程式から，次の 3 つの**ケプラーの法則**のうち，第 2 法則 (面積速度一定の法則) が成り立つことを示せる。(演習問題 31 参照)

ケプラーの法則

・第 1 法則：惑星は太陽を 1 つの焦点とするだ円軌道上を運動する。
・第 2 法則：惑星と太陽を結ぶ線分が同一時間に通過してできる図形の面積は一定である。
・第 3 法則：惑星の公転周期 T の 2 乗は，惑星のだ円軌道の長半径 a の 3 乗に比例する。

演習問題 18　● 鉛直運動（Ⅰ）●

地上 $70(m)$ の位置から質量 $m(kg)$ の物体を，初速度 $v_0 = 42(m/s)$ で鉛直上方に投げ上げたとき，地面に到達するまでの時間 $T(s)$ と，地面に衝突する直前の速度 $V(m/s)$ を，地面を $x = 0$ として，x 軸を鉛直上向きにとって求めよ。（重力加速度 $g = 9.8(m/s^2)$ とし，空気抵抗は働かないものとする。）

ヒント！ 質量 m の物体に働く外力 f は重力のみであり，x 軸を鉛直上向きにとるので，重力加速度は $-g$　よって，$f = m\cdot(-g) = -mg$ となる。

解答＆解説

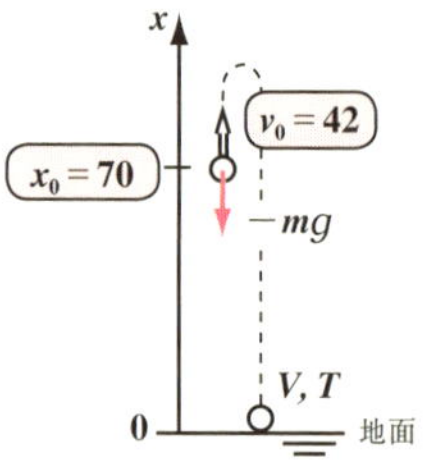

初期条件：$x_0 = 70(m)$，$v_0 = 42(m/s)$ の下で，

運動方程式：$m\dfrac{d^2x}{dt^2} = -mg$

を解く。この両辺を $m\,(>0)$ で割って，

$$\frac{d^2x}{dt^2} = -g \quad \cdots\cdots ① \quad \leftarrow \boxed{\text{微分方程式}}$$

・①の両辺を t で積分して，

$$\frac{dx}{dt} = \int(-g)\,dt = -gt + \underset{42}{v_0}$$

$$\therefore \frac{dx}{dt} = -gt + 42 \quad \cdots ②$$

・②の両辺をさらに t で積分して，

$$x = \int(-gt+42)\,dt = -\frac{1}{2}\underset{9.8}{g}t^2 + 42t + \underset{70}{x_0}$$

$$\therefore x = -4.9t^2 + 42t + 70 \quad \leftarrow \boxed{\text{微分方程式①の解}}$$

・$x = 0$ のとき，$t = T\,(>0)$ より，

$$0 = -4.9T^2 + 42T + 70,\quad \underset{7\cdot7}{49T^2}\ \underset{(-490+70)}{-420T}\ \underset{(-70)\cdot10}{-700} = 0$$

$$\underset{0}{(7T-70)}\underset{\oplus}{(7T+10)} = 0 \qquad \therefore 7T - 70 = 0 \text{ より，} T = 10(s) \quad \cdots\cdots\cdots\cdots\cdots\cdots(\text{答})$$

・$T = 10$ を②の t に代入して，

$$V = \frac{dx}{dt} = -gT + 42 = -9.8\cdot10 + 42 = -56(m/s) \text{ となる。} \quad \cdots\cdots\cdots\cdots\cdots\cdots(\text{答})$$

演習問題 19　● 鉛直運動（Ⅱ）●

地上 $70(\mathrm{m})$ の位置から質量 $m(\mathrm{kg})$ の物体を，初速度 $v_0 = -42(\mathrm{m/s})$ で鉛直上方に投げ上げたとき，地面に到達するまでの時間 $T(\mathrm{s})$ と，地面に衝突する直前の速度 $V(\mathrm{m/s})$ を，地上 $70(\mathrm{m})$ の位置を $x = 0$ として，x 軸を鉛直下向きにとって求めよ。（重力加速度 $g = 9.8(\mathrm{m/s^2})$ とし，空気抵抗は働かないものとする。）

ヒント！ 今回は，鉛直下向きに x 軸をとるので，重力加速度は g，初速度 $v_0 = -42(\mathrm{m/s})$ となる。

解答＆解説

初期条件：$x_0 = 0(\mathrm{m})$，$v_0 = -42(\mathrm{m/s})$

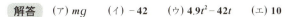

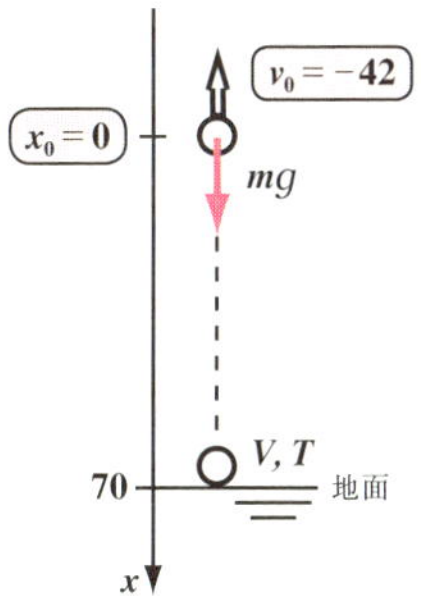

の下で，運動方程式：

$$m\frac{d^2x}{dt^2} = \boxed{(ア)}$$

を解く。この両辺を $m(>0)$ で割って，

$$\frac{d^2x}{dt^2} = g \quad \cdots\cdots①$$

・①の両辺を t で積分して，

$$\frac{dx}{dt} = \int g\,dt = gt + v_0$$

$$\therefore \frac{dx}{dt} = gt\ \boxed{(イ)} \quad \cdots\cdots②$$

・②の両辺をさらに t で積分して，

$$x = \int (gt - 42)\,dt = \frac{1}{2}gt^2 - 42t + x_0 \qquad \therefore x = \boxed{(ウ)}$$

・$x = 70$ のとき，$t = T(>0)$ より，

$$70 = 4.9T^2 - 42T, \qquad 49T^2 - 420T - 700 = 0$$

$$(7T - 70)\underset{\oplus}{\underline{(7T + 10)}} = 0 \qquad \therefore T = \boxed{(エ)}\ (\mathrm{s})$$ ……………………………(答)

・$T = 10$ を②の t に代入して，

$$V = \frac{dx}{dt} = gT - 42 = 9.8 \cdot 10 - 42 = 56(\mathrm{m/s})$$ となる。……………………(答)

解答　(ア) mg　(イ) -42　(ウ) $4.9t^2 - 42t$　(エ) 10

演習問題 20　● 空気抵抗のある鉛直運動 (Ⅰ) ●

地上 $y_0 (>0)$ の位置から質量 m の物体を，初速度 $v_0 (>0)$ で鉛直上方に投げ上げた。質点は速度に比例する空気抵抗 $-Bv$ (B：正の定数) を受けて運動するものとすると，地面を $y=0$，鉛直上向きに y 軸をとるとき，次の微分方程式が成り立つことを示せ。

$$\frac{d^2y}{dt^2} = -b\frac{dy}{dt} - g \quad \cdots\cdots ① \quad (b：正の定数，g：重力加速度)$$

そして，①を解いて速度 v と位置 y を t の関数として表せ。

ヒント！ $v_0 > 0$ より，鉛直上向きに y 軸をとっている。上昇中も下降中も，空気抵抗は $-Bv$ $(B > 0)$ より，物体に働く外力は，$f = -Bv - mg$ となる。

解答＆解説

上昇中も下降中も，質量 m の物体に働く力 f は，図(ⅰ)，(ⅱ)に示すように，

$$\begin{cases} 重力 -mg と, \\ 空気抵抗 -Bv \ (B：正の定数) \end{cases}$$

であるから，$f = -Bv - mg$

図(ⅰ) 上昇　　図(ⅱ) 下降

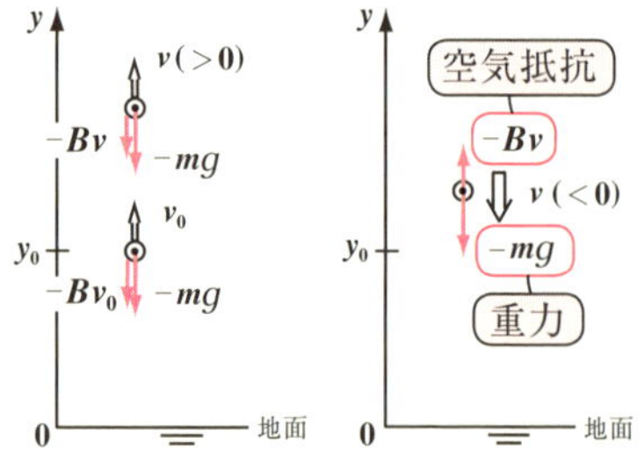

これを運動方程式：$ma = f$ に代入して，（$a = \frac{d^2y}{dt^2}$，$f = -Bv-mg$，$v = \frac{dy}{dt}$）

$$m\frac{d^2y}{dt^2} = -Bv - mg$$

この両辺を $m(>0)$ で割り，$\frac{B}{m} = b$ (新たな正の定数) とおくと，

微分方程式：$\frac{d^2y}{dt^2} = -b\frac{dy}{dt} - g \quad \cdots\cdots ①$　が導ける。 …………………………(終)

ここで，$\frac{dy}{dt} = v$ より，$\frac{d^2y}{dt^2} = \frac{d}{dt}\left(\frac{dy}{dt}\right) = \frac{dv}{dt}$　となるから，①は，

次のような変数分離形の微分方程式になる。

$$\frac{dv}{dt} = -(bv+g) \qquad 変数を分離して，$$

$$\frac{1}{bv+g}dv = -1 \cdot dt \qquad 両辺に b をかけて積分すると，$$

（$\frac{1}{bv+g}$：v の式，-1：t の定数関数とみる。）

$\int \frac{b}{bv+g}dv = -b\int dt$ より，$\log|bv+g| = -bt + C_1$ （任意定数）

公式 $\int \frac{f'}{f}dx = \log|f|$ を使った。

$|bv+g| = e^{-bt+C_1}$　$bv+g = \pm e^{C_1} e^{-bt}$ （$\pm e^{C_1}$ を C（新たな任意定数）とする。）

∴速度 $v = -\frac{g}{b} + \frac{C}{b}e^{-bt}$ ……② （C：任意定数） ← v の一般解

ここで，初期条件：$t=0$ のとき，$v=v_0$ より，②に代入して，

$$v_0 = -\frac{g}{b} + \frac{C}{b}e^0 \quad (e^0 = 1) \qquad \therefore \frac{C}{b} = v_0 + \frac{g}{b} \text{ より，} C = bv_0 + g$$

これを②に代入して，求める速度 v は，

$$v = -\frac{g}{b} + \frac{bv_0+g}{b}e^{-bt} \quad \cdots\cdots ③ \quad \leftarrow \text{特殊解}$$

（$v = \frac{dy}{dt}$）

……(答)

③の右辺について，
$t \to \infty$ の極限をとると，
$e^{-bt} \to 0$ より，$v \to -\frac{g}{b}$
よって，**終端速度**は，
$v_\infty = -\frac{g}{b}$ である。

次に，$\frac{dy}{dt} = -\frac{g}{b} + \frac{bv_0+g}{b}e^{-bt}$ ……③ ← これは直接積分形の微分方程式

の両辺を t で積分して，位置 y を求める。

$$y = \int\left(-\frac{g}{b} + \frac{bv_0+g}{b}e^{-bt}\right)dt$$

$$\therefore y = -\frac{g}{b}t - \frac{bv_0+g}{b^2}e^{-bt} + A \quad \cdots\cdots ④ \quad \leftarrow \text{一般解}$$

（A：任意定数）

ここで，初期条件：$t=0$ のとき，$y=y_0$ より，

$$y_0 = -\frac{g}{b}\cdot 0 - \frac{bv_0+g}{b^2}e^0 + A \quad (e^0 = 1) \qquad \therefore A = y_0 + \frac{bv_0+g}{b^2}$$

これを④に代入して，求める位置 y は，

$$y = -\frac{g}{b}t - \frac{bv_0+g}{b^2}e^{-bt} + y_0 + \frac{bv_0+g}{b^2}$$

$$\therefore y = y_0 - \frac{g}{b}t + \frac{bv_0+g}{b^2}(1-e^{-bt}) \quad \leftarrow \text{特殊解}$$

……………………………(答)

演習問題 21　● 空気抵抗のある鉛直運動（Ⅱ）●

ある高さから質量 m の物体を初速度 $v_0 = 0$ で落下させた。物体は速度の 2 乗に比例する空気抵抗を受けて落下するものとし，自由落下を始めた位置を原点 0，鉛直下向きに y 軸をとるとき，速度 v に関する微分方程式：$\dfrac{dv}{dt} = g - bv^2$ （b：正の定数）を導き，これを解いて速度 v を t の関数として表せ。また，t が十分大きいとき，$v \fallingdotseq \sqrt{\dfrac{g}{b}}$ と表せることを示せ。

ヒント！ 空気抵抗は $-Bv^2\ (B > 0)$ となるので，物体に働く外力は $f = mg - Bv^2$ となる。与式の微分方程式は，変数を分離して，積分形にもち込む。このとき，

公式 $(\tanh^{-1}x)' = \dfrac{1}{1-x^2}$ ……㋐　を使う。

双曲線関数：$y = \tanh x = \dfrac{e^x - e^{-x}}{e^x + e^{-x}}$ ……㋑　の y と x を入れ替えて，

$x = \tanh y = \dfrac{e^y - e^{-y}}{e^y + e^{-y}}$　　これを y について解くと，㋑ の逆双曲線関数：

$y = \tanh^{-1}x = \dfrac{1}{2}\log\dfrac{1+x}{1-x}$ ……㋒　が導かれる。　㋒ を x で微分すると，

$$(\tanh^{-1}x)' = \frac{1}{2}\{\log(1+x) - \log(1-x)\}' = \frac{1}{2}\left(\frac{1}{1+x} + \frac{1}{1-x}\right) = \frac{1}{1-x^2}$$

となるので，公式 ㋐ が成り立つ。また，逆関数の定義より，

$\tanh^{-1}x = y \iff x = \tanh y$ となる。（「**微分積分キャンパス・ゼミ**」参照）

解答＆解説

下降中，物体に働く外力は，右図に示すように，

$\begin{cases} \text{重力}\ mg\ \text{と，} \\ \text{空気抵抗}\ -Bv^2\quad (B：\text{正の定数})\ \text{より，} \end{cases}$

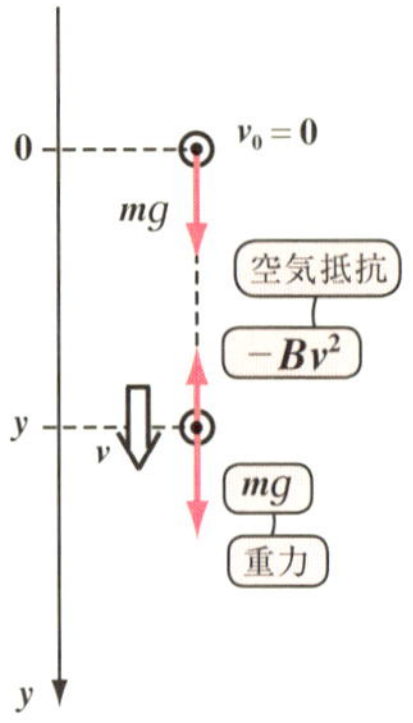

運動方程式：$ma = f$ に代入して，

（$a = \dot{v}$，$f = mg - Bv^2$）

$\dot{v}$ は，速度 v の時間微分 $\dfrac{dv}{dt}$ を表す記法

$m\dot{v} = mg - Bv^2$

両辺を $m(>0)$ で割り，$\frac{B}{m}=b$ とおくと，微分方程式：

$\frac{dv}{dt}=g-bv^2$ ← 変数分離形の微分方程式 を得る。……………………(終)

変数を分離して，

$$\frac{1}{g-bv^2}dv=1\cdot dt \qquad \frac{1}{g}\cdot\frac{1}{1-\frac{b}{g}v^2}dv=1\cdot dt$$

($g-bv^2$：v の式，1：t の定数関数)

両辺を積分して，

$$\frac{1}{g}\int\frac{1}{1-\frac{b}{g}v^2}dv=\int dt, \qquad \frac{1}{g}\cdot\left(\sqrt{\frac{g}{b}}\cdot\tanh^{-1}\left(\sqrt{\frac{b}{g}}v\right)\right)=t+C_1$$

($\frac{b}{g}=k^2$，$\sqrt{\frac{g}{b}}=\frac{1}{k}$，$\sqrt{\frac{b}{g}}=k$)

公式：$(\tanh^{-1}x)'=\frac{1}{1-x^2}$ より，$\sqrt{\frac{b}{g}}=k$ とおくと，

$\{\tanh^{-1}(kv)\}'=\frac{1}{1-(kv)^2}(kv)'=\frac{k}{1-k^2v^2} \qquad \therefore\int\frac{1}{1-k^2v^2}dv=\frac{1}{k}\tanh^{-1}(kv)$

$$\frac{1}{\sqrt{bg}}\tanh^{-1}\left(\sqrt{\frac{b}{g}}v\right)=t+C_1 \quad \cdots\cdots①$$

初期条件：$t=0$ のとき，$v_0=0$ より，

$$\frac{1}{\sqrt{bg}}\tanh^{-1}\left(\sqrt{\frac{b}{g}}\cdot 0\right)=0+C_1 \qquad \therefore C_1=0 \text{ から，①は，}$$

($\tanh^{-1}0=\frac{1}{2}\log\frac{1+0}{1-0}=0$)

$$\frac{1}{\sqrt{bg}}\tanh^{-1}\left(\sqrt{\frac{b}{g}}v\right)=t \qquad \text{これを } v \text{ について解くと，}$$

$$\tanh^{-1}\left(\sqrt{\frac{b}{g}}v\right)=\sqrt{bg}\,t \qquad \therefore\sqrt{\frac{b}{g}}v=\tanh(\sqrt{bg}\,t) \text{ より，}$$

$$\left[\tanh^{-1}x=y \text{ のとき，} \quad x=\tanh y\right]$$

求める速度 $v(t)$ は，$v(t)=\sqrt{\frac{g}{b}}\tanh(\sqrt{bg}\,t)$ となる。……………………(答)

ここで，t が十分大きいとき，

$$v(t)=\sqrt{\frac{g}{b}}\tanh(\sqrt{bg}\,t)=\sqrt{\frac{g}{b}}\cdot\frac{e^{\sqrt{bg}\,t}-e^{-\sqrt{bg}\,t}}{e^{\sqrt{bg}\,t}+e^{-\sqrt{bg}\,t}}$$

($\tanh x=\frac{e^x-e^{-x}}{e^x+e^{-x}}$ より)

(分子・分母を $e^{\sqrt{bg}\,t}$ で割った。)

$$=\sqrt{\frac{g}{b}}\cdot\frac{1-e^{-2\sqrt{bg}\,t}}{1+e^{-2\sqrt{bg}\,t}}\fallingdotseq\sqrt{\frac{g}{b}}$$ となる。……………………(終)

($e^{-2\sqrt{bg}\,t}\to 0$)

演習問題 22　●雨滴の落下問題(Ⅰ)●

はじめ静止していた質量 m_0 の雨滴が，周囲に静止していた水蒸気を吸収しつつ，その質量 m を $\frac{dm}{dt}=2t$ (t：時刻) の割合で増加させながら，重力により落下していくものとする。t が十分大きいとき，下向きの速度 $v(t) \fallingdotseq \frac{1}{3}gt$ と表せることを示せ。(空気抵抗は考えない。)

ヒント！ 運動方程式：$\frac{d}{dt}(mv)=mg$ を使う。条件より，質量 m が時刻 t と共に変化して，$m=t^2+m_0$ $(t \geqq 0)$ となる。

解答＆解説

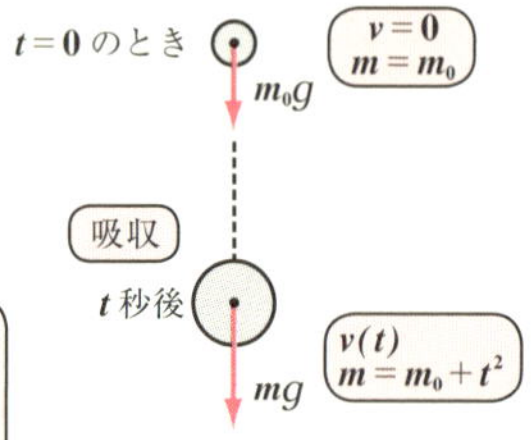

$t=0$ のとき，$v=0$，$m=m_0$ ← 初期条件

$\frac{dm}{dt}=2t$ ……① より，← 直接積分形の微分方程式

①の両辺を t で積分して，

$m=\int 2t\,dt=t^2+m_0$ ……② ← $m=t^2+C$　ここで，$t=0$ のとき $m=m_0$　$\therefore C=m_0$

座標軸を，落下開始位置を原点に，鉛直下向きにとると，運動方程式は，

$\frac{d}{dt}(mv)=mg$ ……③ ← 直接積分形

（$m = t^2+m_0$，mg の $m = t^2+m_0$，mg は f）

②を③に代入して，両辺を t で積分すると，

$(m_0+t^2)v=\int(m_0+t^2)g\,dt=g\left(m_0t+\frac{1}{3}t^3\right)$　（g：定数）

← $(m_0+t^2)v=g\left(m_0t+\frac{1}{3}t^3+C_1\right)$　ここで，$t=0$ のとき $v=0$　$\therefore C_1=0$

よって，$v(t)=\dfrac{g\left(m_0t+\frac{1}{3}t^3\right)}{m_0+t^2}$ より，t が十分大きいとき，

$v(t)=\dfrac{g\left(\frac{m_0}{t}+\frac{1}{3}t\right)}{\frac{m_0}{t^2}+1} \fallingdotseq \frac{1}{3}gt$ となる。 ……………………………(終)

（$\frac{m_0}{t} \to 0$，$\frac{m_0}{t^2} \to 0$；分子・分母を $t^2(\neq 0)$ で割った。）

演習問題 23　● 雨滴の落下問題 (II) ●

はじめ静止していた質量 m_0 の雨滴が，蒸発しつつ，その質量 m を $\frac{dm}{dt} = -2t$ (t：時刻) の割合で減少させながら，重力により落下していくものとする。この雨滴の下向きの速度 $v(t)$ を求めよ。
(空気抵抗は考えない。)

ヒント！ 条件より，質量 $m = -t^2 + m_0$ となる。運動方程式を用いる。

解答＆解説

$t = 0$ のとき，$v =$ (ア)，$m =$ (イ) ← 初期条件

$\frac{dm}{dt} = -2t$ ……① より， ← 直接積分形の微分方程式

①の両辺を t で積分して，

$$m = -2\int t\,dt$$

$$= \text{(ウ)} \quad \cdots\cdots②$$

（$m = -t^2 + C$　ここで，$t = 0$ のとき $m = m_0$　$\therefore C = m_0$）

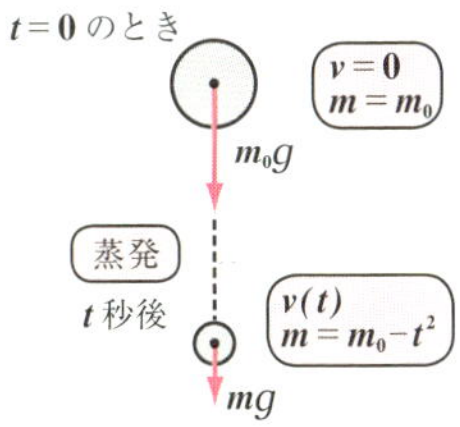

座標軸を，落下開始位置を原点に，鉛直下向きにとると，運動方程式は，

$$\frac{d}{dt}(mv) = mg \quad \cdots\cdots③$$

（$m = m_0 - t^2$）

②を③に代入して，両辺を t で積分すると，

$$(m_0 - t^2)v = \int (m_0 - t^2)\,g\,dt = \text{(エ)}$$

（g：定数）

（$(m_0 - t^2)$：これは⊕より，$0 \leqq t < \sqrt{m_0}$）

（$(m_0 - t^2)v = g\left(m_0 t - \frac{1}{3}t^3 + C_1\right)$　ここで，$t = 0$ のとき $v = 0$　$\therefore C_1 = 0$）

よって，$v(t) = \dfrac{g\left(m_0 t - \frac{1}{3}t^3\right)}{m_0 - t^2}$　$(0 \leqq t < \sqrt{m_0})$ ……………………………(答)

（$\because$ ②より，$m = -t^2 + m_0 > 0$）

解答　(ア) 0　(イ) m_0　(ウ) $-t^2 + m_0$　(エ) $g\left(m_0 t - \frac{1}{3}t^3\right)$

演習問題 24　● 力積と運動量 (I) ●

$t=1$ の時点で運動量 $\boldsymbol{p}(1)=[1,\ 3]$ をもっていた物体に，時刻 $1 \leqq t \leqq 5$ の範囲で力 $\boldsymbol{f}(t)=[t,\ 2t-1]$ が作用したとき，$t=5$ における物体の運動量 $\boldsymbol{p}(5)$ を求めよ。

ヒント！ 力積と運動量の関係：$\boldsymbol{p}(t_1)+\int_{t_1}^{t_2}\boldsymbol{f}(t)\,dt=\boldsymbol{p}(t_2)$ を使う。
ベクトルの積分 $\int_{t_1}^{t_2}\boldsymbol{f}(t)\,dt$ は，$\boldsymbol{f}(t)$ の x，y 成分をそれぞれ積分して求める。

解答＆解説

時刻 $t=1$ から $t=5$ までに物体が受ける力積 $\int_1^5 \boldsymbol{f}(t)\,dt$ によって，物体の運動量が $\boldsymbol{p}(1)$ から $\boldsymbol{p}(5)$ に変わるので，

$$\boldsymbol{p}(1)+\int_1^5 \boldsymbol{f}(t)dt=\boldsymbol{p}(5) \quad \cdots\cdots①$$

ここで，$\boldsymbol{f}(t)=[t,\ 2t-1]$ より，

$$\int_1^5 \boldsymbol{f}(t)dt=\int_1^5 [t,\ 2t-1]dt$$
$$=\left[\int_1^5 tdt,\ \int_1^5 (2t-1)dt\right]$$
$$=\left[\left[\frac{1}{2}t^2\right]_1^5,\ \left[t^2-t\right]_1^5\right]$$
$$=\left[\frac{25}{2}-\frac{1}{2},\ 20-0\right]=[12,\ 20]$$

$\boldsymbol{f}(t)=[f_x(t),\ f_y(t)]$
のとき，
$\int_{t_1}^{t_2}\boldsymbol{f}(t)dt$
$=\int_{t_1}^{t_2}[f_x(t),\ f_y(t)]dt$
$=\left[\int_{t_1}^{t_2}f_x(t)dt,\ \int_{t_1}^{t_2}f_y(t)dt\right]$

よって，①より，

$$\boldsymbol{p}(5)=\boldsymbol{p}(1)+\int_1^5 \boldsymbol{f}(t)dt$$
$$=[1,\ 3]+[12,\ 20]$$
$$=[13,\ 23]$$ となる。……………………………………………………(答)

演習問題 25 ● 力積と運動量 (Ⅱ) ●

$t=0$ の時点で運動量 $\boldsymbol{p}(0)=[2,\ -1]$ をもっていた物体に，時刻 $0 \leqq t \leqq 3$ の範囲で力 $\boldsymbol{f}(t)=[2t+1,\ 4t]$ が作用したとき，$t=3$ における物体の運動量 $\boldsymbol{p}(3)$ を求めよ。

ヒント！ 前問同様，運動量と力積の公式：$\boldsymbol{p}(t_1)+\int_{t_1}^{t_2}\boldsymbol{f}(t)dt=\boldsymbol{p}(t_2)$ を使う。

解答＆解説

時刻 $t=0$ から $t=3$ までに物体が受ける力積 (ア) によって，物体の運動量が $\boldsymbol{p}(0)$ から $\boldsymbol{p}(3)$ に変化するので，

$$\boldsymbol{p}(0)+\boxed{(ア)}=\boldsymbol{p}(3) \quad \cdots\cdots ①$$

ここで，$\boldsymbol{f}(t)=[2t+1,\ 4t]$ より，

$$\int_0^3 \boldsymbol{f}(t)dt=\int_0^3[2t+1,\ 4t]dt$$

$$=\boxed{(イ)}$$

$$=\left[\left[t^2+t\right]_0^3,\ \left[2t^2\right]_0^3\right]$$

$$=\boxed{(ウ)}$$

よって，①より，

$$\boldsymbol{p}(3)=\boldsymbol{p}(0)+\int_0^3\boldsymbol{f}(t)dt$$

$$=[2,\ -1]+\boxed{(ウ)}$$

$$=\boxed{(エ)}$$ となる。 ……………………………………………………(答)

解答 (ア) $\int_0^3 \boldsymbol{f}(t)dt$ (イ) $\left[\int_0^3(2t+1)dt,\ \int_0^3 4tdt\right]$ (ウ) $[12,\ 18]$ (エ) $[14,\ 17]$

演習問題 26　● 運動量保存則 (Ⅰ) ●

他の天体から十分に離れた宇宙空間で，質量 $\boldsymbol{m}$，速度 $\boldsymbol{v}$ のロケットが，進行方向の向きに，ロケットから見て相対速度 $\boldsymbol{u}$ $(\boldsymbol{u}>0)$ で質量 $\boldsymbol{\Delta m}$ のガスを噴射した。噴射後のロケットの速度 $\boldsymbol{v'}$ を求めよ。

ヒント！ 与えられた条件より，ロケットには外力がかかっていない状態にあるので，ロケットとガスの運動に対して運動量保存則が使える。

解答＆解説

下図のように，ロケットとガスの運動は同一直線上で起こっていると考える。また，ガスの噴射速度は，慣性系から見て，$\boldsymbol{v'+u}$ となる。

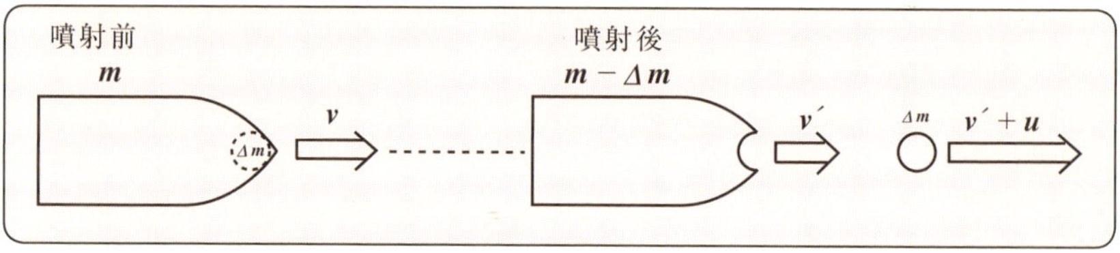

よって，噴射前後の運動量はそれぞれ，

$$\begin{cases} \text{噴射前：} mv \\ \text{噴射後：} (m-\Delta m)v' + \Delta m\cdot(v'+u) \end{cases}$$ である。

運動量保存則より，これらは等しいので，

$$mv = (m-\Delta m)v' + \Delta m\cdot(v'+u) \qquad mv = mv' + \Delta m\cdot u$$

両辺を m で割って，

$$v = v' + \frac{\Delta m}{m}\cdot u$$

よって，求める噴射後のロケットの速度 v' は，

$$v' = v - \frac{\Delta m}{m}\cdot u$$ となる。 ……………………………………………………(答)

これより，ロケットは，$\dfrac{\Delta m}{m}\cdot u$ だけ減速することが分かる。

演習問題 27　● 運動量保存則(Ⅱ) ●

他の天体から十分に離れた宇宙空間で，質量 m，速度 v のロケットが，進行方向と逆向きに，ロケットから見て相対速度 $-u$ $(u>0)$ で質量 Δm のガスを噴射したところ，噴射後のロケットの速度が $2v$ になったという。このとき，u と Δm の関係を求めよ。

ヒント！ ロケットには外力がかかっていないので，噴射前後において，ロケットとガスの運動量は保存される。

解答＆解説

下図のように，ロケットとガスの運動が同一直線上で起こっていると考える。また，ガスの噴射速度は，慣性系から見て，(ア)［　　　］となる。

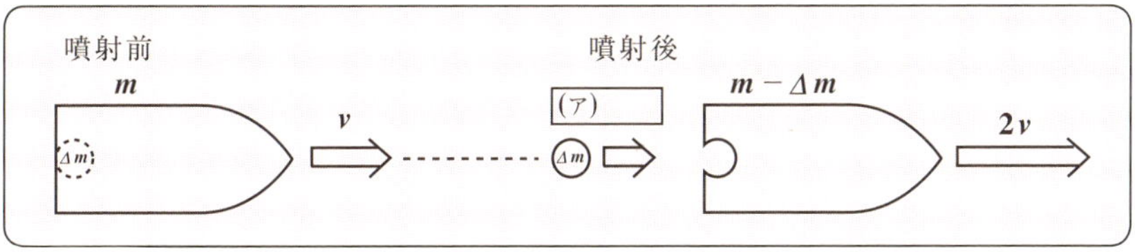

よって，噴射前後の運動量はそれぞれ，

噴射前：mv
噴射後：(イ)［　　　　　　　］ である。

(ウ)［　　　］ より，これらは等しいので，

$mv=(m-\Delta m)\cdot 2v+\Delta m\cdot(2v-u)$　　$mv=2mv-u\cdot\Delta m$

よって，求める u と Δm の関係は，

(エ)［　　　］ (一定) となる。 ……………………………(答)

u と Δm は反比例の関係にある。

解答　(ア) $2v-u$　(イ) $(m-\Delta m)\cdot 2v+\Delta m\cdot(2v-u)$
(ウ) 運動量保存則　(エ) $u\cdot\Delta m=mv$

演習問題 28 ● 運動量保存則 (Ⅲ) ●

質量 m の質点 $\mathbf{P}_1$ は速度 $\boldsymbol{v}_1=[0,\ 6,\ 9]$ で，また，質量 $2m$ の質点 $\mathbf{P}_2$ は速度 $\boldsymbol{v}_2=[-3,\ 0,\ 3]$ で等速度運動していたが，ある点で衝突した後，質点 $\mathbf{P}_1$ は速度 $\boldsymbol{v}_1{}'=[-4,\ -2,\ 1]$ で，また，質点 $\mathbf{P}_2$ は速度 $\boldsymbol{v}_2{}'$ で再び等速度運動をした。このとき，速度 $\boldsymbol{v}_2{}'$ を求めよ。また，この衝突により，質点 $\mathbf{P}_2$ が受けた力積 $\boldsymbol{I}_2$ を求めよ。
(ただし，$\mathbf{P}_1$，$\mathbf{P}_2$ には外力は働いていないものとする。)

ヒント！ 外力は存在しないので，運動量保存則が成り立つ。また，運動量は加えられた力積だけ変化するので，$2m\boldsymbol{v}_2+\boldsymbol{I}_2=2m\boldsymbol{v}_2{}'$ となる。

解答＆解説

衝突の前後で 2 つの質点 $\mathbf{P}_1$ と $\mathbf{P}_2$ の運動量の和は保存されるので，

$$m\boldsymbol{v}_1+2m\boldsymbol{v}_2=m\boldsymbol{v}_1{}'+2m\boldsymbol{v}_2{}'$$

$\boldsymbol{v}_1=[0,\ 6,\ 9]$，$\boldsymbol{v}_2=[-3,\ 0,\ 3]$，$\boldsymbol{v}_1{}'=[-4,\ -2,\ 1]$

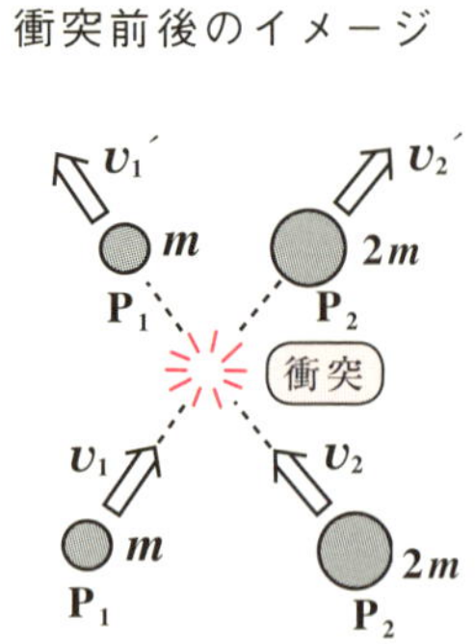

両辺を $2m(>0)$ で割って $\boldsymbol{v}_2{}'$ を求めると，

$$\boldsymbol{v}_2{}'=\frac{1}{2}(\boldsymbol{v}_1+2\boldsymbol{v}_2-\boldsymbol{v}_1{}')$$
$$=\frac{1}{2}\{[0,\ 6,\ 9]+2[-3,\ 0,\ 3]-[-4,\ -2,\ 1]\}$$
$$=\frac{1}{2}\{[0,\ 6,\ 9]+[-6,\ 0,\ 6]+[4,\ 2,\ -1]\}$$
$$=\frac{1}{2}[-2,\ 8,\ 14]=[-1,\ 4,\ 7]$$ となる。 ……………………(答)

質点 $\mathbf{P}_2$ について，衝突前の運動量 $2m\boldsymbol{v}_2$ に，衝突による力積 $\boldsymbol{I}_2$ が加わって，衝突後の運動量 $2m\boldsymbol{v}_2{}'$ になるので，

$2m\boldsymbol{v}_2+\boldsymbol{I}_2=2m\boldsymbol{v}_2{}'$ よって，求める力積 $\boldsymbol{I}_2$ は，

$$\boldsymbol{I}_2=2m(\boldsymbol{v}_2{}'-\boldsymbol{v}_2)=2m\{[-1,\ 4,\ 7]-[-3,\ 0,\ 3]\}$$
$$=2m[2,\ 4,\ 4]=[4m,\ 8m,\ 8m]$$ となる。 ……………………(答)

演習問題 29　● 2 質点の衝突 ●

質量 m の質点 P_1 は速度 $v_1=3$ で，また，質量 $2m$ の質点 P_2 は速度 $v_2=-9$ で x 軸上を運動し，衝突した。はねかえり係数 $e=1$ のとき，衝突後の P_1，P_2 の速度を求めよ。ただし，P_1，P_2 には外力は働かないものとする。

ヒント！ x 軸上における 2 質点の衝突より，撃力は x 軸方向にのみ作用する。よって，運動量保存則は x 軸方向で成り立つ。衝突の法則：$\dfrac{v_2'-v_1'}{v_1-v_2}=1\,(=e)$ もまた，x 軸方向で成り立つ。

解答＆解説

衝突後の P_1，P_2 の速度をそれぞれ v_1'，v_2' とおく。

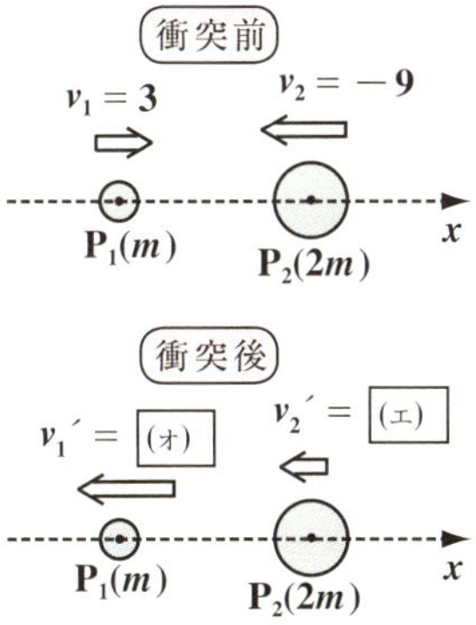

運動量保存則より，

$$m\cdot \underset{v_1}{\underline{3}}+2m\cdot\underset{v_2}{\underline{(-9)}}=m\cdot v_1'+\boxed{(ア)\quad}$$

$$\therefore\ v_1'+2v_2'=-15\ \cdots\cdots①$$

衝突の法則より，

$$\frac{\boxed{(イ)\quad}}{\underset{v_1}{\underline{3}}-\underset{v_2}{\underline{(-9)}}}=1\,(=e)$$

衝突の法則：$\dfrac{v_2'-v_1'}{v_1-v_2}=e$

$$\therefore\ \boxed{(イ)\quad}=12\ \cdots\cdots②$$

①＋②より，

$3v_2'=\boxed{(ウ)}$　　$\therefore\ v_2'=\boxed{(エ)}$ ……………………………………(答)

これを②に代入して，

$v_1'=v_2'-12=\boxed{(オ)}$ となる。……………………………………(答)

解答　(ア) $2m\cdot v_2'$　(イ) $v_2'-v_1'$　(ウ) -3　(エ) -1　(オ) -13

演習問題 30　●2 球の衝突●

右図に示すように，質量 m，$2m$ の滑らかな 2 つの球 P_1，P_2 が互いに平行な方向から衝突する。P_1，P_2 の衝突前後の速度をそれぞれ $\boldsymbol{v}_1$，$\boldsymbol{v}_2$，$\boldsymbol{v}_1'$，$\boldsymbol{v}_2'$ とし，衝突前の P_1，P_2 の速さを $v_1 = v_2 = 2$，衝突後の P_1，P_2 の速さを v_1'，v_2' とおく。衝突時における中心線 (x 軸) と $\boldsymbol{v}_1$，$\boldsymbol{v}_2$ がなす角 θ_1，θ_2 を $\theta_1 = 60°$，$\theta_2 = 240°$ とし，$\boldsymbol{v}_1'$，$\boldsymbol{v}_2'$ が中心線となす角を θ_1'，θ_2' とおく。図のように，中心軸と直交する y 軸をとり，はねかえり係数を $e = \dfrac{1}{2}$ とするとき，v_1'，v_2'，θ_1'，θ_2' の値を求めよ。(ただし，P_1，P_2 には外力は働かないものとする。)

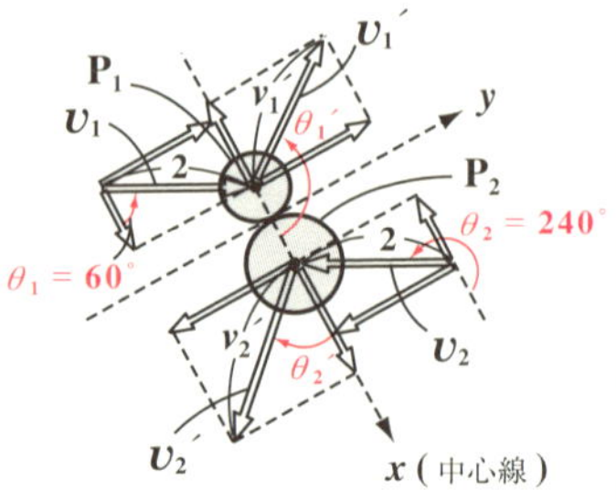

ヒント！ 球は滑らかなので，中心軸 (x 軸) と直交する y 軸方向に内力は働かず，x 軸方向に働く。よって，x 軸方向に衝突の法則と運動量保存の法則が成り立つ。また，衝突前後において，速度の y 成分は変わらない。

解答＆解説

(ⅰ)

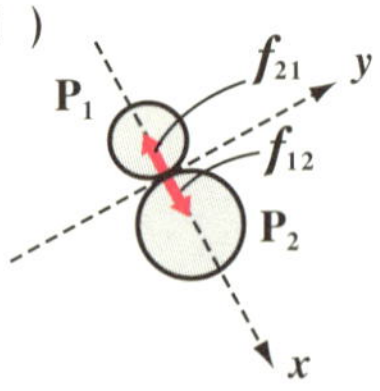

図(ⅰ)に示すように，球は滑らかなので，y 軸方向に内力は働かない。よって，衝突の前後において，速度の y 成分は変わらないので，図(ⅱ)，(ⅲ)より，

$$\begin{cases} 2\sin 60° = v_1'\sin\theta_1' \\ 2\sin 240° = v_2'\sin\theta_2' \end{cases}$$

$$\therefore \begin{cases} v_1'\sin\theta_1' = \sqrt{3} & \cdots\cdots\cdots ① \\ v_2'\sin\theta_2' = -\sqrt{3} & \cdots\cdots ② \end{cases}$$

(ⅱ)

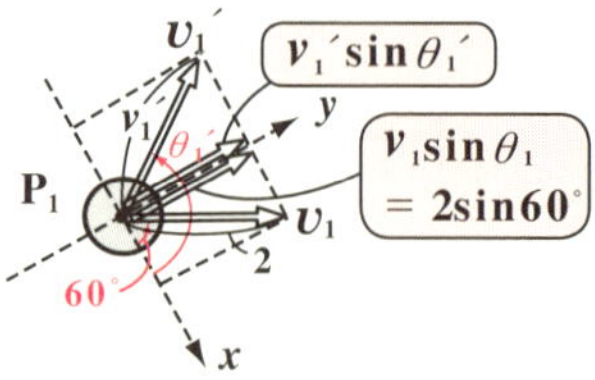

(ⅲ)

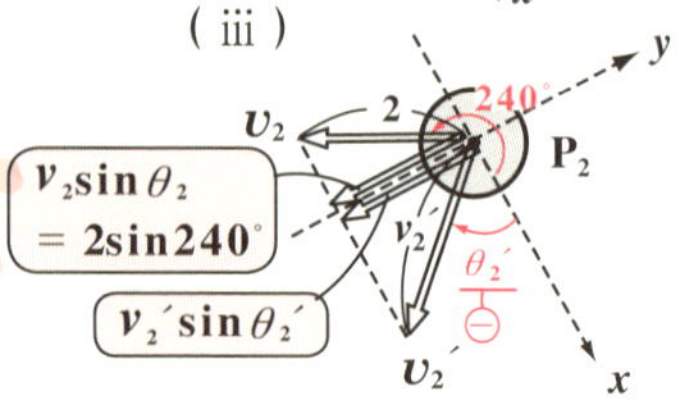

速度の y 成分は衝突前後で変わらないので，運動量保存則は，x 軸方向のみ考えればよい。

図(iv)より，

$m \cdot 2\cos 60^\circ + 2m \cdot 2\cos 240^\circ$

$= m \cdot v_1' \cos\theta_1' + 2m \cdot v_2' \cos\theta_2'$

$1 - 2 = v_1' \cos\theta_1' + 2v_2' \cos\theta_2'$

$\therefore v_1' \cos\theta_1' + 2v_2' \cos\theta_2' = -1$ …③

内力は x 軸方向にのみ作用するから，

衝突の法則も中心線の方向で成り立つ。

(iv)

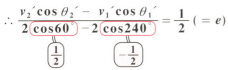

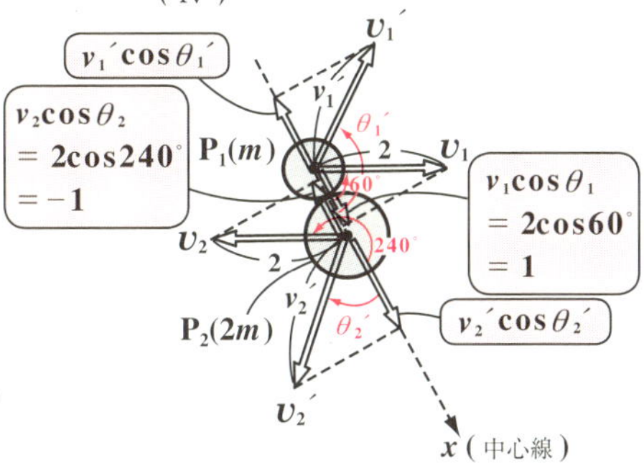

$$\therefore \frac{v_2' \cos\theta_2' - v_1' \cos\theta_1'}{2\underbrace{\cos 60^\circ}_{\frac{1}{2}} - 2\underbrace{\cos 240^\circ}_{-\frac{1}{2}}} = \frac{1}{2} \ (= e)$$

$v_2' \cos\theta_2' - v_1' \cos\theta_1' = 1$ ……④

③+④より，

$3\underset{\oplus}{v_2'}\cos\theta_2' = 0,\quad \cos\theta_2' = 0 \qquad \therefore \theta_2' = \pm 90^\circ$

ここで，$\underset{\oplus}{v_2'}\underset{\ominus}{\sin\theta_2'} = \underset{\ominus}{-\sqrt{3}}$ ……② より，$\sin\theta_2' < 0$

$\therefore \theta_2' = -90^\circ$ ……⑤ ……………………………………………………(答)

③−2×④より，

$3v_1' \cos\theta_1' = -3,\quad v_1' \cos\theta_1' = -1$ ……⑥

①÷⑥より，

$\frac{v_1' \sin\theta_1'}{v_1' \cos\theta_1'} = \frac{\sqrt{3}}{-1} \qquad \therefore \tan\theta_1' = -\sqrt{3}$ より，$\theta_1' = 120^\circ,\ -60^\circ$

ここで，$\underset{\oplus}{v_1'}\underset{\ominus}{\cos\theta_1'} = \underset{\ominus}{-1}$ ……⑥より，$\cos\theta_1' < 0$

$\therefore \theta_1' = 120^\circ$ ……⑦ ……………………………………………………(答)

⑦を①に代入して，

$v_1' \underbrace{\sin 120^\circ}_{\frac{\sqrt{3}}{2}} = \sqrt{3} \qquad \therefore v_1' = 2$ となる。 ……………………………(答)

⑤を②に代入して，

$v_2' \underbrace{\sin(-90^\circ)}_{-1} = -\sqrt{3} \qquad \therefore v_2' = \sqrt{3}$ となる。 ……………………(答)

演習問題 31　● ケプラーの第 2 法則 ●

惑星は太陽を 1 つの焦点とするだ円軌道を描く。(ケプラーの第 1 法則)
惑星の運動方程式と万有引力の法則を用いて，ケプラーの第 2 法則：「惑星と太陽を結ぶ線分が同一時間に通過してできる図形の面積は一定である」ことを示せ。

ヒント！ 太陽 O に関する惑星 P の位置ベクトルを $\boldsymbol{r}$ とおくと，P は O から中心力：$\boldsymbol{f}=-k\boldsymbol{r}\left(k=G\dfrac{Mm}{r^3}\right)$ を受けて，O のまわりをだ円を描いて運動する。運動方程式 $\dfrac{d\boldsymbol{p}}{dt}=\boldsymbol{f}$ の両辺の，O に関するモーメントをとることによって，P の O のまわりの回転の方程式：$\dfrac{d\boldsymbol{L}}{dt}=\boldsymbol{N}$ が導かれる。万有引力 $\boldsymbol{f}$ のモーメント $\boldsymbol{N}=\boldsymbol{r}\times\boldsymbol{f}=\boldsymbol{r}\times(-k\boldsymbol{r})=\boldsymbol{0}$ より，$\dfrac{d\boldsymbol{L}}{dt}=\boldsymbol{0}$　これから，面積速度ベクトル $\boldsymbol{A}=\dfrac{1}{2}\boldsymbol{r}\times\boldsymbol{v}=$ (一定) を導く。

解答＆解説

図 1

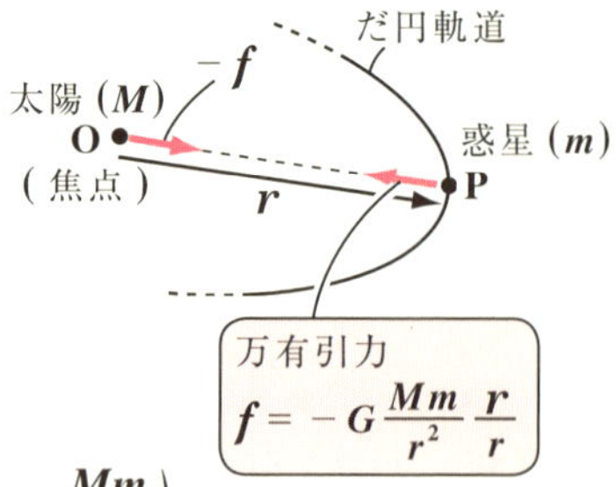

図 1 に示すように，太陽 O と惑星 P の質量をそれぞれ M，m とおく。O を原点 (だ円の焦点) としたときの P の位置ベクトルを $\boldsymbol{r}$，太陽 O から惑星 P に及ぼす万有引力を $\boldsymbol{f}$ とおくと，万有引力の法則より，

$$\boldsymbol{f}=-G\frac{Mm}{r^2}\cdot\frac{\boldsymbol{r}}{r}=-k\boldsymbol{r}\ \cdots\cdots①\qquad\left(k=G\frac{Mm}{r^3}\right)$$

($\dfrac{\boldsymbol{r}}{r}$：$\boldsymbol{r}$ と同じ向きの単位ベクトル $\boldsymbol{e}$ を表す。)

ここで，惑星 P の運動量を $\boldsymbol{p}(=m\boldsymbol{v})$ とおくと，運動方程式は，

$$\frac{d\boldsymbol{p}}{dt}=\boldsymbol{f}\ \cdots\cdots②$$

②の両辺の原点 O に関するモーメントをとると，

$$\boldsymbol{r}\times\frac{d\boldsymbol{p}}{dt}=\boldsymbol{r}\times\boldsymbol{f}\ \cdots\cdots③$$

($\boldsymbol{r}\times\boldsymbol{f}$：$\boldsymbol{N}$ (引力 $\boldsymbol{f}$ のモーメント))

($\boldsymbol{r}\times\dfrac{d\boldsymbol{p}}{dt}$：$\boldsymbol{r}\times\dot{\boldsymbol{p}}=\dfrac{d\boldsymbol{L}}{dt}$ ($\boldsymbol{L}$：角運動量))

③の右辺は，万有引力 $\boldsymbol{f}$ のモーメント $\boldsymbol{N}$ より，$\boldsymbol{N} = \boldsymbol{r} \times \boldsymbol{f}$ ……④

③の左辺について，運動量 $\boldsymbol{p}$ のモーメント，すなわち惑星 P の角運動量 $\boldsymbol{L} = \boldsymbol{r} \times \boldsymbol{p}$ の時間微分は，次のようになる。

$$\frac{d\boldsymbol{L}}{dt} = \frac{d}{dt}(\boldsymbol{r} \times \boldsymbol{p}) = \dot{\boldsymbol{r}} \times \boldsymbol{p} + \boldsymbol{r} \times \dot{\boldsymbol{p}} = \boldsymbol{v} \times m\boldsymbol{v} + \boldsymbol{r} \times \dot{\boldsymbol{p}} = \boldsymbol{r} \times \dot{\boldsymbol{p}} \quad \cdots\cdots ⑤$$

（$\dot{\boldsymbol{r}} = \boldsymbol{v}$，$\boldsymbol{p} = m\boldsymbol{v}$，$\boldsymbol{v} \times m\boldsymbol{v} = \boldsymbol{0}$ ($\because \boldsymbol{v} /\!/ m\boldsymbol{v}$) ← $\boldsymbol{a} /\!/ \boldsymbol{b}$ のとき，$\boldsymbol{a} \times \boldsymbol{b} = \boldsymbol{0}$）

よって，④，⑤を③に代入して，惑星の回転の運動方程式：

$$\frac{d\boldsymbol{L}}{dt} = \boldsymbol{N} \quad \cdots\cdots ⑥$$

が導かれる。

ここで，①より，中心力 $\boldsymbol{f}$ のモーメント $\boldsymbol{N} = \boldsymbol{r} \times \boldsymbol{f} = \boldsymbol{r} \times (-k\boldsymbol{r}) = \boldsymbol{0}$ ……⑦

（中心力：原点 O に向かう力のこと，$\boldsymbol{f} = -k\boldsymbol{r}$，$\because \boldsymbol{r} /\!/ (-k\boldsymbol{r})$）

⑦を⑥に代入して，$\dfrac{d\boldsymbol{L}}{dt} = \boldsymbol{0}$

図 2

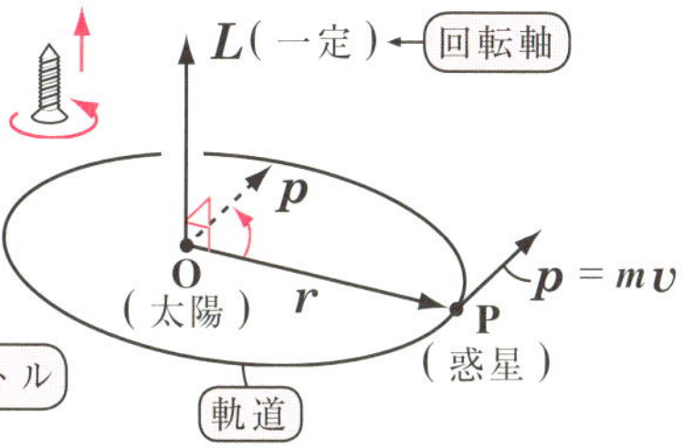

∴惑星の角運動量 $\boldsymbol{L} = \boldsymbol{r} \times \boldsymbol{p}$ は一定となる。図 2 に示すように，$\boldsymbol{L}$ は太陽 O のまわりを回転する惑星 P の回転軸を表すベクトルで，これが一定より，P の描く軌道面も一定となる。

ここで、$\boldsymbol{A}(t) = \dfrac{1}{2}\boldsymbol{r} \times \boldsymbol{v}$ とおくと，（$\boldsymbol{A}(t)$：面積速度ベクトル）

$$\boldsymbol{L} = \boldsymbol{r} \times m\boldsymbol{v} = m\boldsymbol{r} \times \boldsymbol{v} = 2m\left(\frac{1}{2}\boldsymbol{r} \times \boldsymbol{v}\right) = 2m\boldsymbol{A}(t) = (一定)$$

（$m\boldsymbol{v} = \boldsymbol{p}$，$\dfrac{1}{2}\boldsymbol{r} \times \boldsymbol{v} = \boldsymbol{A}(t)$）

図 3

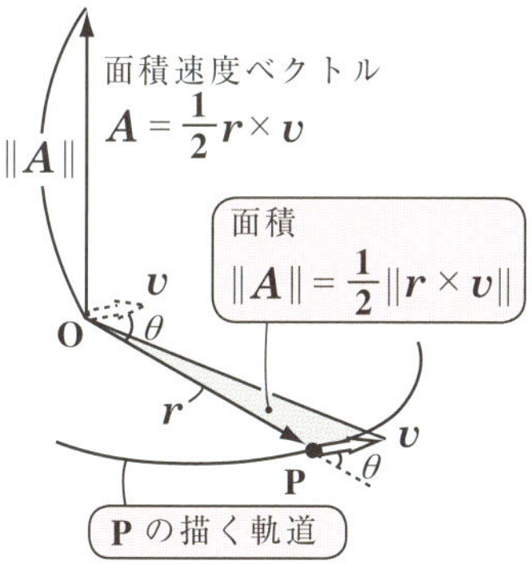

∴ $\boldsymbol{A}(t) = \dfrac{1}{2}\boldsymbol{r} \times \boldsymbol{v}$ は，時刻 t によらない定ベクトルより，大きさ $\|\boldsymbol{A}(t)\|$ も一定となる。ここで，$\boldsymbol{r}$ と $\boldsymbol{v}$ のなす角を θ とおくと，

$\|\boldsymbol{A}(t)\| = \dfrac{1}{2}\|\boldsymbol{r} \times \boldsymbol{v}\| = \dfrac{1}{2}\|\boldsymbol{r}\|\|\boldsymbol{v}\|\sin\theta$ は，図 3 に示すように，動径 OP が単位時間に通過する図形の面積を表す。これが一定より，ケプラーの第 2 法則は成り立つ。

……(終)

講義 Lecture 3 仕事とエネルギー ● methods & formulae

§1. 仕事と運動エネルギー

力 $\boldsymbol{f}$ が物体にした**仕事** W は，「物体の移動した変位と，力 $\boldsymbol{f}$ の移動の方向の成分との積」で定義される。「質点 P に仕事 W がなされた結果，質点 P の運動エネルギーは，$K_1 = \frac{1}{2}mv_1^2$ から $K_2 = \frac{1}{2}mv_2^2$ に仕事 W の分だけ増加する。」この仕事と運動エネルギーの関係をまとめて下に示す。

仕事と運動エネルギー

力 $\boldsymbol{f} = [f_x, f_y, f_z] = m \cdot \frac{dv}{dt}\boldsymbol{t} + m \cdot \frac{v^2}{R}\boldsymbol{n}$ を受けながら，質量 m をもつ質点 P が，点 P_1 から点 P_2 まである軌道 $\boldsymbol{r}(t)$ を描いて運動するとき，この力 $\boldsymbol{f}$ が P にした仕事 W は，次式で求められる。

$$W = \int_{P_1}^{P_2} \boldsymbol{f} \cdot d\boldsymbol{r} = \int_{P_1}^{P_2} (f_x dx + f_y dy + f_z dz) = \frac{1}{2}mv_2^2 - \frac{1}{2}mv_1^2 \quad \cdots ①$$

（ただし，v_1，v_2 は点 P_1，P_2 における質点 P の速さを表す。）

§2. 保存力とポテンシャル

図 1 に示すように，滑らかでない平面上を物体が力 $\boldsymbol{f}$ を受けて運動するとき，その進行方向とは逆向きに，$\mu' N$ の**動まさつ力**が働く。

（μ'：**動まさつ係数**
N：平面から物体が受ける垂直抗力）

図 1　動まさつ力

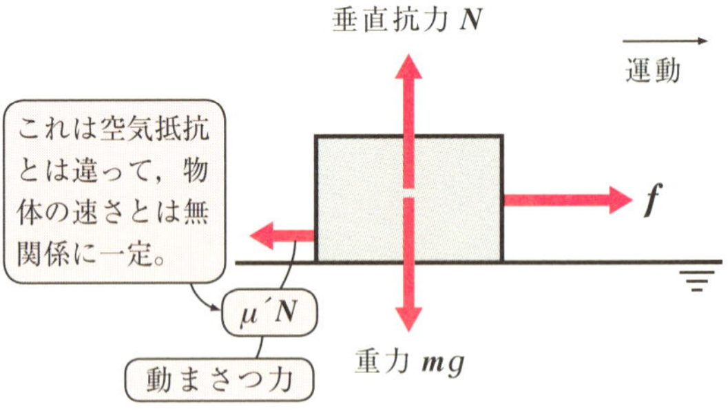

位置のスカラー値関数 $U(x, y, z)$ や $U(x, y)$ を使って，**保存力** $\boldsymbol{f_c}$ は，次式で表される。この U を保存力 f_c の**ポテンシャル**または**位置エネルギー**という。

(Ⅰ) 保存力 f_c が 3 次元の場合

$$f_c = [f_x, f_y, f_z] = \left[-\frac{\partial U}{\partial x},\ -\frac{\partial U}{\partial y},\ -\frac{\partial U}{\partial z}\right] \quad \cdots\cdots②$$

(Ⅱ) 保存力 f_c が 2 次元の場合

$$f_c = [f_x, f_y] = \left[-\frac{\partial U}{\partial x},\ -\frac{\partial U}{\partial y}\right]$$

(Ⅲ) 保存力が 1 次元の場合

$$f_x = -\frac{dU(x)}{dx}$$

f_x が x の関数で積分可能であれば，そのポテンシャル $U(x)$ は，

$U(x) = -\int f_x(x)\,dx$ で求められる。

保存力 $f_c = [f_x, f_y, f_z]$ によりなされる仕事を W_c とおくと，①より，

$$W_c = \int_{P_1}^{P_2} f_c \cdot dr = \int_{P_1}^{P_2} (f_x dx + f_y dy + f_z dz) \quad \cdots\cdots③$$

f_c のポテンシャル $U(x, y, z)$ が全微分可能のとき，

$$dU = \frac{\partial U}{\partial x}dx + \frac{\partial U}{\partial y}dy + \frac{\partial U}{\partial z}dz$$

②を③に代入して，

$$W_c = \int_{P_1}^{P_2}\Big(\underbrace{-\frac{\partial U}{\partial x}}_{f_x}dx \underbrace{-\frac{\partial U}{\partial y}}_{f_y}dy \underbrace{-\frac{\partial U}{\partial z}}_{f_z}dz\Big)$$

$$= -\int_{P_1}^{P_2}\underbrace{\left(\frac{\partial U}{\partial x}dx + \frac{\partial U}{\partial y}dy + \frac{\partial U}{\partial z}dz\right)}_{dU\ (\because U\text{ は全微分可能より})}$$

$$= -\int_{P_1}^{P_2} dU = -\big[U(P)\big]_{P_1}^{P_2} = -U(P_2) + U(P_1) = U_1 - U_2$$

$\therefore W_c = U_1 - U_2 \cdots④$ となる。(U_1, U_2 は点 P_1, P_2 におけるポテンシャル)

④より，「点 P_1 から点 P_2 まで，質点 P に保存力 f_c がした仕事 W_c は，その途中の経路によらず，2 点 P_1, P_2 におけるポテンシャルの差 $(U_1 - U_2)$ だけで決まってしまう。」

物体に作用する力 $\boldsymbol{f}$ を保存力 $\boldsymbol{f}_c$ と非保存力 $\tilde{\boldsymbol{f}}$ の **2** つに分解して，

$\boldsymbol{f}=\boldsymbol{f}_c+\tilde{\boldsymbol{f}}$ …⑤ とおく。⑤の両辺について，点 $\mathrm{P_1}$ から点 $\mathrm{P_2}$ まで質点 P のある軌道に沿った接線線積分を行うと，

$$\underbrace{\int_{\mathrm{P_1}}^{\mathrm{P_2}}\boldsymbol{f}\cdot d\boldsymbol{r}}_{W}=\int_{\mathrm{P_1}}^{\mathrm{P_2}}(\boldsymbol{f}_c+\tilde{\boldsymbol{f}})\cdot d\boldsymbol{r}=\underbrace{\int_{\mathrm{P_1}}^{\mathrm{P_2}}\boldsymbol{f}_c\cdot d\boldsymbol{r}}_{W_c}+\underbrace{\int_{\mathrm{P_1}}^{\mathrm{P_2}}\tilde{\boldsymbol{f}}\cdot d\boldsymbol{r}}_{\tilde{W}}$$

$\therefore\ W=W_c+\tilde{W}$ （W_c：保存力による仕事，$\tilde{W}$：非保存力による仕事）

これに，$W=\underbrace{\frac{1}{2}mv_2{}^2}_{K_2}-\underbrace{\frac{1}{2}mv_1{}^2}_{K_1}=K_2-K_1$ …① と $W_c=U_1-U_2$ …④ を代入して，

$$K_2-K_1=U_1-U_2+\tilde{W}\qquad\therefore\ K_1+U_1+\tilde{W}=K_2+U_2\quad\cdots\cdots⑥$$

非保存力 $\tilde{\boldsymbol{f}}$ が **0** か，仕事をしない（運動の方向と直交する）とき，$\tilde{W}=0$ となるので，⑥から，

$K_1+U_1=K_2+U_2=E$（一定）が導かれる。つまり，**力学的エネルギー** E（**運動エネルギー** $K=\frac{1}{2}mv^2$ と**位置エネルギー** U との和）は保存される。これを，**力学的エネルギーの保存則**と呼ぶ。

保存力 $\boldsymbol{f}_c$ とポテンシャル U の関係式：

$\boldsymbol{f}_c=[f_x,\ f_y,\ f_z]=-\left[\frac{\partial U}{\partial x},\ \frac{\partial U}{\partial y},\ \frac{\partial U}{\partial z}\right]$ …② は，演算子**ナブラ** $\nabla=\left[\frac{\partial}{\partial x},\ \frac{\partial}{\partial y},\ \frac{\partial}{\partial z}\right]$ を用いて，$\boldsymbol{f}_c=-\nabla U$ と表せる。これを，$\boldsymbol{f}_c=-\mathrm{grad}\,U$ と表す場合もある。$\mathrm{grad}\,U$ のことを，U の**勾配ベクトル**ともいう。**2** 次元の保存力 $\boldsymbol{f}_c=[f_x,\ f_y]$ も，**2** 次元の演算子ナブラ $\nabla=\left[\frac{\partial}{\partial x},\ \frac{\partial}{\partial y}\right]$ を使って，

$$\boldsymbol{f}_c=-\nabla U=-\mathrm{grad}\,U=-\left[\frac{\partial}{\partial x},\ \frac{\partial}{\partial y}\right]U=-\left[\frac{\partial U}{\partial x},\ \frac{\partial U}{\partial y}\right]\ \text{と表せる。}$$

1 次元の保存力 f_c は，そのポテンシャル $U(x)$ を用いて，$f_c=-\frac{dU}{dx}$ とおけるので，図 **2** に示すように，点 x_0 における保存力 f_c は，曲線 $U(x)$ の $x=x_0$ における接線の傾きに㊀を付けたものになる。

図 2　1 次元の力 f_c と $U(x)$

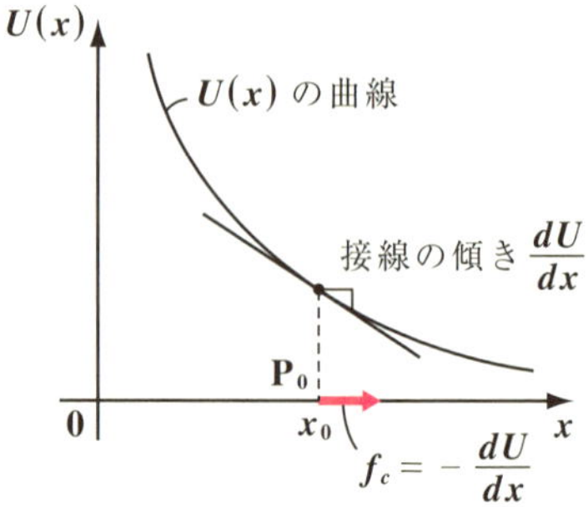

2 次元の保存力 $\boldsymbol{f}_c$ について，点 $(\boldsymbol{x}, \boldsymbol{y})$ が与えられると，$\boldsymbol{U}(\boldsymbol{x}, \boldsymbol{y})$ の値が決まるので，$\boldsymbol{xyU}$ 座標系で考えると，図 **3**(i) に示すように，ポテンシャル $\boldsymbol{U}(\boldsymbol{x}, \boldsymbol{y})$ のグラフがある曲面として描ける。そして，点 $\mathbf{P}_0(\boldsymbol{x}_0, \boldsymbol{y}_0)$ に対応する $\boldsymbol{U}$ の値は $\boldsymbol{U}(\boldsymbol{x}_0, \boldsymbol{y}_0)$ であり，

$$U(x, y) = \underbrace{U(x_0, y_0)}_{\text{ある定数}}$$

となるような曲線が存在する。これは同じポテンシャル $\boldsymbol{U}(\boldsymbol{x}_0, \boldsymbol{y}_0)$ の値をとる曲線なので，**等ポテンシャル線**という。そして，点 $\mathbf{P}_0$ における保存力

図 **3**　等ポテンシャル線と保存力

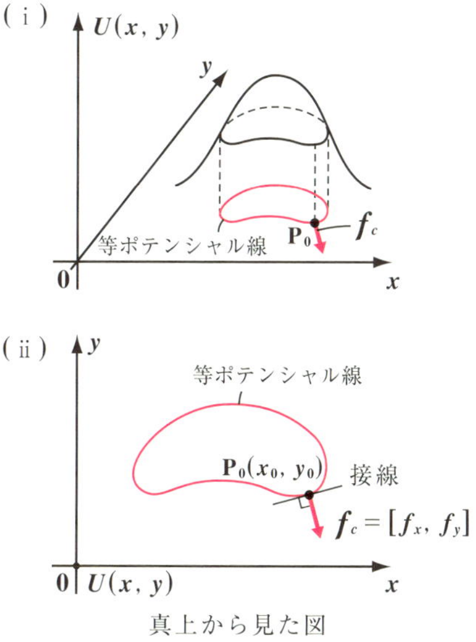

$$f_c = [f_x, f_y] = -\mathbf{grad}\,U = \left[-\frac{\partial U}{\partial x},\ -\frac{\partial U}{\partial y}\right]$$

は，点 $\mathbf{P}_0$ において $\boldsymbol{U}$ の最大の下り勾配の向きをもつベクトルで，これは図 **3**(ii) に示すように，点 $\mathbf{P}_0$ における等ポテンシャル線の接線と直交する。

2 次元の力 $\boldsymbol{f} = [f_x, f_y]$ が，保存力 $\boldsymbol{f}_c = -\nabla U = \left[-\dfrac{\partial U}{\partial x},\ -\dfrac{\partial U}{\partial y}\right]$ となるとき，$f_x = -\dfrac{\partial U}{\partial x}$，$f_y = -\dfrac{\partial U}{\partial y}$ より，

$$\frac{\partial f_x}{\partial y} = -\frac{\partial}{\partial y}\left(\frac{\partial U}{\partial x}\right) = -\underline{\frac{\partial^2 U}{\partial y \partial x}} = -\underline{\frac{\partial^2 U}{\partial x \partial y}} = \frac{\partial}{\partial x}\left(-\frac{\partial U}{\partial y}\right) = \frac{\partial f_y}{\partial x}$$

$\dfrac{\partial^2 U}{\partial y \partial x}$ と $\dfrac{\partial^2 U}{\partial x \partial y}$ が共に連続ならば，$\dfrac{\partial^2 U}{\partial y \partial x} = \dfrac{\partial^2 U}{\partial x \partial y}$ が成り立つ。(シュワルツの定理)

$\therefore\ \dfrac{\partial f_x}{\partial y} = \dfrac{\partial f_y}{\partial x}$ が，$\boldsymbol{f}$ が保存力となるための条件となる。

このとき，$f_x = -\dfrac{\partial U}{\partial x}$ より，$U = -\displaystyle\int f_x\,dx + \underline{F(y)}$ （$\boldsymbol{y}$ の任意関数）

これを $\boldsymbol{y}$ で偏微分して㊀を付けたものが f_y となることから，$\boldsymbol{F}(\boldsymbol{y})$ が求まり，$\boldsymbol{U}$ が定まる。(演習問題 **40**，**41** 参照)

演習問題 32　● 力学的エネルギーの保存則 (Ⅰ) ●

地面を $y = 0$ として，y 軸を鉛直上向きにとって，地上 $70(\mathrm{m})$ の位置から，質量 $m(\mathrm{kg})$ の物体を初速度 $v_0 = 42(\mathrm{m/s})$ で鉛直上方に投げ上げたとき，地上に到達する直前の速度 $V(\mathrm{m/s})$ を，力学的エネルギーの保存則を使って求めよ。(ただし，重力加速度の大きさを $g = 9.8(\mathrm{m/s^2})$ とし，空気抵抗は考えないものとする。)

ヒント！ 演習問題 18 と同じものであるが，これを力学的エネルギーの保存則を用いて解く。物体には 1 次元の保存力 (重力) 以外働かないので，力学的エネルギーは保存される。

解答＆解説

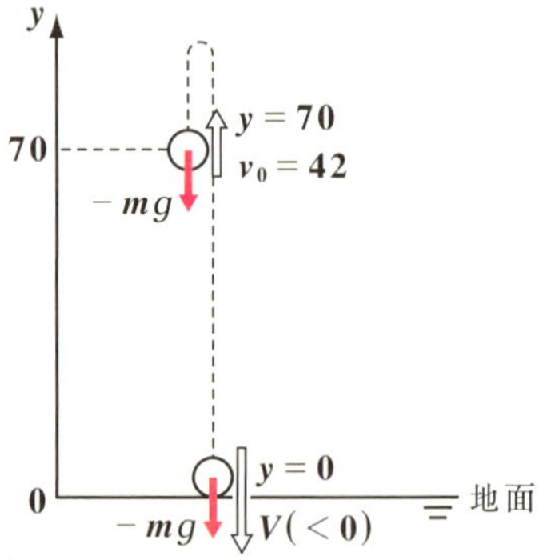

地球表面付近で，質量 m の物体に働く重力は，地表面を 0(原点) として，鉛直上向きに y 軸をとると，$f_y = -mg$ (一定) となる。これを y で積分して -1 倍したものが，位置エネルギー (ポテンシャル) U になる。よって，

$$U = -\int f_y\,dy = -\int(-mg)\,dy = mgy$$ となる。

物体には 1 次元の保存力である重力 f_y 以外は働かないので，

$\begin{cases} (\text{i})\ y = 70(\mathrm{m}),\ v_0 = 42(\mathrm{m/s}) & \text{のときと,} \\ (\text{ii})\ y = 0(\mathrm{m}),\ v = V(\mathrm{m/s}) & \text{のときの} \end{cases}$

力学的エネルギーは保存される。

$$\therefore\ mg\cdot 70 + \frac{1}{2}m\cdot 42^2 = mg\cdot 0 + \frac{1}{2}mV^2$$

$[\quad U_1 \quad + \quad K_1 \quad = \quad U_2 \quad + \quad K_2 \quad]$

$$m\cdot 9.8\cdot 70 + \frac{1}{2}m\cdot 42^2 = \frac{1}{2}mV^2,\quad 2\times 9.8\times 70 + \underline{42^2} = V^2 \quad (42^2 = 7^2\cdot 6^2)$$

$$V^2 = \underline{4\times 49\times 7 + 49\times 36} \quad (= 49\cdot(28+36) = 49\times 64)$$ $V < 0$ に注意して，

$$V = -\sqrt{49\times 64} = \underline{-56(\mathrm{m/s})}$$ となる。(演習問題 18 と同じ結果) ……………………………………(答)

演習問題 33 ● 力学的エネルギーの保存則 (Ⅱ) ●

地上 **70(m)** の位置を $y=0$ として，y 軸を鉛直下向きにとって，地上 **70(m)** の位置から，質量 m(kg) の物体を初速度 $v_0=-42$(m/s) で鉛直上方に投げ上げたとき，地上に到達する直前の速度 V(m/s) を，力学的エネルギーの保存則を使って求めよ。(ただし，重力加速度の大きさを $g=9.8(\text{m/s}^2)$ とし，空気抵抗は考えないものとする。)

ヒント！ 演習問題 **19** と同問で，力学的エネルギーの保存則を用いる。重力は $f_y=mg$ であり，ポテンシャル U は，$U=-\int f_y dy$ で計算する。

解答＆解説

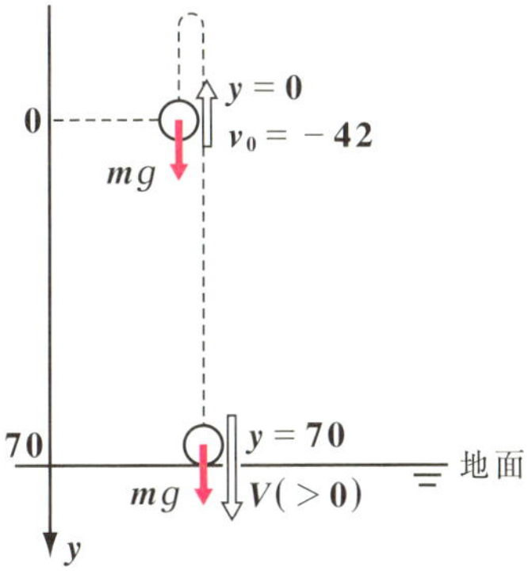

地球表面付近で，質量 m の物体に働く重力は，地上 **70(m)** の位置を $y=0$ として，鉛直下向きに y 軸をとると，$f_y=mg$ となる。これを y で積分して -1 倍したものが，位置エネルギー(ポテンシャル) U になる。よって，

$$U=-\int f_y dy=-\int mg\,dy=-mgy \quad \text{となる。}$$

物体には **1** 次元の保存力である重力 f_y 以外は働かないので，

$$\begin{cases} (\text{i})\ y=0(\text{m}),\ v_0=-42(\text{m/s}) & \text{のときと，} \\ (\text{ii})\ y=70(\text{m}),\ v=V(\text{m/s}) & \text{のときの} \end{cases}$$

力学的エネルギーは保存される。

$$\therefore \cancel{-mg\cdot 0}+\frac{1}{2}m\cdot(-42)^2=-mg\cdot 70+\frac{1}{2}mV^2$$

$$[\quad U_1 \quad + \quad K_1 \quad = \quad U_2 \quad + \quad K_2 \quad]$$

$$\frac{1}{2}\cancel{m}\cdot 42^2=-\cancel{m}\cdot 9.8\cdot 70+\frac{1}{2}\cancel{m}V^2,\quad 2\times 9.8\times 70+\underline{42^2}=V^2$$

（$42^2 = 7^2\cdot 6^2$）

$V^2=\underline{4\times 49\times 7+49\times 36}$ 　　$V>0$ に注意して，

（$49\cdot(28+36)=49\times 64$）

（演習問題 **19** と同じ結果）

$V=\sqrt{49\times 64}=\underline{56(\text{m/s})}$ となる。……………………………(答)

演習問題 34　● 仕事と運動エネルギー (I) ●

鉛直に垂らした長さ l の軽い糸の先に付けた質量 m の重り (質点) に水平方向に初速度 v_0 を与える。この振り子の傾角が θ_1 $\left(0 < \theta_1 \leqq \frac{\pi}{2}\right)$ となったとき，重りの運動エネルギーと，そのときの速さ v_1 を求めよ。ただし，重力加速度の大きさは g で，空気抵抗はないものとする。

ヒント！ 仕事と運動エネルギーの関係 : $\frac{1}{2}mv_0{}^2 + \int_{P_0}^{P_1} \boldsymbol{f} \cdot d\boldsymbol{r} = \frac{1}{2}mv_1{}^2$ を使う。仕事 $\int_{P_0}^{P_1} \boldsymbol{f} \cdot d\boldsymbol{r}$ に寄与するのは，重力の接線成分のみであることに注意する。

解答＆解説

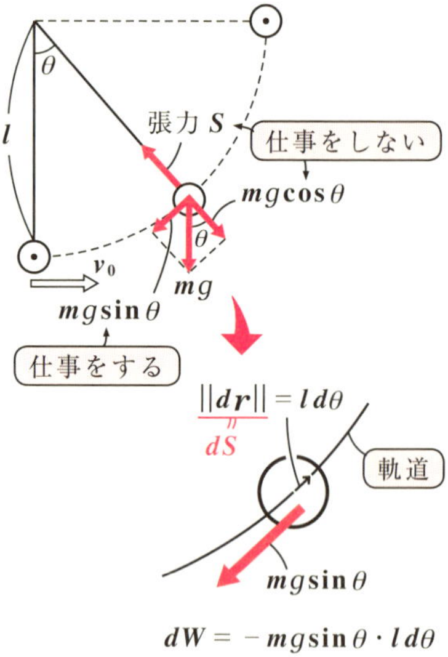

初め重りは，$\theta_0 = 0$，初速度 v_0 の状態から運動を開始する。そして，傾角が θ になったとき重りに働く重力 mg を分解して考えると，仕事に寄与するのは，接線成分だけとなる。ここで，微小変位 dS は，

$dS = l\,d\theta$　となる。
（半径 l の微小な円弧の長さ）

よって，傾角が θ から $\theta + d\theta$ に変化する間に重力が重りにする微少な仕事 dW は，

$$dW = -mg\sin\theta \cdot \underbrace{l\,d\theta}_{dS} = -mgl\sin\theta \cdot d\theta$$

これを θ について，区間 $[0, \theta_1]$ で積分して，重力が重りにする仕事 W は，

$$W = \int_0^{\theta_1} dW = -mgl\int_0^{\theta_1} \sin\theta\, d\theta = -mgl\big[-\cos\theta\big]_0^{\theta_1} = -mgl(1-\cos\theta_1) \quad \cdots\cdots ①$$

（$-\cos\theta_1 + \cos 0 = 1 - \cos\theta_1$）

また，$W = \frac{1}{2}mv_1{}^2 - \frac{1}{2}mv_0{}^2$ ……②

①，②より，傾角が θ_1 のときの重りの運動エネルギーは，

$$\frac{1}{2}mv_1{}^2 = \frac{1}{2}mv_0{}^2 + W = \frac{1}{2}mv_0{}^2 - mgl(1-\cos\theta_1)$$　となる。 ………(答)

よって，質点の速さ v_1 は，$v_1 = \sqrt{v_0{}^2 - 2gl(1-\cos\theta_1)}$　と求まる。…(答)

別解

力学的エネルギーの保存則を使って解く。地球表面付近で，質量 m の重りに働く重力 f_y は，傾角 $\theta_0 = 0$ の重りの位置を原点として，鉛直上向きに y 軸をとると，$f_y = -mg$（一定）となる。これを y で積分して -1 倍したものが，位置エネルギー（ポテンシャル）U になる。よって，

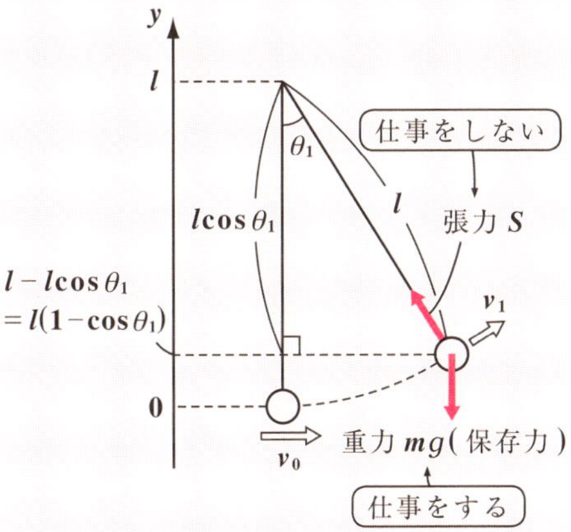

$$U = -\int f_y\,dy = -\int(-mg)\,dy = mgy$$

となる。

重りに働く糸の張力 S は重りの運動の方向と直交して，仕事には寄与しない。仕事に寄与するのは，保存力である重力のみであるから，

$$\begin{cases} (\text{i})\ y = 0,\ \ v = v_0 \quad \text{のときと，} \\ (\text{ii})\ y = l(1-\cos\theta_1),\ \ v = v_1 \quad \text{のときの} \end{cases}$$

力学的エネルギーは保存される。

$$mg\cdot 0 + \frac{1}{2}mv_0^2 = mg\cdot l(1-\cos\theta_1) + \frac{1}{2}mv_1^2$$

$$[\quad U_1 \quad + \quad K_1 \quad = \qquad U_2 \qquad + \quad K_2 \quad]$$

これより，傾角が θ_1 のときの重りの運動エネルギーは，

$$\frac{1}{2}mv_1^2 = \frac{1}{2}mv_0^2 - mgl(1-\cos\theta_1)$$ となる。 ……………………（答）

よって，重りの速さ v_1 は，

$$v_1 = \sqrt{v_0^2 - 2gl(1-\cos\theta_1)}$$ となる。 ……………………………（答）

演習問題 35　●仕事と運動エネルギー(Ⅱ)●

傾角 θ の滑らかな斜面上にある質量 m の物体が，底面より高さ h の上端から初速度 v_0 で滑り出す。斜面に沿って滑り下りて下端を通るときの物体の運動エネルギーとその速さ v_1 を求めよ。ただし，重力加速度の大きさは g で，空気抵抗は考えないものとする。

ヒント！ 物体に働く外力：重力，垂直抗力のうち，物体に仕事をするのは，重力の斜面に平行な成分のみとなる。

解答＆解説

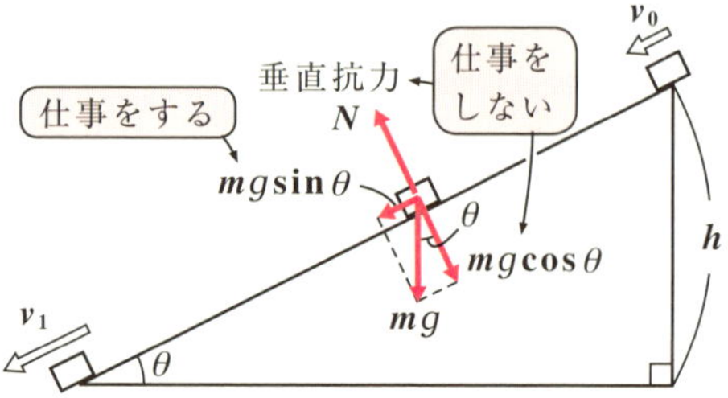

初め物体は，初速度 v_0 の状態から運動を開始する。そして，滑り下りる途中で，物体に働く重力 mg を，斜面に平行な成分 $mg\sin\theta$ と垂直な成分 $mg\cos\theta$ に分解して考えると，仕事に寄与するのは，斜面に［(ア)　　］成分のみである。

上端から下端まで滑り下りる距離を L とおくと，右図より，

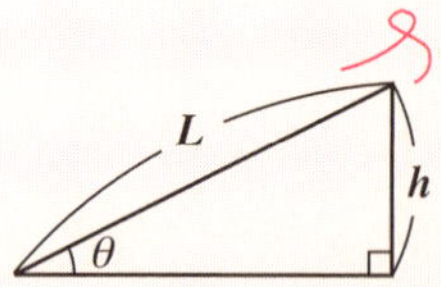

$$L\sin\theta = h \qquad \therefore L = \frac{h}{\sin\theta}$$

重力の斜面に平行な成分 $mg\sin\theta$ がこの間にする仕事 W は，

$$W = \boxed{(イ)\quad} L = mg\sin\theta \cdot \frac{h}{\sin\theta} = mgh \quad \cdots\cdots①$$ となる。

また，$W = \boxed{(ウ)\qquad}$ ……②

①，②より，下端を通るときの物体の運動エネルギーは，

$$\frac{1}{2}mv_1{}^2 = \frac{1}{2}mv_0{}^2 + W = \frac{1}{2}mv_0{}^2 + mgh$$ となる。…………………………(答)

これより，物体の速さ v_1 は，$v_1 = \boxed{(エ)\quad}$ となる。……………………(答)

別解

力学的エネルギーの保存則を使って解く。

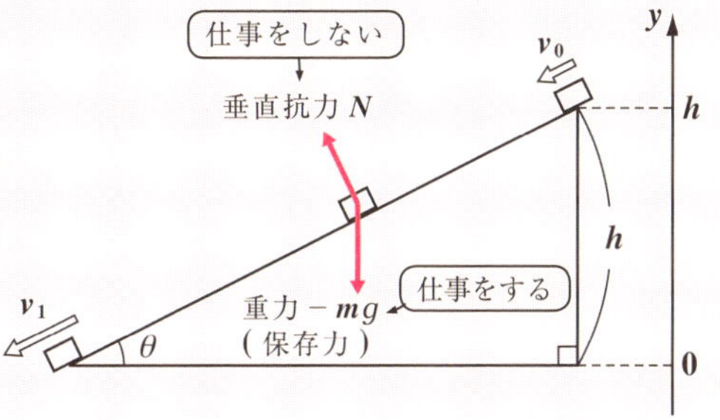

地表付近で，質量 m の物体に働く重力は，下端の位置を原点 0 として，鉛直上向きに y 軸をとると，

$f_y =$ (オ) (一定) となる。

これを y で積分して (カ) 倍したものが，位置エネルギー(ポテンシャル) U になる。よって，

$$U = -\int f_y dy = -\int(-mg)\,dy = mgy$$ となる。

物体に働く垂直抗力 N は運動の方向と直交して，仕事には寄与しない。仕事に寄与するのは， (キ) である重力のみであるから，

(ⅰ) $y = h$, $v = v_0$ のときと，
(ⅱ) $y = 0$, $v = v_1$ のときの

力学的エネルギーは保存される。

$$\therefore\ mgh + \frac{1}{2}mv_0^2 = mg\cdot 0 + \frac{1}{2}mv_1^2$$

[U_1 + K_1 = U_2 + K_2]

これより，下端を通るときの物体の運動エネルギーは，

$$\frac{1}{2}mv_1^2 = \frac{1}{2}mv_0^2 + mgh$$ となる。 ……………………(答)

よって，物体の速さ v_1 は，

$$v_1 = \sqrt{v_0^2 + 2gh}$$ となる。 ……………………(答)

解答 (ア) 平行な　(イ) $mg\sin\theta$　(ウ) $\frac{1}{2}mv_1^2 - \frac{1}{2}mv_0^2$

(エ) $\sqrt{v_0^2 + 2gh}$　(オ) $-mg$　(カ) -1　(キ) 保存力

演習問題 36　● 仕事と運動エネルギー (Ⅲ) ●

傾角 θ, 動まさつ係数 μ' のあらい斜面上にある質量 m の物体が，底面より高さ h の上端から初速度 v_0 で滑り出す。斜面に沿って滑り下りて下端を通るときの物体の運動エネルギーとその速さ v_1 を求めよ。ただし，重力加速度の大きさは g で，空気抵抗は考えないものとする。

ヒント！ 物体に仕事をするのは，重力の斜面に平行な成分と動まさつ力のみとなる。仕事と運動エネルギーの関係：$W = \frac{1}{2}mv_1^2 - \frac{1}{2}mv_0^2$ を使う。

解答＆解説

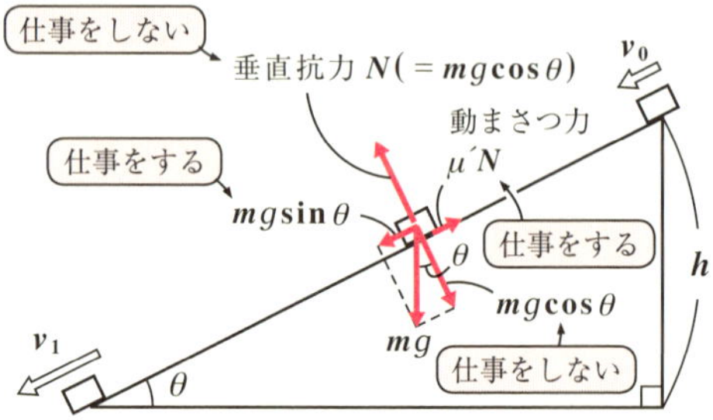

初め物体は初速度 v_0 の状態から運動を開始する。そして，滑り下りる途中で，物体に働く重力を斜面に平行な成分 $mg\sin\theta$ と垂直な成分 $mg\cos\theta$ に分解して考えると，仕事に寄与するのは重力の斜面に平行な成分と動まさつ力 $\mu' N = \mu' mg\cos\theta$ のみである。（$N = mg\cos\theta$）

上端から下端までの移動距離を L とおくと，右図より，

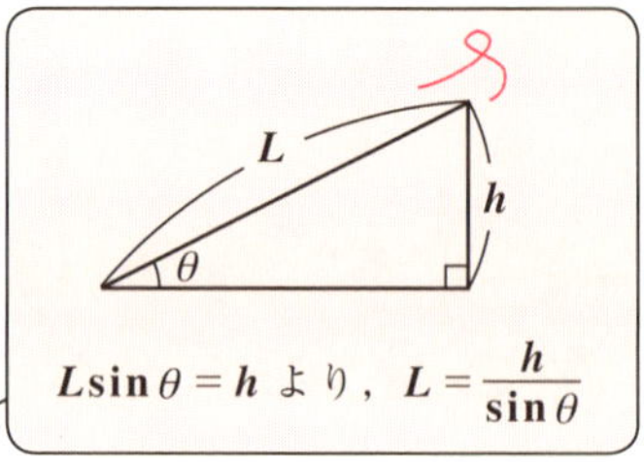

$$L\sin\theta = h \qquad \therefore L = \frac{h}{\sin\theta}$$

この間に，物体に加えられる仕事 W は，

$$W = (mg\sin\theta - \mu' mg\cos\theta)\cdot L = (mg\sin\theta - \mu' mg\cos\theta)\cdot\frac{h}{\sin\theta}$$

$$= mgh - \mu' mgh\cot\theta = mgh(1 - \mu'\cot\theta) \quad \cdots\cdots①$$

（$\frac{\cos\theta}{\sin\theta} = \frac{1}{\tan\theta}$）

また，$W = \frac{1}{2}mv_1^2 - \frac{1}{2}mv_0^2 \quad \cdots\cdots②$

①，②より，下端を通るときの運動エネルギーは，

$$\frac{1}{2}mv_1^2 = \frac{1}{2}mv_0^2 + W = \frac{1}{2}mv_0^2 + mgh(1 - \mu'\cot\theta)$$ となる。……(答)

これより，物体の速さ v_1 は，$v_1 = \sqrt{v_0^2 + 2gh(1 - \mu'\cot\theta)}$ となる。…(答)

演習問題 37 ● 仕事と運動エネルギー(Ⅳ) ●

右図のように，物体 **P** が，底面より高さ h の点 **A** から初速度 $v_0 = 0$ で滑らかな曲面上を滑り下り，滑らかな床面上を運動し，さらに動まさつ係数 μ' の床面上を L だけ滑って止まった。L を求めよ。

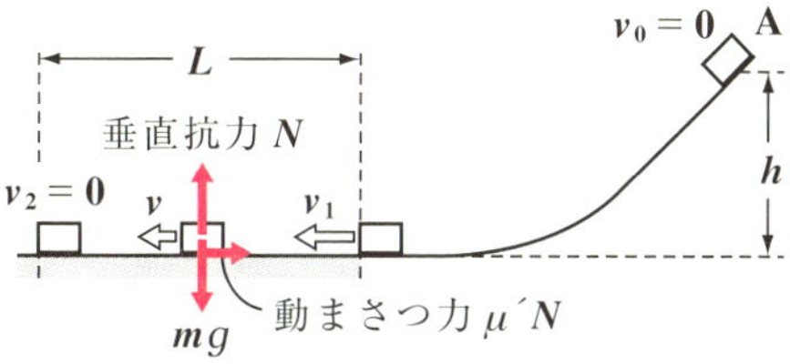

ヒント！ 粗い床面上を運動するとき，仕事をするのは動まさつ力のみとなる。

解答＆解説

滑らかな床面上を滑るときの速度を v_1 とおく。

速度 v_1 の状態から **P** は粗い床面上での運動を開始する。粗い床面上を移動するとき，**P** に働く外力のうち，仕事に寄与するのは，動まさつ力 $\mu'N =$ (ア) のみであるから，粗い床面を L だけ滑って止まるまでに **P** に加えられた仕事 W は，$W =$ (イ) …① となる。

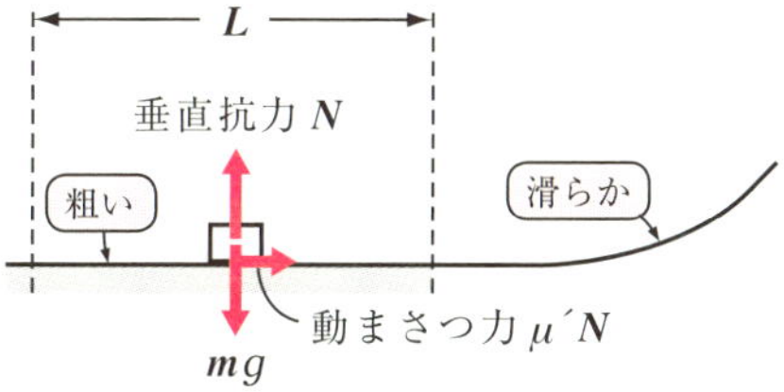

また，$W = \frac{1}{2}m\cdot 0^2 - \frac{1}{2}m\cdot v_1{}^2 = -\frac{1}{2}mv_1{}^2$ …② ①, ②より W を消去して，

$$\mu' m g L = \frac{1}{2} m v_1{}^2 \qquad \therefore L = \frac{v_1{}^2}{2\mu' g} \quad \cdots\cdots③$$

ここで，初め床面より高さ h の点 **A** から初速度 $v_0 = 0$ で滑らかな曲面を滑り下りて，滑らかな床面を速度 v_1 で滑る間，仕事に寄与するのは重力(保存力)のみより，力学的エネルギーは (ウ) 。床面を位置エネルギーの基準として，

$$\frac{1}{2}m\cdot 0^2 + mgh = \frac{1}{2}mv_1{}^2 + mg\cdot 0 \qquad \therefore v_1{}^2 = 2gh \quad \cdots\cdots④$$

④を③に代入して，求める L は，$L = \frac{2gh}{2\mu' g} = \frac{h}{\mu'}$ となる。……………(答)

解答 (ア) $\mu' mg$ (イ) $-\mu' mg\cdot L$ (ウ) 保存される

演習問題 38　● 3 次元のポテンシャル ●

3 次元の保存力 $\boldsymbol{f}_c$ のポテンシャル U が次のように与えられているとき，それぞれの保存力 $\boldsymbol{f}_c$ を求めよ。

(1) $U(x,\ y,\ z) = -xy - zy + z^2$　　(2) $U(x,\ y,\ z) = \dfrac{1}{x} + y - \dfrac{1}{z^2}$

ヒント！ 保存力 $\boldsymbol{f}_c$ が 3 次元の場合，$\boldsymbol{f}_c$ は，
$\boldsymbol{f}_c = [f_x,\ f_y,\ f_z] = -\mathbf{grad}\,U = -\nabla U = -\left[\dfrac{\partial U}{\partial x},\ \dfrac{\partial U}{\partial y},\ \dfrac{\partial U}{\partial z}\right]$ で計算される。

解答＆解説

$$\boldsymbol{f}_c = [f_x,\ f_y,\ f_z] = -\mathbf{grad}\,U = -\nabla U = -\left[\frac{\partial U}{\partial x},\ \frac{\partial U}{\partial y},\ \frac{\partial U}{\partial z}\right] \quad \cdots\cdots ①$$

(1)
$$\begin{cases} \dfrac{\partial U}{\partial x} = \dfrac{\partial}{\partial x}(-x\underbrace{y}_{\text{定数扱い}}\underbrace{-zy+z^2}_{\text{定数扱い}}) = -y \\ \dfrac{\partial U}{\partial y} = \dfrac{\partial}{\partial y}(\underbrace{-x}_{\text{定数扱い}}y\underbrace{-z}_{\text{定数扱い}}y+\underbrace{z^2}_{\text{定数扱い}}) = -x - z \\ \dfrac{\partial U}{\partial z} = \dfrac{\partial}{\partial z}(\underbrace{-xy}_{\text{定数扱い}}\underbrace{-}_{}z\underbrace{y}_{\text{定数扱い}}+z^2) = -y + 2z \end{cases}$$

これらを①に代入して，

$$\boldsymbol{f}_c = \left[-\frac{\partial U}{\partial x},\ -\frac{\partial U}{\partial y},\ -\frac{\partial U}{\partial z}\right] = [y,\ z+x,\ y-2z]$$ となる。……(答)

(2)
$$\begin{cases} \dfrac{\partial U}{\partial x} = \dfrac{\partial}{\partial x}\left(\dfrac{1}{x} + y - \dfrac{1}{z^2}\right) = -\dfrac{1}{x^2} & \leftarrow y,\ z：定数扱い \\ \dfrac{\partial U}{\partial y} = \dfrac{\partial}{\partial y}\left(\dfrac{1}{x} + y - \dfrac{1}{z^2}\right) = 1 & \leftarrow z,\ x：定数扱い \\ \dfrac{\partial U}{\partial z} = \dfrac{\partial}{\partial z}\left(\dfrac{1}{x} + y - \dfrac{1}{z^2}\right) = \dfrac{2}{z^3} & \leftarrow x,\ y：定数扱い \end{cases}$$

これらを①に代入して，

$$\boldsymbol{f}_c = \left[-\frac{\partial U}{\partial x},\ -\frac{\partial U}{\partial y},\ -\frac{\partial U}{\partial z}\right] = \left[\frac{1}{x^2},\ -1,\ -\frac{2}{z^3}\right]$$ となる。……(答)

演習問題 39 ● 2 次元のポテンシャル ●

2 次元の保存力 $\boldsymbol{f}_c$ のポテンシャル U が次のように与えられているとき，それぞれの保存力 $\boldsymbol{f}_c$ を求めよ。

(1) $U(x, y) = xy^2 - x$ (2) $U(x, y) = -x^2 + y^2$

ヒント！ 2 次元の保存力 $\boldsymbol{f}_c = -\mathrm{grad}\,U = -\nabla U = -\left[\dfrac{\partial U}{\partial x}, \dfrac{\partial U}{\partial y}\right]$ を使う。

解答＆解説

$$\boldsymbol{f}_c = [f_x, f_y] = -\mathrm{grad}\,U = -\nabla U = [\boxed{(ア)\qquad}] \quad \cdots\cdots①$$

(1)
$$\begin{cases} \dfrac{\partial U}{\partial x} = \dfrac{\partial}{\partial x}(xy^2 - x) = y^2 - 1 & \leftarrow y：定数扱い \\ \dfrac{\partial U}{\partial y} = \dfrac{\partial}{\partial y}(xy^2 - x) = \boxed{(イ)} & \leftarrow x：定数扱い \end{cases}$$

これらを①に代入して，

$$\boldsymbol{f}_c = [\underbrace{-y^2 + 1}_{-\frac{\partial U}{\partial x}}, \underbrace{-2xy}_{-\frac{\partial U}{\partial y}}]$$ となる。 ……………………………(答)

(2)
$$\begin{cases} \dfrac{\partial U}{\partial x} = \dfrac{\partial}{\partial x}(-x^2 + y^2) = \boxed{(ウ)} & \leftarrow y：定数扱い \\ \dfrac{\partial U}{\partial y} = \dfrac{\partial}{\partial y}(-x^2 + y^2) = 2y & \leftarrow x：定数扱い \end{cases}$$

これらを①に代入して，

$$\boldsymbol{f}_c = [\boxed{(エ)\qquad}]$$ となる。 ……………………………(答)

解答 (ア) $-\dfrac{\partial U}{\partial x}, -\dfrac{\partial U}{\partial y}$ (イ) $2xy$ (ウ) $-2x$ (エ) $2x, -2y$

演習問題 40　● 保存力となるための条件（Ⅰ）●

力 $\boldsymbol{f}=[f_x,\ f_y]=[x+y^2,\ 2xy]$ が保存力であることを示し，そのポテンシャル $U(x,\ y)$ を求めよ。

ヒント！ $\boldsymbol{f}=[f_x,\ f_y]=[x+y^2,\ 2xy]$ が保存力であれば，$f_x=-\dfrac{\partial U}{\partial x}$，$f_y=-\dfrac{\partial U}{\partial y}$ となる U が存在するので，$\dfrac{\partial f_x}{\partial y}=\dfrac{\partial f_y}{\partial x}$ となる。この等式が成り立つことをまず確認する。

解答＆解説

力 $\boldsymbol{f}=[f_x,\ f_y]=[x+y^2,\ 2xy]$ が保存力であるかどうかを，まず調べる。

$$\frac{\partial f_x}{\partial y}=\frac{\partial}{\partial y}(x+y^2)=2y,\qquad \frac{\partial f_y}{\partial x}=\frac{\partial}{\partial x}(2xy)=2y$$

$\therefore\ \dfrac{\partial f_x}{\partial y}=\dfrac{\partial f_y}{\partial x}$ が成り立つので，この力 $\boldsymbol{f}$ は保存力 $\boldsymbol{f}_c$ といえる。 ……(終)

よって，$\boldsymbol{f}_c=[f_x,\ f_y]=[x+y^2,\ 2xy]=\left[-\dfrac{\partial U}{\partial x},\ -\dfrac{\partial U}{\partial y}\right]$ より，

まず，$-\dfrac{\partial U}{\partial x}=x+y^2$　　この両辺を -1 倍して x で積分すると，

$$U(x,\ y)=-\int(x+y^2)\,dx=-\frac{1}{2}x^2-y^2x+F(y)\quad\cdots\cdots①$$

$(F(y):y$ の任意関数$)$

次に，$-\dfrac{\partial U}{\partial y}$ を求めて，これが $f_y=2xy$ に一致するように $F(y)$ を定める。

$$-\frac{\partial U}{\partial y}=-\frac{\partial}{\partial y}\left\{-\frac{1}{2}x^2-y^2x+F(y)\right\}=-\{-2yx+F'(y)\}$$

$$=\boxed{2xy-F'(y)=2xy}$$

$\therefore\ F'(y)=0$ より，$F(y)=C$　……②

②を①に代入して，求めるポテンシャル $U(x,\ y)$ は，

$U(x,\ y)=-\dfrac{1}{2}x^2-xy^2+C$　$(C:$任意定数$)$　となる。 ………………(答)

演習問題 41	● 保存力となるための条件（Ⅱ）●

力 $\boldsymbol{f} = [f_x,\ f_y] = [x - 3y,\ -3x]$ が保存力であることを示し，そのポテンシャル $U(x,\ y)$ を求めよ。

ヒント！ まず，$\dfrac{\partial f_x}{\partial y} = \dfrac{\partial f_y}{\partial x}$ となることを確める。

解答＆解説

力 $\boldsymbol{f} = [f_x,\ f_y] = [x - 3y,\ -3x]$ が保存力であるかどうかを，まず調べる。

$$\frac{\partial f_x}{\partial y} = \frac{\partial}{\partial y}(x - 3y) = -3, \qquad \frac{\partial f_y}{\partial x} = \frac{\partial}{\partial x}(-3x) = -3$$

∴ (ア) [　　] が成り立つので，この力 $\boldsymbol{f}$ は保存力 $\boldsymbol{f}_c$ と (イ) [　　] 。 ……(終)

よって，$\boldsymbol{f}_c = [f_x,\ f_y] = [x - 3y,\ -3x] = [$ (ウ) [　　] $]$ より，

まず，$-\dfrac{\partial U}{\partial x} = x - 3y$ 　　この両辺を -1 倍して x で積分すると，

$$U(x,\ y) = -\int (x - 3y)\,dx = -\frac{1}{2}x^2 + 3yx + \text{(エ)}\boxed{} \quad \cdots\cdots①$$

$(F(y) : y$ の任意関数 $)$

次に，$-\dfrac{\partial U}{\partial y}$ を求めて，これが $f_y = -3x$ に一致するように $F(y)$ を定める。

$$-\frac{\partial U}{\partial y} = -\frac{\partial}{\partial y}\left\{-\frac{1}{2}x^2 + 3xy + F(y)\right\} = -\{3x + F'(y)\}$$

$$= -3x - F'(y) = \text{(オ)}\boxed{}$$

∴ $F'(y) = 0$ より，$F(y) = C$ 　……②

②を①に代入して，求めるポテンシャル $U(x,\ y)$ は，

$$U(x,\ y) = -\frac{1}{2}x^2 + 3xy + C \quad (C : \text{任意定数})$$ となる。 ………………(答)

解答 　(ア) $\dfrac{\partial f_x}{\partial y} = \dfrac{\partial f_y}{\partial x}$ 　(イ) いえる 　(ウ) $-\dfrac{\partial U}{\partial x},\ -\dfrac{\partial U}{\partial y}$

(エ) $F(y)$ 　(オ) $-3x$

演習問題 42　● 保存力の性質 (Ⅰ) ●

保存力 $\boldsymbol{f}=[f_x,\ f_y]=[x+y^2,\ 2xy]$ によって，質点が右図のように，(ⅰ) $0\to A\to P$，(ⅱ) $0\to P$ の経路に沿って，0 から P まで運ばれたときの仕事を，それぞれ W_1，W_2 とおくと，$W_1=W_2$ が成り立つことを示せ。

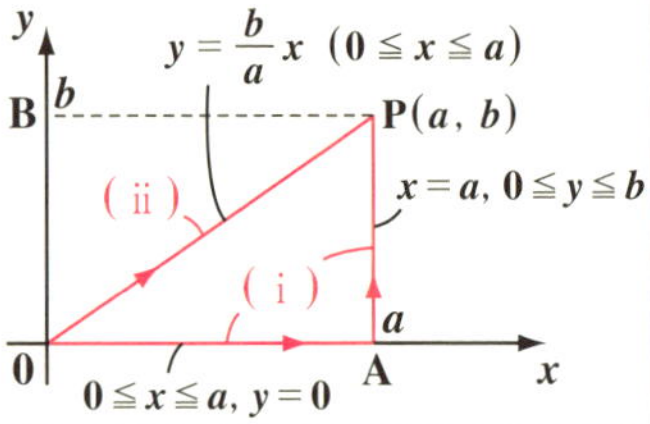

ヒント！ 演習問題 **40** で，この $\boldsymbol{f}$ が $\dfrac{\partial f_x}{\partial y}=\dfrac{\partial f_y}{\partial x}$ をみたすことより，保存力であることを確認している。保存力 $\boldsymbol{f}$ によりなされる仕事

$W=\int_{P_1}^{P_2}\boldsymbol{f}\cdot d\boldsymbol{r}=\int_{P_1}^{P_2}(f_x dx+f_y dy)$ は，そのポテンシャル U を使って，

$W=U(P_1)-U(P_2)$ で求まる。本問では，$U(x,\ y)=-\dfrac{1}{2}x^2-xy^2+C$ より，

$W=U(0,\ 0)-U(a,\ b)=\cancel{C}-\left(-\dfrac{1}{2}a^2-ab^2+\cancel{C}\right)=\dfrac{1}{2}a^2+ab^2$

$\therefore\ W_1=W_2=\dfrac{1}{2}a^2+ab^2\ (=W)$ となるはずだね。

解答＆解説

(ⅰ) 図 1 のように，$0\to A\to P$ と質点を運んだときの仕事 W_1 は，

$$W_1=\underbrace{\int_0^A\boldsymbol{f}\cdot d\boldsymbol{r}}_{(ア)}+\underbrace{\int_A^P\boldsymbol{f}\cdot d\boldsymbol{r}}_{(イ)}\ \cdots\cdots①$$

図 1

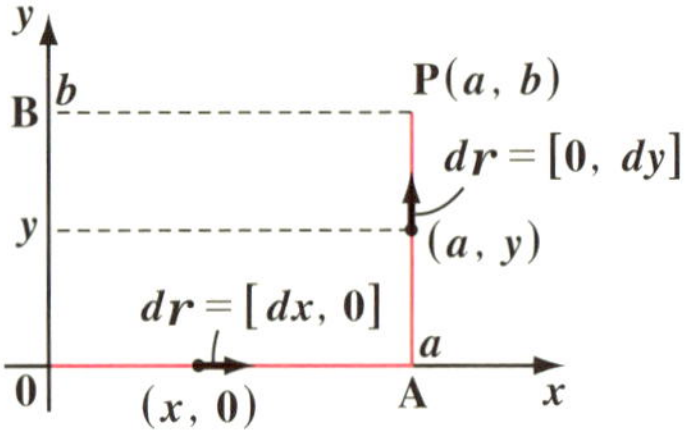

(ア) $0\to A$ のとき，$0\leqq x\leqq a$，$y=0$

また，$dy=0$ より，

$$\boldsymbol{f}=[f_x,\ f_y]=[x+y^2,\ 2xy]=[x+0^2,\ \cancel{2x\cdot 0}]=[x,\ 0]$$

$$d\boldsymbol{r}=[dx,\ \underset{0}{\underset{\shortparallel}{dy}}]=[dx,\ 0]$$

$$\therefore\ \boldsymbol{f}\cdot d\boldsymbol{r}=[x,\ 0]\cdot[dx,\ 0]=x\cdot dx+\cancel{0\cdot 0}=x\,dx\quad より，$$

$$\int_0^A\boldsymbol{f}\cdot d\boldsymbol{r}=\int_0^a x\,dx=\left[\frac{1}{2}x^2\right]_0^a=\frac{1}{2}a^2$$

(イ) $\mathrm{A} \to \mathrm{P}$ のとき，$x = a$，$0 \leqq y \leqq b$，また $dx = 0$ より，

$$\boldsymbol{f} = [f_x,\ f_y] = [x + y^2,\ 2xy] = [a + y^2,\ 2ay]$$

$$d\boldsymbol{r} = [dx,\ dy] = [0,\ dy]$$

$$\therefore\ \boldsymbol{f} \cdot d\boldsymbol{r} = [a + y^2,\ 2ay] \cdot [0,\ dy]$$

$$= (a + y^2) \cdot 0 + 2ay \cdot dy = 2ay\,dy \quad \text{より，}$$

$$\int_{\mathrm{A}}^{\mathrm{P}} \boldsymbol{f} \cdot d\boldsymbol{r} = \int_0^b 2ay\,dy = 2a\left[\frac{1}{2}y^2\right]_0^b = ab^2$$

(ア)(イ) より，①は，$W_1 = \displaystyle\int_0^{\mathrm{A}} \boldsymbol{f} \cdot d\boldsymbol{r} + \int_{\mathrm{A}}^{\mathrm{P}} \boldsymbol{f} \cdot d\boldsymbol{r} = \frac{1}{2}a^2 + ab^2$ ……②

(ⅱ) 図 2 のように，$0 \to \mathrm{P}$ と直線状に質点を運んだときの仕事 W_2 は，

図 2

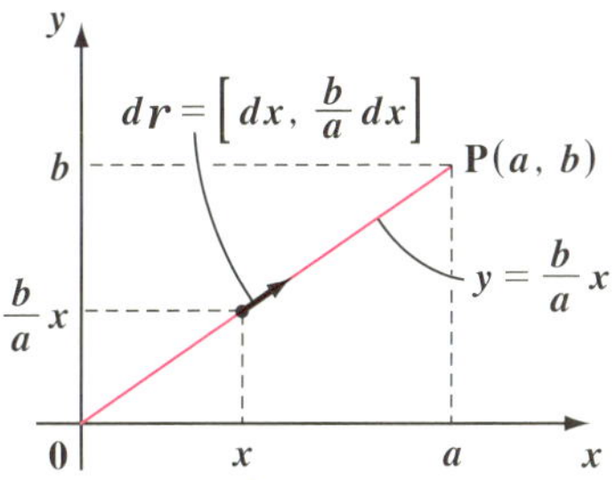

$$W_2 = \int_0^{\mathrm{P}} \boldsymbol{f} \cdot d\boldsymbol{r} \quad \text{……③}$$

ここで，$y = \dfrac{b}{a}x$ $(0 \leqq x \leqq a)$

より，$dy = \dfrac{b}{a}dx$

$$\boldsymbol{f} = [f_x,\ f_y] = [x + y^2,\ 2xy] = \left[x + \frac{b^2}{a^2}x^2,\ 2x \cdot \frac{b}{a}x\right]$$

$$d\boldsymbol{r} = [dx,\ dy] = \left[dx,\ \frac{b}{a}dx\right]$$

$$\therefore\ \boldsymbol{f} \cdot d\boldsymbol{r} = \left[x + \frac{b^2}{a^2}x^2,\ \frac{2b}{a}x^2\right] \cdot \left[dx,\ \frac{b}{a}dx\right]$$

$$= \left(x + \frac{b^2}{a^2}x^2\right)dx + \frac{2b}{a}x^2 \cdot \frac{b}{a}dx$$

$$= \left(x + \frac{3b^2}{a^2}x^2\right)dx \ (0 \leqq x \leqq a) \quad \text{より，③は，}$$

$$W_2 = \int_0^{\mathrm{P}} \boldsymbol{f} \cdot d\boldsymbol{r} = \int_0^a \left(x + \frac{3b^2}{a^2}x^2\right)dx = \left[\frac{1}{2}x^2 + \frac{b^2}{a^2}x^3\right]_0^a$$

$$= \frac{1}{2}a^2 + ab^2 \quad \text{……④}$$

以上②と④を比較して，$W_1 = W_2$ が成り立つ。……………………………(終)

演習問題 43　● 保存力の性質(Ⅱ) ●

保存力 $\boldsymbol{f} = [f_x, f_y] = [x - 3y, -3x]$ によって，質点が右図のように，(ⅰ) A → B(直線)，(ⅱ) A → B(円弧)の経路に沿って，A から B まで運ばれるときの仕事を，それぞれ W_1，W_2 とおくと，$W_1 = W_2$ が成り立つことを示せ。

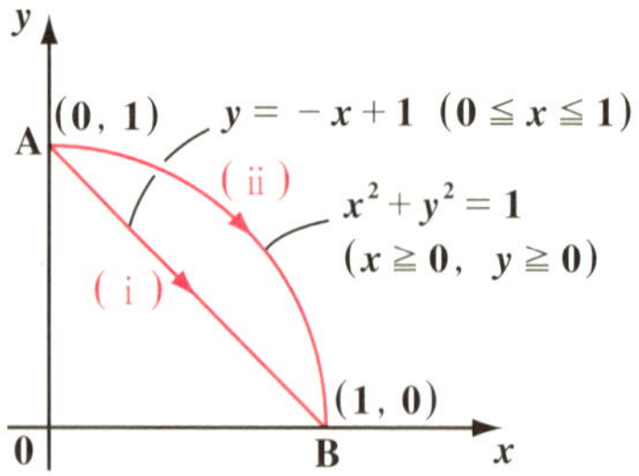

ヒント！ 演習問題 41 で，この $\boldsymbol{f}$ も保存力であることを示した。この保存力 $\boldsymbol{f}$ によりなされる仕事 $W = \int_{P_1}^{P_2} \boldsymbol{f} \cdot d\boldsymbol{r} = \int_{P_1}^{P_2} (f_x dx + f_y dy)$ は，ポテンシャル U を使って，$W = U(P_1) - U(P_2)$ で求められる。この場合，$U(x, y) = -\frac{1}{2}x^2 + 3xy + C$ より，$W = U(0, 1) - U(1, 0) = \cancel{C} - \left(-\frac{1}{2} + \cancel{C}\right) = \frac{1}{2}$

$\therefore W_1 = W_2 = \frac{1}{2}\ (= W)$ となるはずだ。

解答＆解説

(ⅰ) 図 1 のように，A → B(直線)と質点を運んだときの仕事 W_1 は，

$W_1 = $ (ア) ……①

ここで，$y = -x + 1\ (0 \leqq x \leqq 1)$ より，

$$dy = -1 \cdot dx$$

$$\boldsymbol{f} = [f_x, f_y] = [x - 3y, -3x]$$

$$= \text{(イ)} = [4x - 3, -3x]$$

$$d\boldsymbol{r} = [dx, dy] = [dx, -dx]$$

$$\therefore \boldsymbol{f} \cdot d\boldsymbol{r} = [4x - 3, -3x] \cdot [dx, -dx]$$

$$= (4x - 3)dx - 3x(-1)dx = (7x - 3)dx$$ より，①は，

$$W_1 = \int_A^B \boldsymbol{f} \cdot d\boldsymbol{r} = \int_0^1 (7x - 3)dx = \left[\frac{7}{2}x^2 - 3x\right]_0^1 = \frac{7}{2} - 3 = \frac{1}{2} \quad \cdots②$$

図 1

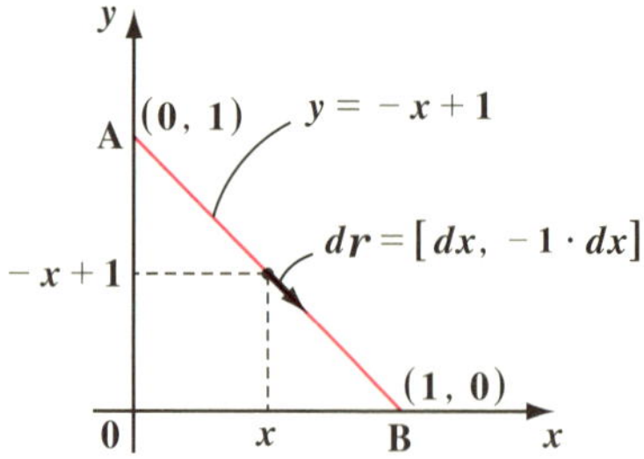

(ii) 図2のように，A→B(円弧)と質点を運んだときの仕事 W_2 は，

図2

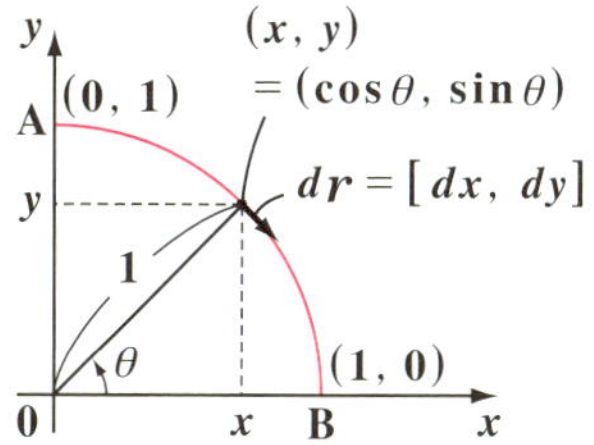

$$W_2 = \int_A^B \boldsymbol{f} \cdot d\boldsymbol{r} \quad \cdots\cdots③$$

ここで，円弧 $\overset{\frown}{AB}$ 上の点 (x, y) を極座標で表すと，

(ウ) [　　　　] $\left(0 \leqq \theta \leqq \frac{\pi}{2}\right)$ となる。

$\therefore\ dx = -\sin\theta \cdot d\theta,\quad dy = \cos\theta \cdot d\theta$

$$\boldsymbol{f} = [f_x, f_y] = [x - 3y, -3x] = [\cos\theta - 3\sin\theta, -3\cos\theta]$$

$$d\boldsymbol{r} = [dx, dy] = [-\sin\theta\, d\theta, \cos\theta\, d\theta]$$

$$\therefore\ \boldsymbol{f} \cdot d\boldsymbol{r} = [\cos\theta - 3\sin\theta, -3\cos\theta] \cdot [-\sin\theta\, d\theta, \cos\theta\, d\theta]$$

$$= -(\cos\theta - 3\sin\theta)\sin\theta\, d\theta - 3\cos^2\theta\, d\theta$$

$$= -\{\underbrace{\sin\theta \cdot \cos\theta}_{\frac{1}{2}\cdot\sin 2\theta} + 3(\underbrace{\cos^2\theta - \sin^2\theta}_{\cos 2\theta})\}\, d\theta$$

2倍角の公式：
- $\sin 2\theta = 2\sin\theta \cdot \cos\theta$
- $\cos 2\theta = \cos^2\theta - \sin^2\theta = 2\cos^2\theta - 1 = 1 - 2\sin^2\theta$

$$= -\left(\frac{1}{2}\sin 2\theta + 3\cos 2\theta\right) d\theta$$

また，$x: 0 \to 1$ のとき，θ : (エ) [　　　　]

よって，③は，

$$W_2 = \int_A^B \boldsymbol{f} \cdot d\boldsymbol{r} = \int_{\frac{\pi}{2}}^{0} \left\{-\left(\frac{1}{2}\sin 2\theta + 3\cos 2\theta\right)\right\} d\theta$$

$$= \int_0^{\frac{\pi}{2}} \left(\frac{1}{2}\sin 2\theta + 3\cos 2\theta\right) d\theta = \left[-\frac{1}{4}\cos 2\theta + \frac{3}{2}\sin 2\theta\right]_0^{\frac{\pi}{2}}$$

$$= -\frac{1}{4}\underbrace{\cos\pi}_{(-1)} + \frac{1}{4}\underbrace{\cos 0}_{1} = \frac{1}{2} \quad \cdots\cdots④$$

以上②，④を比較して，$W_1 = W_2$ が成り立つ。 ……………………………(終)

解答 (ア) $\int_A^B \boldsymbol{f} \cdot d\boldsymbol{r}$　(イ) $[x - 3(-x + 1), -3x]$　(ウ) $x = \cos\theta,\ y = \sin\theta$

(エ) $\frac{\pi}{2} \to 0$

演習問題 44　● 保存力とポテンシャル(I) ●

質量 **1(kg)** の質点に対する **2** 次元の保存力 f_c のポテンシャル U が，

$U(x, y) = \dfrac{3}{4x^2+9y^2+1}$ (J) であるとき，次の問いに答えよ。

(1) $U(x, y) = \dfrac{1}{2}$，1，2(J) をみたす各等ポテンシャル線を求めよ。

(2) 点 $A\left(0, \dfrac{\sqrt{2}}{6}\right)$，点 $B\left(1, \dfrac{1}{3}\right)$ における保存力を求めよ。

(3) 質量 **1(kg)** の質点 **P** が，保存力 f_c のみの作用を受けて，原点 **0** から点 $B\left(1, \dfrac{1}{3}\right)$ まで運動した。原点 **0** における **P** の速さが $v_0 = 2$(m/s) のとき，点 $B\left(1, \dfrac{1}{3}\right)$ における **P** の速さ v_B を求めよ。

ヒント！ (1) $U = k$(定数) から定まる x と y の関係式が，等ポテンシャル線を与える。(2) $f_x = -\dfrac{\partial U}{\partial x}$，$f_y = -\dfrac{\partial U}{\partial y}$ を求めて，各点での保存力 f_c を計算する。(3) 質点 **P** には保存力のみ働くので，力学的エネルギーは保存される。

解答＆解説

(1) (i) $U = \dfrac{1}{2}$ のとき，$\dfrac{3}{4x^2+9y^2+1} = \dfrac{1}{2}$ より，$6 = 4x^2+9y^2+1$

$4x^2+9y^2=5$　∴等ポテンシャル線は，だ円

$\dfrac{x^2}{\left(\dfrac{\sqrt{5}}{2}\right)^2} + \dfrac{y^2}{\left(\dfrac{\sqrt{5}}{3}\right)^2} = 1$　である。 ……………………(答)

(ii) $U = 1$ のとき，$\dfrac{3}{4x^2+9y^2+1} = 1$ より，

$3 = 4x^2+9y^2+1$，$4x^2+9y^2=2$

∴等ポテンシャル線は，だ円

$\dfrac{x^2}{\left(\dfrac{\sqrt{2}}{2}\right)^2} + \dfrac{y^2}{\left(\dfrac{\sqrt{2}}{3}\right)^2} = 1$　である。

………(答)

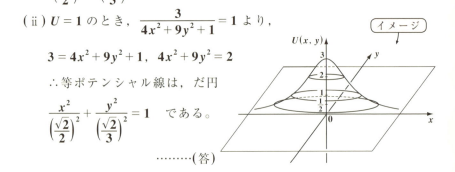

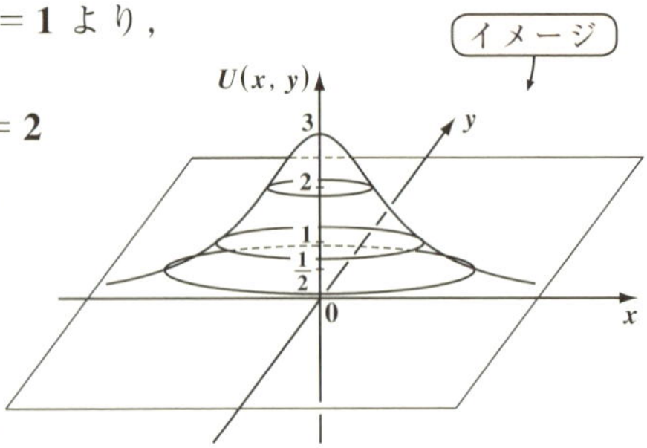

(iii) $U=2$ のとき，$\dfrac{3}{4x^2+9y^2+1}=2$ より，

$3=8x^2+18y^2+2$，$8x^2+18y^2=1$

∴等ポテンシャル線は，だ円

$$\frac{x^2}{\left(\frac{\sqrt{2}}{4}\right)^2}+\frac{y^2}{\left(\frac{\sqrt{2}}{6}\right)^2}=1 \quad \text{である。}$$

……(答)

各等ポテンシャル線を右図に示す。

等ポテンシャル線

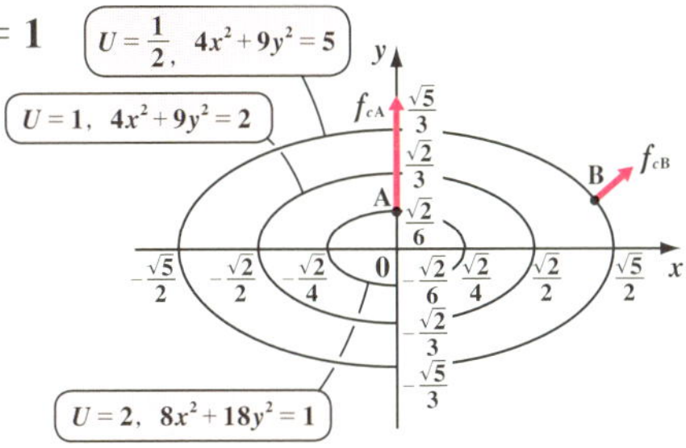

(2) 保存力 $\boldsymbol{f}_c=[f_x,\ f_y]$ について，

$$f_x=-\frac{\partial U}{\partial x}=-\frac{\partial}{\partial x}\{3(4x^2+9y^2+1)^{-1}\}=3(4x^2+9y^2+1)^{-2}\cdot 8x=\frac{24x}{(4x^2+9y^2+1)^2}$$

$$f_y=-\frac{\partial U}{\partial y}=-\frac{\partial}{\partial y}\{3(4x^2+9y^2+1)^{-1}\}=3(4x^2+9y^2+1)^{-2}\cdot 18y=\frac{54y}{(4x^2+9y^2+1)^2}$$

より，$\boldsymbol{f}_c=\left[\dfrac{24x}{(4x^2+9y^2+1)^2},\ \dfrac{54y}{(4x^2+9y^2+1)^2}\right]$ となる。よって，

(i) 点 $\mathrm{A}\left(0,\ \dfrac{\sqrt{2}}{6}\right)$ における保存力を $\boldsymbol{f}_{c\mathrm{A}}$ とおくと，

$$\boldsymbol{f}_{c\mathrm{A}}=\left[\frac{24\cdot 0}{\left\{4\cdot 0^2+9\cdot\left(\frac{\sqrt{2}}{6}\right)^2+1\right\}^2},\ \frac{54\cdot\frac{\sqrt{2}}{6}}{\left\{4\cdot 0^2+9\cdot\left(\frac{\sqrt{2}}{6}\right)^2+1\right\}^2}\right]=[0,\ 4\sqrt{2}]\ \cdots(\text{答})$$

(ii) 点 $\mathrm{B}\left(1,\ \dfrac{1}{3}\right)$ における保存力を $\boldsymbol{f}_{c\mathrm{B}}$ とおくと，

$$\boldsymbol{f}_{c\mathrm{B}}=\left[\frac{24\cdot 1}{\left\{4\cdot 1^2+9\cdot\left(\frac{1}{3}\right)^2+1\right\}^2},\ \frac{54\cdot\frac{1}{3}}{\left\{4\cdot 1^2+9\cdot\left(\frac{1}{3}\right)^2+1\right\}^2}\right]=\left[\frac{2}{3},\ \frac{1}{2}\right]\ \cdots(\text{答})$$

(3) (i) 原点 0 におけるポテンシャル $U_0=U(0,\ 0)=\dfrac{3}{4\cdot 0^2+9\cdot 0^2+1}=3(\mathrm{J})$

(ii) 点 B におけるポテンシャル $U_\mathrm{B}=U\left(1,\ \dfrac{1}{3}\right)=\dfrac{3}{4\cdot 1^2+9\cdot\left(\frac{1}{3}\right)^2+1}=\dfrac{1}{2}(\mathrm{J})$

質量 1(kg) の質点 P が保存力のみを受けて運動するので，力学的エネルギーの保存則より，

$$\frac{1}{2}\cdot 1\cdot 2^2+3=\frac{1}{2}\cdot 1\cdot v_\mathrm{B}{}^2+\frac{1}{2},\quad 4+6=v_\mathrm{B}{}^2+1 \quad \therefore v_\mathrm{B}=3(\mathrm{m/s})\ \cdots(\text{答})$$

$[\quad K_0 \quad +U_0= \quad K_\mathrm{B} \quad +U_\mathrm{B}\ ]$

演習問題 45 ● 保存力とポテンシャル(Ⅱ) ●

質量 $1(\mathrm{kg})$ の質点に対する 2 次元の保存力 f_c のポテンシャル U が，

$U(x,\ y)=\dfrac{-4}{x^2+y^2+1}$ (J) であるとき，次の問いに答えよ。

(1) $U(x,\ y)=-\dfrac{1}{2},\ -1,\ -2$ (J) をみたす各等ポテンシャル線を求めよ。

(2) 点 $\mathrm{A}(0,\ 1)$，点 $\mathrm{B}(-2,\ -\sqrt{3})$ における保存力を求めよ。

(3) 質量 $1(\mathrm{kg})$ の質点 P が，保存力 f_c のみの作用を受けて，点 $\mathrm{B}(-2,\ -\sqrt{3})$ から原点 0 まで運動した。点 B における P の速さが $v_\mathrm{B}=3(\mathrm{m/s})$ のとき，原点 0 における P の速さ v_0 を求めよ。

ヒント！ (1) $U=k$(定数) をみたす x と y の関係式を求める。
(2) $f_c=[f_x,\ f_y]=-\left[\dfrac{\partial U}{\partial x},\ \dfrac{\partial U}{\partial y}\right]$ を計算して，保存力 f_c を求める。
(3) 保存力 f_c だけが点 P に作用するから，力学的エネルギーの保存則を使う。

解答＆解説

(1) (i) $U=-\dfrac{1}{2}$ のとき，$\dfrac{-4}{x^2+y^2+1}=-\dfrac{1}{2}$ より，$8=x^2+y^2+1$

∴等ポテンシャル線は，円 $x^2+y^2=7$ である。 ……………………(答)

(ii) $U=-1$ のとき，(ア) [ ]

より，$4=x^2+y^2+1$

∴等ポテンシャル線は，

円 $x^2+y^2=3$ である。…………(答)

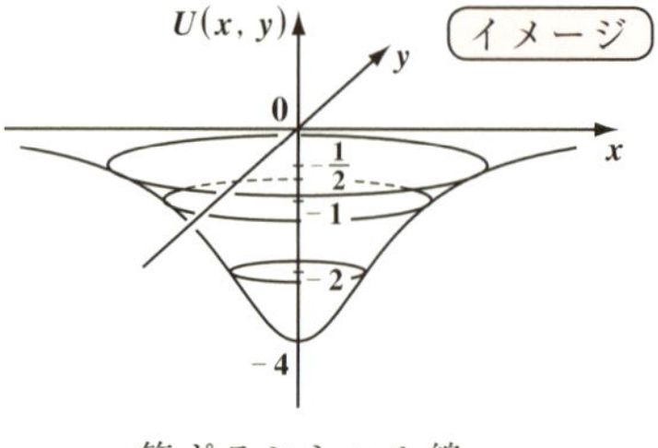

(iii) $U=-2$ のとき，$\dfrac{-4}{x^2+y^2+1}=-2$

より，$2=x^2+y^2+1$

∴等ポテンシャル線は，

円 (イ) [ ] である。…………(答)

(i)(ii)(iii) より，各等ポテンシャル線を，右図に示す。

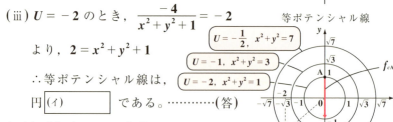

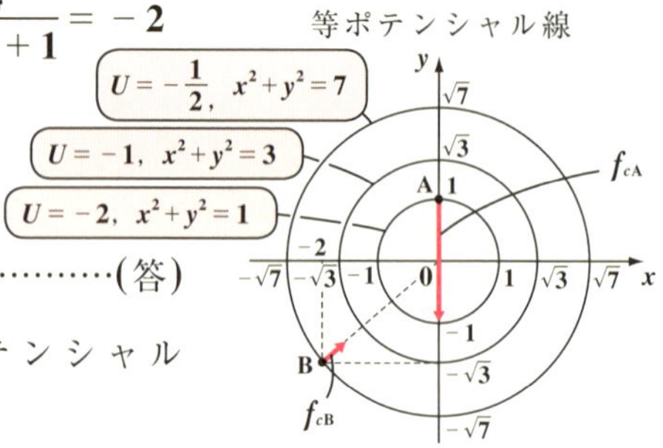

(2) 保存力 $\boldsymbol{f}_c = [f_x,\ f_y]$ について，

$$f_x = -\frac{\partial U}{\partial x} = -\frac{\partial}{\partial x}\{-4(x^2+y^2+1)^{-1}\}$$

$$= -4(x^2+y^2+1)^{-2}\cdot 2x = \frac{-8x}{(x^2+y^2+1)^2}$$

$$f_y = -\frac{\partial U}{\partial y} = -\frac{\partial}{\partial y}\{-4(x^2+y^2+1)^{-1}\} = \boxed{(ウ)\qquad}$$ ←同様に

より，$\boldsymbol{f}_c = \left[\dfrac{-8x}{(x^2+y^2+1)^2},\ \dfrac{-8y}{(x^2+y^2+1)^2}\right]$ となる。よって，

(ⅰ) 点 A(0, 1) における保存力を $\boldsymbol{f}_{cA}$ とおくと，

$$\boldsymbol{f}_{cA} = \left[\frac{-8\cdot 0}{(0^2+1^2+1)^2},\ \frac{-8\cdot 1}{(0^2+1^2+1)^2}\right] = \boxed{(エ)\qquad}$$ ………………(答)

(ⅱ) 点 $B(-2,\ -\sqrt{3})$ における保存力を $\boldsymbol{f}_{cB}$ とおくと，

$$\boldsymbol{f}_{cB} = \left[\frac{-8\cdot(-2)}{\{(-2)^2+(-\sqrt{3})^2+1\}^2},\ \frac{-8\cdot(-\sqrt{3})}{\{(-2)^2+(-\sqrt{3})^2+1\}^2}\right] = \left[\frac{1}{4},\ \frac{\sqrt{3}}{8}\right]$$

……(答)

(3) (ⅰ) 点 B における P の速さ $v_B = 3\,(\mathrm{m/s})$

ポテンシャル $U_B = U(-2,\ -\sqrt{3}) = \dfrac{-4}{(-2)^2+(-\sqrt{3})^2+1} = -\dfrac{1}{2}\,(\mathrm{J})$

(ⅱ) 原点 0 における P の速さを $v_0\,(\mathrm{m/s})$ とおく。

ポテンシャル $U_0 = U(0,\ 0) = \dfrac{-4}{0^2+0^2+1} = -4\,(\mathrm{J})$

質量 1(kg) の質点 P が保存力のみを受けて運動するので，力学的エネルギーの保存則より，

$$\frac{1}{2}\cdot 1\cdot 3^2 + \left(-\frac{1}{2}\right) = \boxed{(オ)\qquad}$$ 両辺に 2 をかけて，

$[\ K_B + U_B = K_0 + U_0\ ]$

$9-1 = {v_0}^2 - 8,\qquad {v_0}^2 = 16\qquad \therefore v_0 = 4\,(\mathrm{m/s})$ である。…………(答)

解答 (ア) $\dfrac{-4}{x^2+y^2+1} = -1$　(イ) $x^2+y^2=1$　(ウ) $\dfrac{-8y}{(x^2+y^2+1)^2}$

(エ) $[0,\ -2]$　(オ) $\dfrac{1}{2}\cdot 1\cdot {v_0}^2 + (-4)$

講義 Lecture 4 さまざまな運動 methods & formulae

§1. 放物運動

原点 O から仰角 θ $\left(0<\theta<\frac{\pi}{2}\right)$，初速度 $\boldsymbol{v}_0=[v_{0x},\ v_{0y}]$ で質量 m の物体（質点）P を投げ上げるとき，(i) x 軸（水平）方向と (ii) y 軸（鉛直）方向それぞれに運動方程式を立てて，この放物運動を調べる。

物体の最高到達点までの高さを求める問題などでは，保存力である重力のみが作用し，空気抵抗を考えない場合，力学的エネルギー保存則を利用して解くこともできる。

§2. 円運動

質量 m の質点 P が，原点 O を中心とする半径 r_0 の円周上を角速度 ω で（速さ $v=r_0\omega$）等速円運動するとき，点 P の位置ベクトル $\boldsymbol{r}$ は，

図 1　等速円運動と向心力

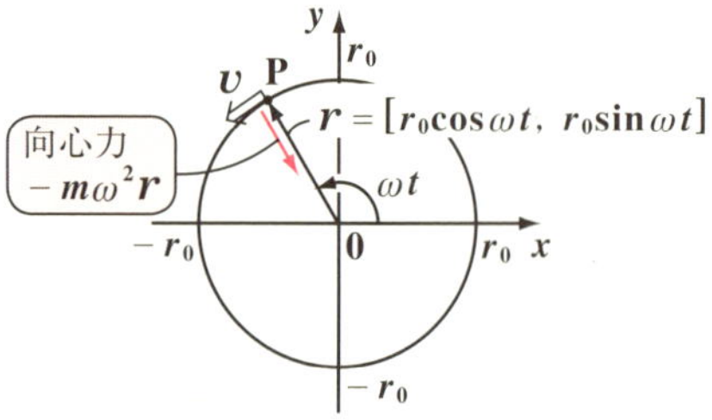

$\boldsymbol{r}=[x,\ y]=[r_0\cos\omega t,\ r_0\sin\omega t]$ より，

速度 $\boldsymbol{v}=\dot{\boldsymbol{r}}=[-\omega r_0\sin\omega t,\ \omega r_0\cos\omega t]$，

加速度 $\boldsymbol{a}=\ddot{\boldsymbol{r}}=[-\omega^2 r_0\cos\omega t,\ -\omega^2 r_0\sin\omega t]=-\omega^2\boldsymbol{r}$ となる。これより，図 1 に示すように，質点 P には**向心力** $\boldsymbol{f}_0=m\boldsymbol{a}=-m\omega^2\boldsymbol{r}$ が作用し，その大きさ f_0 は，$f_0=\|\boldsymbol{f}_0\|=\|-m\omega^2\boldsymbol{r}\|=m\omega^2\underbrace{\|\boldsymbol{r}\|}_{r_0}=mr_0\omega^2$ …① となる。

速さ $v=r_0\omega$ より，$\omega=\frac{v}{r_0}$　これを①に代入して，向心力の大きさ f_0 は，

$f_0=mr_0\omega^2=m\cdot\frac{v^2}{r_0}$ と表される。また，周期は $T=\frac{2\pi}{\omega}$ で計算される。

P が，滑らかな水平面上を，中心 O のまわりに長さ r_0 の糸の張力 S を受けて角速度 ω の等速円運動をするとき，張力 S が向心力 $mr_0\omega^2$ となるので，$S=mr_0\omega^2$ …② とおける。これは，慣性系（静止した座標系）から見た場合の式だが，P と共に O のまわりを回転する座標系から見た場合，張力 S と**遠心力** $mr_0\omega^2$ がつり合って，静止しているとみて，②式を導く方法もよく用いられる。

次に，質点 **P** が等速でない円運動（半径 r）を行うとき，**P** の加速度 $\boldsymbol{a}$ は，

$\boldsymbol{a}(t)=\dfrac{dv}{dt}\boldsymbol{t}+\dfrac{v^2}{r}\boldsymbol{n}$ となる（**P7**）ので，**P** の運動方程式は，外力を $\boldsymbol{f}$ として，

$\boldsymbol{f}=m\boldsymbol{a}=\underbrace{m\dfrac{dv}{dt}\boldsymbol{t}}_{\text{接線方向に働く力}}+\underbrace{m\dfrac{v^2}{r}\boldsymbol{n}}_{\text{向心力}}$ となる。これより，等速円運動の場合と同様に，点 **P** には向心力 $m\dfrac{v^2}{r}$ が働くことが分かる。また，接線方向には，$m\dfrac{dv}{dt}$ の力が働く。

§3. 単振動（調和振動）

滑らかな床面上で，一端を固定されたバネに取り付けた質量 m の重り（質点）**P** が空気抵抗を受けることなく単振動を行うものとする。そのつり合いの位置を原点とする x 軸をとったとき，**P** の位置 x は，

図 1　単振動

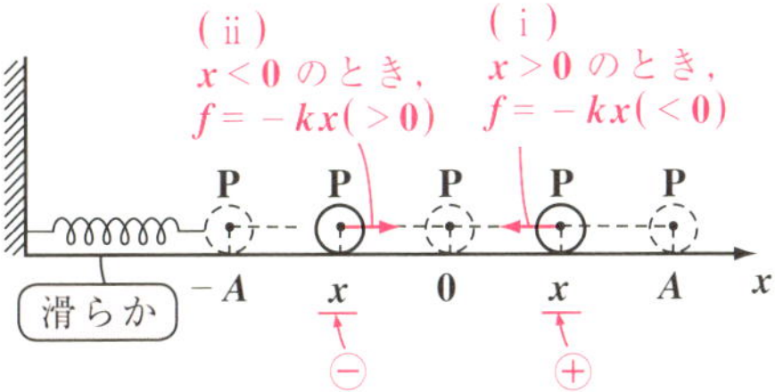

$x=A\sin(\omega t+\phi)$ …③　（A：振幅，ω：角振動数，ϕ：初期位相）で表される。このとき，**P** はバネから復元力 $f=-kx$ $(k>0)$ を受ける。（フックの法則）　よって，運動方程式は，$m\ddot{x}=-kx$ となり，これから単振動の微分方程式：$\ddot{x}=-\omega^2x$ …④　$\left(\omega=\sqrt{\dfrac{k}{m}}\right)$ が導かれる。この④の一般解が③となる。角振動数 $\omega=\sqrt{\dfrac{k}{m}}$ より，周期 T は，$T=\dfrac{2\pi}{\omega}=2\pi\sqrt{\dfrac{m}{k}}$ となる。

復元力 $f=-kx$ より，$f=-\dfrac{dU}{dx}$ をみたすポテンシャル U が存在する。

よって，f は保存力より，図 1 の場合，全力学的エネルギー $E=K+U$ は保存される。U は，

$U=-\displaystyle\int f\,dx=-\int(-kx)dx=\frac{1}{2}kx^2\ (-A\leqq x\leqq A)$ ←（$x=0$ のとき，$U=0$ とした。）

この U を，**バネの弾性エネルギー**，または**バネの位置エネルギー**と呼ぶ。

§4. 減衰振動と強制振動

バネの重り P に，速度に比例する抵抗が働く場合の振動には，**減衰振動**，**過減衰**，そして**臨界減衰**の 3 つがある。これらの解法を下に示す。

減衰振動，過減衰，臨界減衰

単振動に，速度に比例する抵抗が加わった場合の運動方程式は，

$m\ddot{x} = -kx - B\dot{x}$ （m：質量，k：ばね定数，B：正の比例定数）

である。これをまとめると，微分方程式：

$\ddot{x} + a\dot{x} + bx = 0$ …① $\left(a = \dfrac{B}{m} > 0,\ b = \dfrac{k}{m} > 0\right)$ が得られる。

①の解を $x = e^{\lambda t}$ とおくと，①から

特性方程式：$\lambda^2 + a\lambda + b = 0$ …② が導ける。

(Ⅰ) ②が相異なる 2 つの虚数解：

$\lambda_1 = \alpha + \beta i$，$\lambda_2 = \alpha - \beta i$

（α, β：実数，$\alpha < 0$, $\beta \neq 0$）をもつとき，

①の解は，

$x = e^{\alpha t}(C_1\cos\beta t + C_2\sin\beta t)$ である。

これは，“**減衰振動**”を表す。

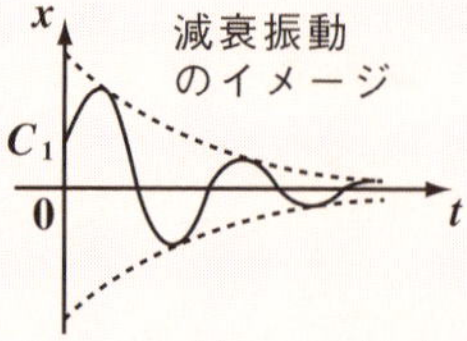

(Ⅱ) ②が異なる 2 つの実数解：

λ_1，λ_2 （$\lambda_1 < 0$，$\lambda_2 < 0$）をもつとき，

①の解は，

$x = C_1e^{\lambda_1 t} + C_2e^{\lambda_2 t}$ である。

これは，“**過減衰**”を表す。

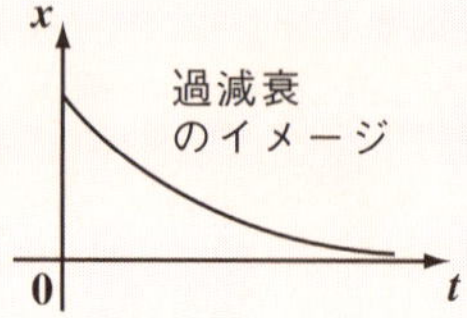

(Ⅲ) ②が重解：

λ_1 （$\lambda_1 < 0$）をもつとき，

①の解は，

$x = (C_1 + C_2t)e^{\lambda_1 t}$ である。

これは，“**臨界減衰**”を表す。

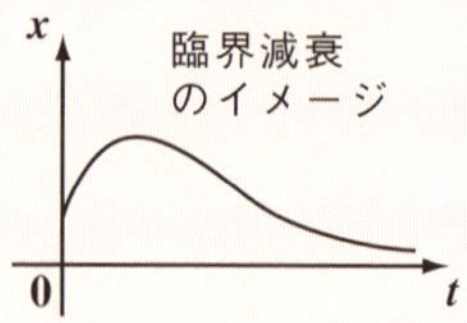

速度に比例する抵抗を受けながら減衰振動している物体に，外部から強制的に振動する力 $f_0\cos\omega t$ が加えられるとき，これを**強制振動**と呼ぶ。この強制振動の運動方程式は，

$m\ddot{x} = -kx - B\dot{x} + f_0\cos\omega t$　　　これを変形して，

$\ddot{x} + a\dot{x} + bx = \gamma\cos\omega t$　$\left(\text{ただし，} a = \frac{B}{m},\ b = \frac{k}{m},\ \gamma = \frac{f_0}{m}\right)$

この一般解 x は，

(i) まず，$\ddot{x} + a\dot{x} + bx = 0$ の一般解 $X = C_1e^{\lambda_1 t} + C_2e^{\lambda_2 t}$　と，
(ii) $\ddot{x} + a\dot{x} + bx = \gamma\cos\omega t$ の特殊解 x_0 との和，

すなわち，$x = X + x_0 = C_1e^{\lambda_1 t} + C_2e^{\lambda_2 t} + x_0$　となる。

§5. 惑星の運動

ケプラーの第一法則：「惑星は，太陽を 1 つの焦点とするだ円軌道上を運動する」は，運動方程式 $ma_r = f_r$ と万有引力の法則 $f_r = -G\frac{Mm}{r^2}$ を用いて証明することができる。この証明の過程で，惑星の加速度 $\boldsymbol{a}$ の θ 方向成分 $a_\theta = \frac{1}{r}\cdot\frac{d}{dt}(r^2\dot{\theta}) = 0$ より，$r^2\dot{\theta} = K$ (一定) が導かれ，これを用いて，ケプラーの第 2 法則 (面積速度一定の法則) も示される。
(演習問題 68 (P114)，演習問題 15 (P22) 参照)

§6. 地球振り子 (単振動の応用)

図 1 に示すように，質点 P が O を中心とする密度一定の球内に存在する場合，質点 P に万有引力を及ぼすのは，半径 OP の球の内側の部分であり，その外側の部分は P に万有引力を及ぼさない。

図 1　球内の質点 P に及ぼす万有引力

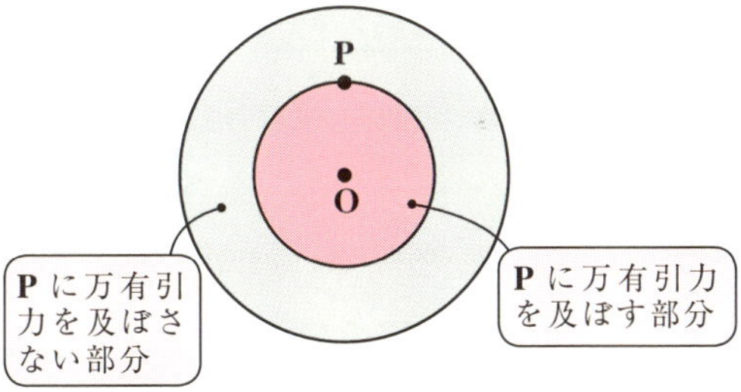

演習問題 46　●空気抵抗のない放物運動（Ⅰ）●

質量 m の物体 P を，y 軸が地表に垂直な xy 平面内で，原点 O から仰角 θ $\left(0 < \theta < \frac{\pi}{2}\right)$，初速度 $\boldsymbol{v}_0 = [v_{0x}, v_{0y}]$ $(v_{0x} > 0, v_{0y} > 0)$ で投げ上げる。（空気抵抗は考えない。） P の位置ベクトルを $\boldsymbol{r}(t) = [x(t), y(t)]$ とするとき，

(1) $x(t) = v_0\cos\theta \cdot t$，$y(t) = -\frac{1}{2}gt^2 + v_0\sin\theta \cdot t$　を示せ。

(2) y を x の関数として表し，質点 P の最高到達点の高さ h と，地表の着地点の x 座標 X を求めよ。

(3) $\theta = 60°$，$X = \frac{20}{\sqrt{3}}$ (m) のとき，h (m) を求めよ。

ヒント！ (1) 微分方程式：$\ddot{x}(t) = 0$，$\ddot{y}(t) = -g$ を解く。(2) (1) の 2 式より t を消去する。(3) (2) の結果より，$\frac{h}{X}$ から求めるといい。

解答＆解説

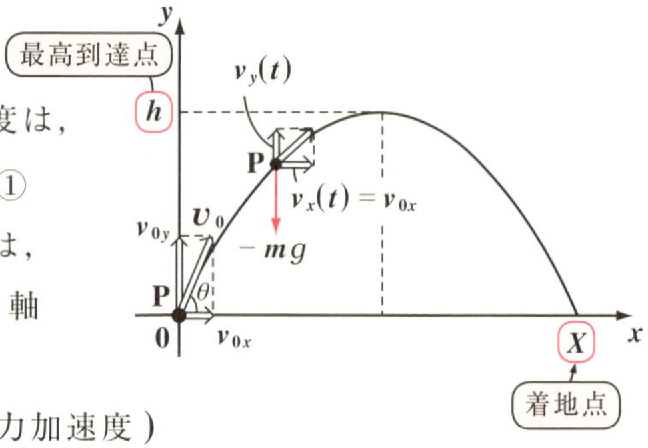

物体 P の位置ベクトルが $\boldsymbol{r}(t) = [x(t), y(t)]$ より，加速度は，

$\boldsymbol{a}(t) = \ddot{\boldsymbol{r}}(t) = [\ddot{x}(t), \ddot{y}(t)]$ ……①

ここで，質点 P に働く外力 $\boldsymbol{f}_c$ は，重力（保存力）のみで，これは y 軸の負方向に働くから，

$\boldsymbol{f}_c = [0, -mg]$ ……②　（g：重力加速度）

P の運動方程式：$m\boldsymbol{a} = \boldsymbol{f}_c$　に①，②を代入して，

$m[\ddot{x}, \ddot{y}] = [0, -mg]$　　各成分を比較して，$m\ddot{x}(t) = 0$，$m\ddot{y} = -mg$

両辺を m で割って，　$\ddot{x}(t) = 0$ …③，　$\ddot{y}(t) = -g$ …④

(1)・x 軸方向の運動について，

$\ddot{x}(t) = 0$ ……③　（初期条件：$x(0) = 0$，$v_x(0) = v_{0x} = v_0\cos\theta$）

より，③の両辺を時刻 t で積分して，

$v_x(t) = \dot{x}(t) = C_1$　　初期条件：$\dot{x}(0) = v_x(0) = C_1 = v_0\cos\theta$ より，

$v_x(t) = \dot{x}(t) = v_0\cos\theta$　　この両辺をさらに t で積分して，

$x(t) = v_0\cos\theta \cdot t + C_2$　　初期条件：$x(0) = C_2 = 0$ より，

$x(t) = v_0\cos\theta \cdot t$ ……⑤　となる。……………………………(終)

・y 軸方向の運動について，

$\ddot{y}(t) = -g$ ……④　（初期条件：$y(0) = 0$，$v_y(0) = v_{0y} = v_0\sin\theta$）

より，④の両辺を時刻 t で積分して，

$v_y(t) = \dot{y}(t) = -gt + C_3$　　初期条件：$\dot{y}(0) = v_y(0) = C_3 = v_0\sin\theta$ より，

$v_y(t) = \dot{y}(t) = -gt + v_0\sin\theta$　　この両辺をさらに t で積分して，

$y(t) = -\dfrac{1}{2}gt^2 + v_0\sin\theta \cdot t + C_4$　　初期条件：$y(0) = C_4 = 0$ より，

$y(t) = -\dfrac{1}{2}gt^2 + v_0\sin\theta \cdot t$ ……⑥　となる。……………………(終)

(2) $x(t) = v_0\cos\theta \cdot t$ …⑤ より，$t = \dfrac{x}{v_0\cos\theta}$　　これを⑥に代入して，

$$y = -\frac{1}{2}g\left(\frac{x}{v_0\cos\theta}\right)^2 + v_0\sin\theta \cdot \frac{x}{v_0\cos\theta}$$

$$= -\frac{g}{2v_0^2\cos^2\theta}x^2 + \frac{\sin\theta}{\cos\theta}x$$

$$= -\frac{g}{2v_0^2\cos^2\theta}\left\{x^2 - \frac{2v_0^2\cos^2\theta}{g} \cdot \frac{\sin\theta}{\cos\theta}x + \left(\frac{v_0^2\cos\theta\sin\theta}{g}\right)^2\right\} + \frac{v_0^2\sin^2\theta}{2g}$$

$$\therefore\ y = -\frac{g}{2v_0^2\cos^2\theta}\left(x - \frac{v_0^2\cos\theta\sin\theta}{g}\right)^2 + \frac{v_0^2\sin^2\theta}{2g}$$ ……(答) ← 上に凸の放物線

（$\dfrac{v_0^2\cos\theta\sin\theta}{g}$：軸 $x = \dfrac{X}{2}$，$\dfrac{v_0^2\sin^2\theta}{2g}$：$h$）

これより，$h = \dfrac{v_0^2\sin^2\theta}{2g}$ …⑦，$X = \dfrac{2v_0^2\cos\theta\sin\theta}{g}$ …⑧ となる。…(答)

(3) $\theta = 60°$，$X = \dfrac{20}{\sqrt{3}}$ (m) のとき，⑦ ÷ ⑧より，

$$\frac{h}{X} = \frac{v_0^2\sin^2\theta}{2g} \cdot \frac{g}{2v_0^2\cos\theta\sin\theta} = \frac{\sin\theta}{4\cos\theta} = \frac{1}{4}\tan\theta$$ （θ：60°）

$\therefore\ h = \dfrac{1}{4} \cdot \tan 60° \cdot X = \dfrac{1}{4} \cdot \sqrt{3} \cdot \dfrac{20}{\sqrt{3}} = 5$ (m) となる。………………(答)

演習問題 47　● 空気抵抗のない放物運動 (Ⅱ) ●

右図に示すように，xy 平面内で，俯角 $\frac{\pi}{6}$ の斜面の位置 O から，質量 m の物体 P を仰角 θ $\left(0 < \theta < \frac{\pi}{2}\right)$，初速度 v_0 で投げ上げる。このとき，P の軌道は，放物線：

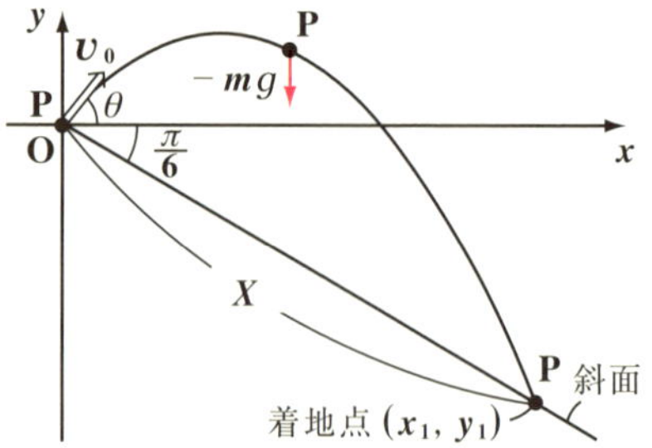

$y = -\frac{g}{2v_0^2\cos^2\theta}x^2 + (\tan\theta)\cdot x$　となる。(演習問題 46(2) 参照)

これを使って，頂き O から着地点までの距離 X の最大値と，そのときの θ の値を求めよ。(g：重力加速度の大きさ，空気抵抗は考えない。)

ヒント！ 坂の方程式は，$y = \left(-\tan\frac{\pi}{6}\right)x = -\frac{1}{\sqrt{3}}x$ となり，これと P の軌道の方程式を連立して，交点 (着地点) の座標 (x_1, y_1) を求める。

解答＆解説

P の軌道：$y = -\frac{g}{2v_0^2\cos^2\theta}x^2 + (\tan\theta)\cdot x$

これと，斜面を表す直線：$y = -\frac{1}{\sqrt{3}}x$ ……① より y を消去して，

$$-\frac{g}{2v_0^2\cos^2\theta}x^2 + (\tan\theta)\cdot x = -\frac{1}{\sqrt{3}}x \quad \cdots\cdots②$$

着地点を $(x_1,\ y_1)$ とおくと，$x = x_1$ は②をみたすので，これを代入して，さらに両辺を $-x_1$ ($\neq 0$) で割って，

$$\frac{g}{2v_0^2\cos^2\theta}x_1 - \tan\theta = \frac{1}{\sqrt{3}}$$

$$\therefore\ x_1 = \frac{2v_0^2\cos^2\theta}{g}\left(\tan\theta + \frac{1}{\sqrt{3}}\right) \quad \cdots\cdots③$$

また，$x = x_1$，$y = y_1$ は①をみたすので，

$$y_1 = -\frac{1}{\sqrt{3}}x_1 \quad \cdots\cdots④$$

図より，$X^2 =$ (ア)　……⑤

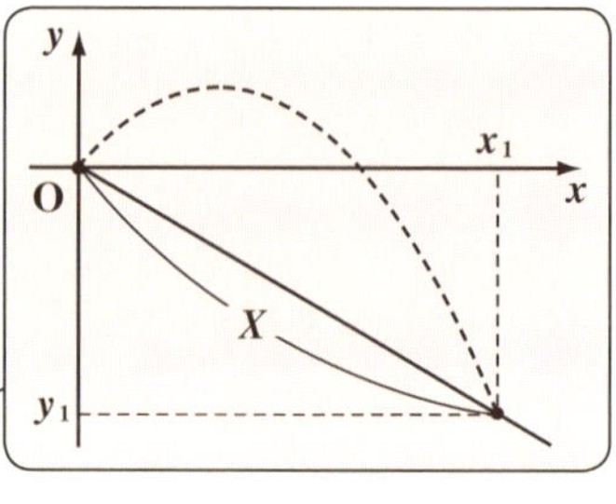

④を⑤に代入して，

$X^2 = {x_1}^2 + \frac{1}{3}{x_1}^2 = \frac{4}{3}{x_1}^2$　　　これに③を代入して，

$$X^2 = \frac{4}{3}\cdot\frac{4{v_0}^4\cos^4\theta}{g^2}\left(\tan\theta + \frac{1}{\sqrt{3}}\right)^2 = \frac{16}{3}\cdot\frac{{v_0}^4}{g^2}\left\{\cos^2\theta\left(\tan\theta + \frac{1}{\sqrt{3}}\right)\right\}^2$$

（$\tan\theta = \frac{\sin\theta}{\cos\theta}$）

$$= \frac{16}{3}\cdot\frac{{v_0}^4}{g^2}\left(\cos\theta\sin\theta + \frac{1}{\sqrt{3}}\cos^2\theta\right)^2 = \frac{16}{3}\cdot\frac{{v_0}^4}{g^2}\cdot\frac{1}{12}(\sqrt{3}\sin2\theta + \cos2\theta + 1)^2$$

（$\cos\theta\sin\theta = \frac{1}{2}\sin2\theta$，$\cos^2\theta = \frac{1+\cos2\theta}{2}$）

公式：
$\sin2\theta = 2\sin\theta\cos\theta$
$\cos^2\theta = \frac{1+\cos2\theta}{2}$

$$= \frac{4}{9}\cdot\frac{{v_0}^4}{g^2}(\sqrt{3}\cdot\sin2\theta + 1\cdot\cos2\theta + 1)^2 \quad \cdots\cdots⑥$$

（$\sqrt{3}\cdot\sin2\theta + 1\cdot\cos2\theta = 2\sin\left(2\theta + \frac{\pi}{6}\right)$）

ここで，

$$\sqrt{3}\cdot\sin2\theta + 1\cdot\cos2\theta = \boxed{(イ)}\left(\frac{\sqrt{3}}{2}\cdot\sin2\theta + \frac{1}{2}\cdot\cos2\theta\right)$$

（$\frac{\sqrt{3}}{2} = \cos\frac{\pi}{6}$，$\frac{1}{2} = \sin\frac{\pi}{6}$）

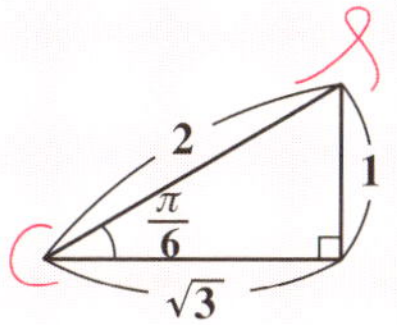

$\cos\frac{\pi}{6} = \frac{\sqrt{3}}{2}$
$\sin\frac{\pi}{6} = \frac{1}{2}$

$$= 2\left(\sin2\theta\cdot\cos\frac{\pi}{6} + \cos2\theta\cdot\sin\frac{\pi}{6}\right)$$

$$= 2\sin\left(2\theta + \frac{\pi}{6}\right) \quad \cdots\cdots⑦ \quad ←\text{三角関数の合成}$$

⑦を⑥に代入して，

$$X^2 = \frac{4}{9}\cdot\frac{{v_0}^4}{g^2}\left\{2\cdot\sin\left(2\theta + \frac{\pi}{6}\right) + 1\right\}^2 \quad \cdots\cdots⑥'$$

$0 < \theta < \frac{\pi}{2}$より，$\frac{\pi}{6} < 2\theta + \frac{\pi}{6} < \frac{7}{6}\pi$　　$\therefore -\frac{1}{2} < \sin\left(2\theta + \frac{\pi}{6}\right) \leqq \boxed{(ウ)}$

したがって，⑥´から，$2\theta + \frac{\pi}{6} = \boxed{(エ)}$ のとき，X^2，すなわち X は

最大となり，このとき，θ の値は，$\theta = \frac{\pi}{6}$　となる。……………………(答)

また，⑥´から，X の最大値は，

最大値 $X = \frac{2}{3}\cdot\frac{{v_0}^2}{g}(2\cdot1 + 1) = \frac{2{v_0}^2}{g}$ である。……………………………(答)

解答　(ア) ${x_1}^2 + {y_1}^2$　　(イ) 2　　(ウ) 1　　(エ) $\frac{\pi}{2}$

演習問題 48　● 空気抵抗のある放物運動 ●

速度に比例した空気抵抗を受ける質量 m の物体 P を，地表面の原点 O から，地表面に垂直な xy 平面内で，仰角 θ，初速度 $\boldsymbol{v}_0 = [v_{0x}, v_{0y}]$ で投げ上げる。$\left(ただし，0 < \theta < \dfrac{\pi}{2}，v_{0x} > 0，v_{0y} > 0 とする。\right)$

(1) 微分方程式：$\dot{v}_x = -bv_x$，$\dot{v}_y = -g - bv_y$ (b：正の定数) を導け。

(2) (1) の方程式を，初期条件：$t = 0$ のとき，$v_x = v_{0x}$，$v_y = v_{0y}$，$x = y = 0$ の下で解け。(v_x，v_y は速度 $\boldsymbol{v}(t)$ の x 成分，y 成分を表す。)

ヒント！ (1) 外力は重力 $[0, -mg]$ と，空気抵抗 $-B\boldsymbol{v} = -B[v_x, v_y]$ $(B > 0)$ となる。運動方程式を立てて導く。(2) 変数分離形の微分方程式を解いて，v_x，v_y を求める。さらに，これを時刻 t で積分して，x，y を求める。

解答&解説

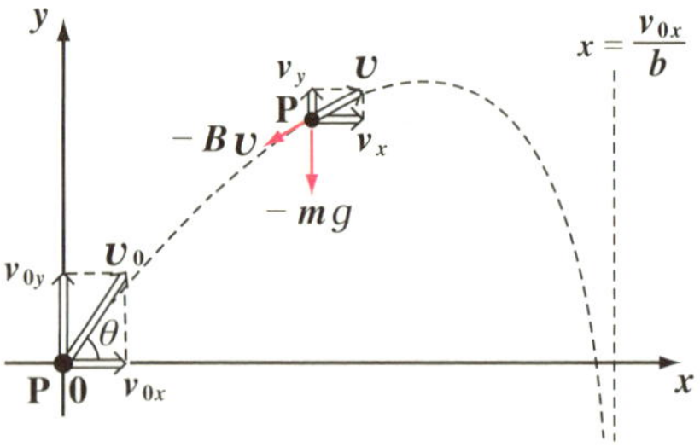

(1) 速度 $\boldsymbol{v} = [v_x, v_y]$ とおくと，

加速度 $\boldsymbol{a} = \dot{\boldsymbol{v}} = [\dot{v}_x, \dot{v}_y]$ …①

外力 $\boldsymbol{f}$ は，B を正の定数として，

$\boldsymbol{f} = \underbrace{[0, -mg]}_{重力} + \underbrace{(-B\boldsymbol{v})}_{空気抵抗}$

$= [0, -mg] - B[v_x, v_y] = [-Bv_x, -mg - Bv_y]$ ……②

運動方程式：$m\boldsymbol{a} = \boldsymbol{f}$ に①，②を代入して，

$m[\dot{v}_x, \dot{v}_y] = [-Bv_x, -mg - Bv_y]$　　両辺の成分を比較して，

$m\dot{v}_x = -Bv_x$，　$m\dot{v}_y = -mg - Bv_y$

両辺を m (>0) で割って，さらに $b = \dfrac{B}{m}$ とおくと，

$\dot{v}_x = -bv_x$ …③，$\dot{v}_y = -g - bv_y$ …④　となる。……………………(終)

(2) (Ⅰ) x 軸方向の運動について，

$\dfrac{dv_x}{dt} = -bv_x$ ……③　$(v_x > 0)$ を解くと，

$\displaystyle\int \frac{1}{v_x} dv_x = -b\int dt$ ←変数分離形

$\log \underset{\oplus}{v_x} = -bt + C_1$　　$\therefore v_x(t) = C_2 e^{-bt}$ ……⑤　$(C_2 = e^{C_1})$

初期条件：$v_x(0)=v_{0x}$ より，$v_x(0)=C_2e^0=C_2=v_{0x}$

∴⑤は，$v_x(t)=v_{0x}e^{-bt}$ ……⑥

⑥の両辺を t で積分して，

$$x(t)=\int v_{0x}e^{-bt}dt=-\frac{v_{0x}}{b}e^{-bt}+C_3 \quad \cdots\cdots ⑦$$

初期条件：$x(0)=0$ より，$x(0)=-\frac{v_{0x}}{b}e^0+C_3=-\frac{v_{0x}}{b}+C_3=0$

∴ $C_3=\frac{v_{0x}}{b}$ から，⑦は，

$$x(t)=\frac{v_{0x}}{b}(1-e^{-bt})$$ となる。……………………………………(答)

（$t\to\infty$ のとき，$x\to\frac{v_{0x}}{b}$ となる。）

(Ⅱ) y 軸方向の運動について，

$\frac{dv_y}{dt}=-g-bv_y$ ……④ を解くと，（v_y は正・負いずれもとり得る。）

$$\int\frac{b}{bv_y+g}dv_y=-b\int dt$$

（$\int(v_y$ の式$)dv_y=\int(t$ の式$)dt$ の形にする。）

$\log|bv_y+g|=-bt+C_4$ $\qquad bv_y+g=C_5e^{-bt}\quad (C_5=\pm e^{C_4})$

∴ $v_y(t)=\frac{1}{b}(C_5e^{-bt}-g)$ ……⑧

初期条件：$v_y(0)=v_{0y}$ より，$v_y(0)=\frac{1}{b}(C_5e^0-g)=v_{0y}$

∴ $C_5=bv_{0y}+g$ から，⑧は，

$$v_y(t)=\frac{1}{b}\{(bv_{0y}+g)e^{-bt}-g\}=\left(v_{0y}+\frac{g}{b}\right)e^{-bt}-\frac{g}{b} \quad \cdots\cdots ⑨$$

⑨の両辺を t で積分して，

$$y(t)=\int\left\{\left(v_{0y}+\frac{g}{b}\right)e^{-bt}-\frac{g}{b}\right\}dt=-\frac{1}{b}\left(v_{0y}+\frac{g}{b}\right)e^{-bt}-\frac{g}{b}t+C_6 \quad \cdots ⑩$$

初期条件：$y(0)=0$ より，$y(0)=-\frac{1}{b}\left(v_{0y}+\frac{g}{b}\right)e^0+C_6=0$

∴ $C_6=\frac{1}{b}\left(v_{0y}+\frac{g}{b}\right)$ から，⑩は，

$$y(t)=\frac{1}{b}\left(v_{0y}+\frac{g}{b}\right)(1-e^{-bt})-\frac{g}{b}t$$ となる。…………………………(答)

演習問題 49　● 円すい振り子 (Ⅰ) ●

質量の無視できる長さ $l = 0.1$ (m) の軽い糸の先に，質量 $m = 0.1$ (kg) の重り (質点) P を付けて，円すい振り子を作ったところ，糸は鉛直線から $\theta = 60°$ の角度を保って，平面内を等速円運動した。このとき，糸の張力 S (N)，角速度 ω (1/s) を求めよ。ただし，重力加速度の大きさは，$g = 9.8$ (m/s^2) とする。(空気抵抗は考えない。)

ヒント！ 円すい振り子の回転円の半径 r は，$r = l\sin\theta$ なので，P に働く遠心力は，$mr\omega^2 = m \cdot l\sin\theta \cdot \omega^2$ である。(P72 参照) 鉛直方向と水平方向のそれぞれについて，力のつり合いの式を立てる。

解答＆解説

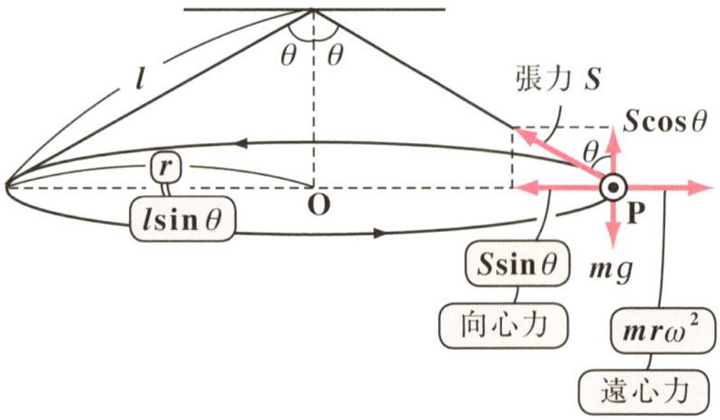

円すい振り子の回転円の半径を r とおくと，右図より，

$r = l\sin\theta$ ……①　となる。

糸の張力 S を鉛直方向の成分 $S\cos\theta$ と，水平方向の成分 $S\sin\theta$ に分解して考える。

(i) 鉛直方向について，$S\cos\theta$ と重力 mg がつり合うので，

$$S\cos\theta - mg = 0 \qquad S\cos\theta = mg \qquad \therefore S = \frac{mg}{\cos\theta} \cdots ②$$　より，

糸の張力 $S = \dfrac{0.1 \times 9.8}{\cos 60°} = 0.98 \times 2 = 1.96$ (N) ……………………(答)

(ii) 水平方向について，$S\sin\theta$ と遠心力 $mr\omega^2$ がつり合うので，

$$S\sin\theta - mr\omega^2 = 0 \qquad S\sin\theta = m \cdot l\sin\theta \cdot \omega^2 \quad (\because r = l\sin\theta \cdots ①より)$$

$$\therefore S = ml\omega^2 \cdots\cdots ③$$

(iii) ②，③より S を消去して，

$$\frac{mg}{\cos\theta} = ml\omega^2$$

このとき，重りの速さ v は一定となり，$v = r\omega = l \cdot \sin\theta \cdot \omega$ で計算できる。

$\therefore$ 角速度 $\omega = \sqrt{\dfrac{g}{l\cos\theta}} = \sqrt{\dfrac{9.8 \times 2}{0.1}} = \sqrt{49 \times 2 \times 2} = 14$ (1/s) ……(答)

演習問題 50　● 円すい振り子(Ⅱ) ●

質量の無視できる長さ l の軽い糸の先に，質量 m の重り(質点) P を付けて，円すい振り子を作る。この糸は，ピンと張られた方向に力 f を徐々に加えていくとき，ちょうど $f = 3mg$ で切れるものとする。
今，この円すい振り子の角速度を次第に大きくしていくとき，糸が切れる瞬間の角速度 ω を求めよ。また，この切れた後の重りの運動の様子を述べよ。(空気抵抗は考えない。)

ヒント！ 水平方向の力のつり合いから，糸の張力 S を角速度 ω で表す。作用・反作用の法則より，この S と同じ大きさの力が重りから糸に及ぼされる。

解答＆解説

糸が鉛直線となす角を θ とおくと，張力 S の水平方向の成分は，(ア)［　　　］となる。
水平方向について，$S\sin\theta$ と遠心力 (イ)［　　　］がつり合うので，

$S\sin\theta = m \cdot l\sin\theta \cdot \omega^2$　　$\therefore S = ml\omega^2$ …①

①より，糸の張力 S は，ω の 2 乗に比例して大きくなり，これがちょうど $3mg$ になったとき，作用・反作用の法則より，糸は重りから同じ $3mg$ の力を受けるので，糸はこの瞬間に切れる。

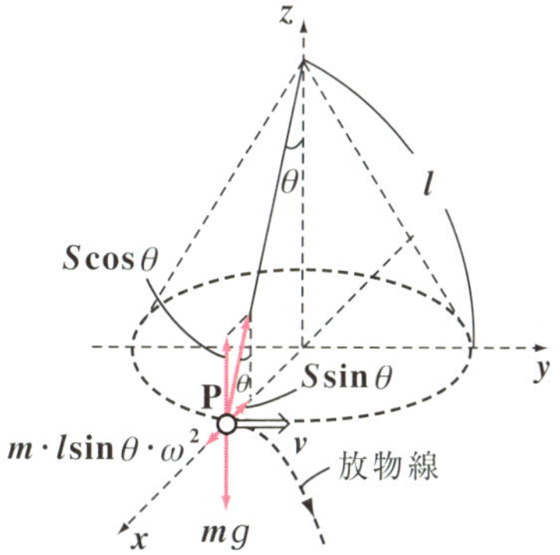

このとき①より，

$S = ml\omega^2 =$ (ウ)［　　　］　　$\therefore \omega = \sqrt{\dfrac{3g}{l}}$ となる。……………………………(答)

糸が切れたとき，重りはそれまで描いていた半径 $r = l\sin\theta$ の円周の (エ)［　　　］方向に，速さ $v = r\omega = l\sin\theta \cdot \omega$ で，水平に飛び出す。その後，この重りに働く外力は重力のみなので，その飛び出す方向と鉛直方向とが作る平面内を，放物線を描きながら落下する。……………………………(答)

解答　(ア) $S\sin\theta$　(イ) $m \cdot l\sin\theta \cdot \omega^2$　(ウ) $3mg$　(エ) 接線

演習問題 51	● 円運動（Ⅰ）●

質量の無視できる長さ $2l$ の軽い糸の先に質量 m の重り（質点）P を付けて固定点 O から下に垂らし，右水平方向に初速度 v_0 を与えて，運動を開始させる。O より右横 l の距離にある釘に糸が引っかかった状態で，質点 P がそのまわりに円を描くための v_0 の条件を求めよ。ただし，重力加速度の大きさを g とし，空気抵抗は考えないものとする。

ヒント！ 質点 P に仕事をする外力は重力（保存力）のみなので，最高点と最下点において力学的エネルギーは保存される。

解答＆解説

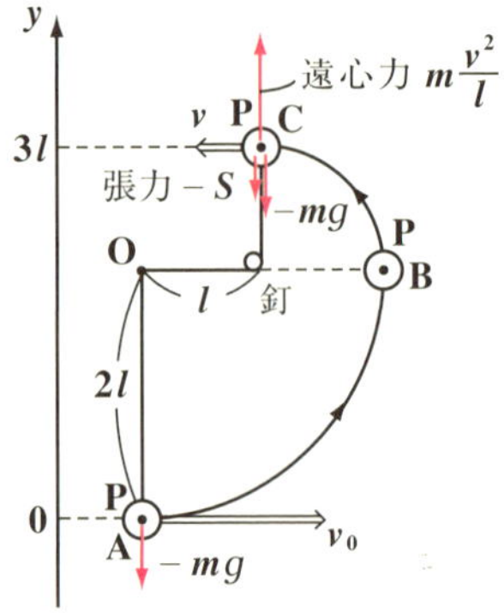

右図のように，糸の上端を O，最下点を A，最右点を B，最高点を C とおき，鉛直上向きに y 軸をとる。質点 P に仕事をするのは重力（保存力）のみなので，A 点（基準点）と C 点における力学的エネルギーは保存される。最高点 C における P の速さを v とおくと，

$$\frac{1}{2}mv_0^2 + mg\cdot 0 = \frac{1}{2}mv^2 + mg\cdot(2l+l)$$

$$v_0^2 = v^2 + 6gl \qquad \therefore\ v^2 = v_0^2 - 6gl \ \cdots\cdots ①$$

質点 P は，B 点から半径 l の円を描く。P の運動に合わせて，釘の周りを回転する座標系で考えると，C 点において，下向きに重力 mg と糸の張力 S が働き，上向きに遠心力 $m\frac{v^2}{l}$ が働き，これらはつり合う。← P73 参照

$$\therefore\ m\frac{v^2}{l} - mg - S = 0, \qquad S = m\cdot\frac{v^2}{l} - mg = \frac{m}{l}(v^2 - gl) \ \cdots\cdots ②$$

①を②に代入して，

$$S = \frac{m}{l}(v^2 - gl) = \frac{m}{l}(v_0^2 - 6gl - gl) = \frac{m}{l}(v_0^2 - 7gl) \ \cdots\cdots ③$$

P が最高点 C においても糸の張力 $S \geqq 0$ であれば，糸はピンと張った状態なので，質点 P は円運動をすることができる。よって，求める v_0 の条件は，③から，

$$S = \frac{m}{l}(\underbrace{v_0^2 - 7gl}_{0\text{以上}}) \geqq 0 \qquad \therefore\ v_0 \geqq \sqrt{7gl}$$ である。……………………………（答）

演習問題 52　● 円運動(Ⅱ) ●

鉛直面内に固定された半径 r の滑らかな円環の外面の最高点 A から質量 m の質点 P を，初速度 v_0 $(<\sqrt{gr})$ で滑り出させる。P が円環から離れる位置を B，円環の中心を O′ とするとき，$\theta_1 = \angle AO'B$ を求めよ。(空気抵抗は考えない。)

ヒント！ 質点 P が円を描いて滑り下りるときの力学的エネルギーは保存される。

解答＆解説

右図のように，$\angle AO'P = \theta$ とおく。質点 P に仕事をするのは重力(保存力)のみより，A 点と B 点(基準点)における力学的エネルギーは保存される。

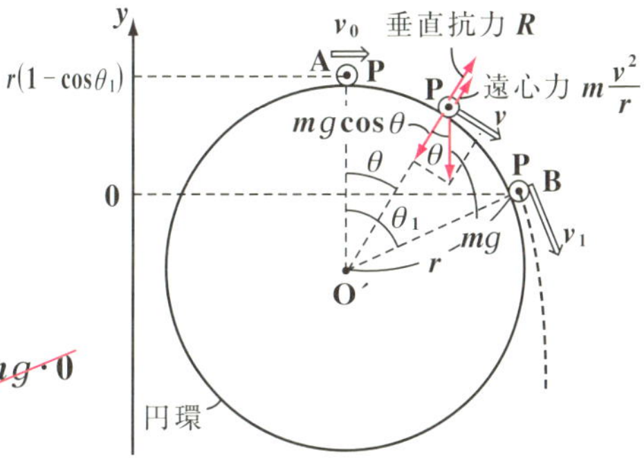

B 点における P の速さを v_1 とおくと，

$$\frac{1}{2}mv_0^2 + mgr(1-\cos\theta_1) = \frac{1}{2}mv_1^2 + mg\cdot 0$$

$$\therefore\ v_1^2 = v_0^2 + 2gr(1-\cos\theta_1)\ \cdots\cdots①$$

$\angle AO'P = \theta$ のとき，$\overrightarrow{PO'}$ の向きに重力の法線方向成分 $mg\cos\theta$ が働き，$\overrightarrow{O'P}$ の向きに垂直抗力 R と遠心力 $m\cdot\frac{v^2}{r}$ が働き，これらはつり合う。

$$\therefore\ mg\cos\theta = m\cdot\frac{v^2}{r} + R\ \cdots\cdots②$$

B 点において $R=0$ となるので，②で $\theta=\theta_1$，$v=v_1$，$R=0$ とおいて，

$$mg\cos\theta_1 = m\cdot\frac{v_1^2}{r}\qquad \therefore\ v_1^2 = gr\cos\theta_1\ \cdots\cdots③$$

③，①より v_1^2 を消去して，

$$gr\cos\theta_1 = v_0^2 + 2gr(1-\cos\theta_1),\qquad 3gr\cos\theta_1 = v_0^2 + 2gr$$

$$\therefore\ \cos\theta_1 = \frac{1}{3}\cdot\left(2+\frac{v_0^2}{gr}\right) \text{ より，}\ \theta_1 = \cos^{-1}\frac{1}{3}\left(2+\frac{v_0^2}{gr}\right)\ \cdots\cdots(\text{答})$$

$\theta=0$ のとき，P は速さ $v=v_0$ の円運動を行い，$R>0$ だから，
②より，$mg = m\cdot\frac{v_0^2}{r} + R$　$\therefore\ mg > m\frac{v_0^2}{r}$ より，$v_0 < \sqrt{gr}$ となる。

演習問題 53 ● 単振動(Ⅰ)●

自然長が l_1, l_2, バネ定数が k_1, k_2 の 2 本のバネがある。質量 m の質点 P の両側にこの 2 本のバネの一端を結び付けたものを，滑らかな水平面上に置き，さらに 2 本のバネの他端を壁に固定した。平衡状態の P の位置を原点 0，水平右向きに x 軸をとる。この状態から P を右方向に B_1 だけずらして，静かに手を離し単振動を行わせたとき，位置 x は時刻 t の関数として，$x = B_1\cos\omega t$ $\left(\omega = \sqrt{\dfrac{k_1+k_2}{m}}\right)$ と表せることを示し，周期 T を求めよ。(空気抵抗は考えない。)

ヒント！ 平衡状態から x だけ変位したときの運動方程式を求める。

解答＆解説

図(ⅰ) 平衡状態

図(ⅱ) x だけ変位

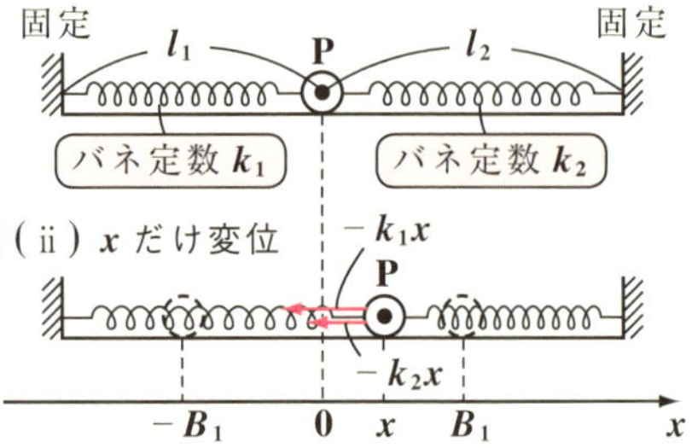

平衡状態から x だけずらしたとき，P に働く復元力は，図(ⅱ)より，

$-k_1x - k_2x = -(k_1+k_2)x$

となる。よって，水平方向の運動方程式は，

$$m\ddot{x} = -(k_1+k_2)x \qquad \ddot{x} = -\omega^2 x \quad \left(\omega = \sqrt{\frac{k_1+k_2}{m}}\right)$$

この単振動の一般解は，

$x = B\cos(\omega t + \phi)$ ……① $\therefore v = \dot{x} = -\omega B\sin(\omega t + \phi)$ ……②

初期条件：$t = 0$ のとき，$v = 0$ より，②から，

$0 = -\omega B\sin\phi$ $\therefore \sin\phi = 0$ より，$\phi = 0$ とおける。

よって，①は，$x = B\cos\omega t$ ……①′

初期条件：$t = 0$ のとき，$x = B_1$ より，①′から，

$B_1 = B\cos 0$ $\therefore B = B_1$ よって，①′より，求める変位 x は，

$x = B_1\cos\omega t$ となる。……………………………………(終)

周期 T は，角振動数 $\omega = \sqrt{\dfrac{k_1+k_2}{m}}$ より，

$T = \dfrac{2\pi}{\omega} = 2\pi\sqrt{\dfrac{m}{k_1+k_2}}$ である。……………………(答)

演習問題 54 ● 単振動 (Ⅱ) ●

自然長 l_0，バネ定数 k の 2 本の軽いバネの間に質量 m の質点 P を付けたものを左右両端を固定し，さらにこれを鉛直方向に置いた。この平衡状態の P の位置を原点 0，鉛直下向きに x 軸をとる。P を鉛直下向きに B_1 だけずらして，静かに手を離したとき，P の位置 x を時刻 t で表し，その周期 T を求めよ。(空気抵抗は考えない。)

ヒント！ まず，平衡状態のつり合いの式を立て，その後変位 x での復元力を求める。

解答&解説

図 (i) 平衡状態　図 (ii) 単振動

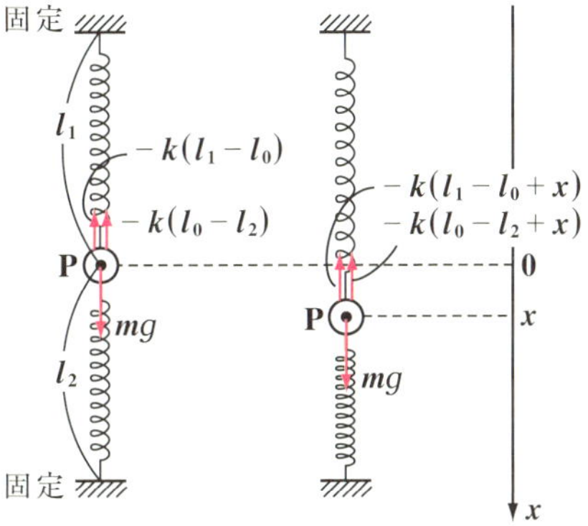

平衡状態の上・下のバネの長さをそれぞれ l_1，l_2 とおくと，各復元力は，$-k(l_1-l_0)$，$-k(l_0-l_2)$ となる。

よって，つり合いの式は，

$mg-k(l_1-\cancel{l_0})-k(\cancel{l_0}-l_2)=0$

$mg=$ (ア) ……①

変位 x にあるとき，P の運動方程式は，図 (ii) より，

$m\ddot{x}=$ (イ)，　$m\ddot{x}=mg-k(l_1-l_2+2x)$ ……②

①を②に代入して，

$m\ddot{x}=\cancel{k(l_1-l_2)}-k(\cancel{l_1-l_2}+2x)$

$\therefore m\ddot{x}=-2kx$ より，$\ddot{x}=-\omega^2x$ $\left(\omega=\sqrt{\dfrac{2k}{m}}\right)$

よって，P は (ウ) を行い，その一般解は，

$x=B\cos(\omega t+\phi)$　となる。

初期条件：$t=0$ のとき，$\dot{x}=0$，$x=B_1$ より，

(エ) である。 ………………(答)

> $x=B\cos(\omega t+\phi)$ ……㋐
> の両辺を時刻 t で微分して，
> $v=\dot{x}=-\omega B\sin(\omega t+\phi)$ …㋑
> 初期条件：$t=0$ で $v=\dot{x}=0$ より，
> ㋑から，$0=-\omega B\sin\phi$
> $\therefore \sin\phi=0$ より，$\phi=0$ とおける。
> ㋐より，$x=B\cos\omega t$ …㋐′
> 初期条件：$t=0$ で $x=B_1$ より，
> ㋐′から，$B_1=B\cos 0$　$\therefore B=B_1$
> $\therefore$ ㋐′より，(エ)

この周期 T は，角振動数 $\omega=\sqrt{\dfrac{2k}{m}}$ より，$T=$ (オ) $=2\pi\sqrt{\dfrac{m}{2k}}$ ………(答)

解答　(ア) $k(l_1-l_2)$　(イ) $mg-k(l_1-l_0+x)-k(l_0-l_2+x)$　(ウ) 単振動
(エ) $x=B_1\cos\omega t$　(オ) $\dfrac{2\pi}{\omega}$

演習問題 55　● 単振動（単振り子）(Ⅲ) ●

質量を無視できる長さ l の軽い糸の上端 **O** を天井に固定し，下端に質量 m の重り **P** を付けて単振り子を作る。この単振り子の振れ角 θ が十分に小さいとき，θ について近似的に次の微分方程式：

$\ddot{\theta} = -\omega^2\theta$ …(＊) $\left(\text{ただし，}\omega = \sqrt{\dfrac{g}{l}}\right)$ が成り立つことを，上端 **O** を原点，水平右向きに x 軸，鉛直上向きに y 軸をとることによって示し，一般解 θ を求めよ。また，この単振り子の周期 T を求めよ。（ただし，$\theta \fallingdotseq 0$ のとき，$\sin\theta \fallingdotseq \theta$ としてよい。また，空気抵抗は考えない。）

ヒント！ 条件より，**P** の **O** に関する位置ベクトル $\boldsymbol{r}$ は，$\boldsymbol{r} = [x, y] = l[\sin\theta, -\cos\theta]$ となる。運動方程式を，水平方向と鉛直方向に分解した **2** つの式を立て，この **2** 式から糸の張力 S を消去する。

解答＆解説

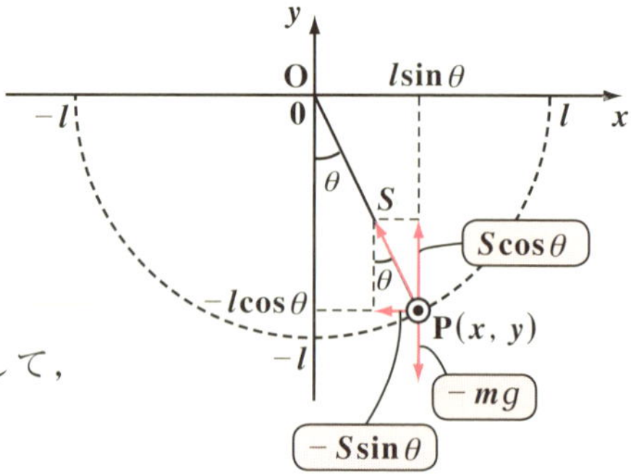

右図のように，$P(x, y)$ とおくと，

運動方程式：$m\boldsymbol{a} = \boldsymbol{f}$ は，

$$\begin{cases} x \text{ 成分：} m\ddot{x} = -S\sin\theta & \cdots\cdots① \\ y \text{ 成分：} m\ddot{y} = S\cos\theta - mg & \cdots② \end{cases}$$

（ただし，S は糸の張力）

① $\times\cos\theta +$ ② $\times\sin\theta$ より S を消去して，

$$m(\ddot{x}\cos\theta + \ddot{y}\sin\theta) = -mg\cdot\sin\theta$$

$$\ddot{x}\cos\theta + \ddot{y}\sin\theta = -g\cdot\sin\theta \quad \cdots\cdots③$$

ここで，図より，

$x = l\sin\theta,\ y = -l\cos\theta$ ……④　となる。

④の両辺をそれぞれ時刻 t で微分して，

$$\begin{cases} \dot{x} = \dfrac{dx}{dt} = l\cdot\dfrac{d(\overbrace{\sin\theta}^{u})}{dt} = l\cdot\underbrace{\cos\theta\cdot\dot{\theta}}_{\frac{du}{d\theta}\cdot\frac{d\theta}{dt}} \\ \dot{y} = \dfrac{dy}{dt} = -l\cdot\dfrac{d(\cos\theta)}{dt} = -l\cdot(-\sin\theta)\cdot\dot{\theta} = l\sin\theta\cdot\dot{\theta} \end{cases}$$

$\therefore\ \dot{x} = l\cos\theta\cdot\dot{\theta},\quad \dot{y} = l\sin\theta\cdot\dot{\theta}$

これらの両辺をさらに t で微分して，（公式：$(f\cdot g)' = f'\cdot g + f\cdot g'$ より）

$$\begin{cases} \ddot{x} = l(-\sin\theta\cdot\dot{\theta}\cdot\dot{\theta} + \cos\theta\cdot\ddot{\theta}) = l(-\dot{\theta}^2\cdot\sin\theta + \ddot{\theta}\cdot\cos\theta) \cdots\cdots⑤ \\ \ddot{y} = l(\cos\theta\cdot\dot{\theta}\cdot\dot{\theta} + \sin\theta\cdot\ddot{\theta}) = l(\dot{\theta}^2\cdot\cos\theta + \ddot{\theta}\cdot\sin\theta) \cdots\cdots⑥ \end{cases}$$

⑤，⑥を③に代入して，

$$l(-\dot{\theta}^2\cdot\sin\theta + \ddot{\theta}\cdot\cos\theta)\cdot\cos\theta + l(\dot{\theta}^2\cdot\cos\theta + \ddot{\theta}\cdot\sin\theta)\cdot\sin\theta = -g\cdot\sin\theta$$

$$l(\underbrace{\cos^2\theta + \sin^2\theta}_{1})\ddot{\theta} = -g\cdot\sin\theta$$

$\therefore\ \ddot{\theta} = -\underbrace{\frac{g}{l}}_{\omega^2}\sin\theta$ より，$\ddot{\theta} = -\omega^2\cdot\underbrace{\sin\theta}_{\fallingdotseq\theta} \cdots\cdots⑦$ となる。$\left(\omega = \sqrt{\frac{g}{l}}\right)$

ここで，$\theta \fallingdotseq 0$ より，$\sin\theta \fallingdotseq \theta$

これを⑦に代入して，近似的に，

$\ddot{\theta} = -\omega^2\theta \cdots\cdots(*)$ が成り立つ。……………………………………………(終)

これは単振動の微分方程式より，この一般解 θ は，

$\theta = C\cdot\sin(\omega t + \phi)$ となる。……………………………………………(答)

この角振動数 $\omega = \sqrt{\frac{g}{l}}$ より，周期 T は，

$T = \frac{2\pi}{\omega} = 2\pi\cdot\sqrt{\frac{l}{g}}$ である。……………………………………………(答)

（単振り子の周期は公式として覚えよう。（演習問題 77(P130) 参照））

重り P の x 軸への正射影の位置 x のみたす微分方程式を求めてみよう。

$x = l\sin\theta,\ y = -l\cos\theta$ …④ で，$\theta \fallingdotseq 0$ より，$\sin\theta \fallingdotseq \theta$，$\cos\theta \fallingdotseq 1$ だから，

$x \fallingdotseq l\theta \cdots\cdots⑧,\ y \fallingdotseq -l \cdots\cdots⑨$

⑨より，y は定数関数とみることができるので，$\dot{y} \fallingdotseq 0 \quad \therefore\ \ddot{y} \fallingdotseq 0 \cdots\cdots⑩$

⑩を，$\ddot{x}\underbrace{\cos\theta}_{1} + \underbrace{\ddot{y}}_{0}\sin\theta = -g\cdot\underbrace{\sin\theta}_{\theta}$ ……③に代入し，さらに，$\sin\theta \fallingdotseq \theta$，$\cos\theta \fallingdotseq 1$

を用いると，

$\ddot{x} \fallingdotseq -g\theta \cdots\cdots⑪$

⑪ ÷ ⑧より θ を消去して，重り P の x 軸への正射影の位置 x について，

$\frac{\ddot{x}}{x} \fallingdotseq -\frac{g}{l}$ 　よって，近似的に，$\ddot{x} = -\frac{g}{l}x = -\omega^2 x$ が成り立つ。

この微分方程式の解 $x = A\sin(\omega t + \phi)$ より，同様に，周期 T は，

$T = \frac{2\pi}{\omega} = 2\pi\cdot\sqrt{\frac{l}{g}}$ と分かる。

演習問題 56	● 単振動の力学的エネルギー(I) ●

質量 m の質点 **P** が，復元力 $f=-kx$ $(k>0)$ を受けて，滑らかな水平面上を単振動している。この **P** のもつ力学的エネルギー E を求めよ。また，周期を T として，運動エネルギー K と位置エネルギー U の時間平均：$<K> = \dfrac{1}{T}\displaystyle\int_0^T K dt$，$<U> = \dfrac{1}{T}\displaystyle\int_0^T U dt$ について，

$E = 2<K> = 2<U>$ が成り立つことを示せ。(空気抵抗は考えない。)

ヒント！ **P** の位置を $x = A\sin(\omega t+\phi)$ $\left(角振動数\ \omega=\sqrt{\dfrac{k}{m}}=\dfrac{2\pi}{T}\right)$ とおいて，$E=K+U$ を求める。$f=-\dfrac{dU}{dx}$ より，位置エネルギー $U=-\displaystyle\int f dx$ が求まる。

解答&解説

復元力 $f=-kx$ の作用で，**P** は次の式で表される単振動を行う。

$$x = A\sin(\omega t+\phi) \quad \left(A：振幅，角振動数\ \omega=\sqrt{\frac{k}{m}}=\frac{2\pi}{T}\right)$$

P の速度 v は，$v=\dot{x}=\omega A\cos(\omega t+\phi)$

位置エネルギー U は，

$$U=-\int f dx = -\int(-kx)dx = \frac{1}{2}kx^2$$

また，$\omega=\sqrt{\dfrac{k}{m}}$ より，$k=m\omega^2$

以上より，**P** の運動エネルギー K と位置エネルギー U は，

$$K=\frac{1}{2}mv^2=\frac{1}{2}\underbrace{m\omega^2}_{k}A^2\cos^2(\omega t+\phi)=\frac{1}{2}kA^2\cos^2(\omega t+\phi) \quad \cdots①$$

$$U=\frac{1}{2}kx^2=\frac{1}{2}kA^2\sin^2(\omega t+\phi) \quad \cdots\cdots②$$

よって，**P** がもつ力学的エネルギー $E=K+U$ は，（時間 t によらず一定）

$$E=\frac{1}{2}kA^2\underbrace{\{\cos^2(\omega t+\phi)+\sin^2(\omega t+\phi)\}}_{1}=\frac{1}{2}kA^2 \quad \cdots\cdots③$$ である。…(答)

次に，①，②を用いて，K と U の時間平均は，

$$<K> = \frac{1}{T}\int_0^T K dt = \frac{1}{T}\int_0^T \frac{1}{2}kA^2\cos^2(\omega t+\phi)dt$$

$$= \frac{kA^2}{2T}\underbrace{\int_0^T \cos^2(\omega t+\phi)dt}_{(\mathrm{i})} \quad \cdots\cdots ④$$

$$<U> = \frac{1}{T}\int_0^T U dt = \frac{1}{T}\int_0^T \frac{1}{2}kA^2\sin^2(\omega t+\phi)dt$$

$$= \frac{kA^2}{2T}\underbrace{\int_0^T \sin^2(\omega t+\phi)dt}_{(\mathrm{ii})} \quad \cdots\cdots ⑤$$

ここで,

(i) $\int_0^T \cos^2(\omega t+\phi)dt$

公式：$\cos^2\theta = \frac{1+\cos 2\theta}{2}$ より

$$= \frac{1}{2}\int_0^T \{1+\cos 2(\omega t+\phi)\}dt$$

$$= \frac{1}{2}\left[t+\frac{1}{2\omega}\sin 2(\omega t+\phi)\right]_0^T$$

$\omega = \frac{2\pi}{T}$ より $\omega T = 2\pi$

$$= \frac{1}{2}\left\{T+\frac{1}{2\omega}\sin 2(\omega T+\phi)-\frac{1}{2\omega}\sin 2\phi\right\}$$

$$= \frac{1}{2}\left\{T+\frac{1}{2\omega}\sin 2(2\pi+\phi)-\frac{1}{2\omega}\sin 2\phi\right\}$$

$\sin(4\pi+2\phi) = \sin 2\phi$

$$= \frac{T}{2} \quad \cdots\cdots ⑥$$

$\sin^2\theta = 1-\cos^2\theta$ より

(ii) $\int_0^T \sin^2(\omega t+\phi)dt = \int_0^T \{1-\cos^2(\omega t+\phi)\}dt$

$$= \int_0^T dt - \int_0^T \cos^2(\omega t+\phi)dt = [t]_0^T - \frac{T}{2} = \frac{T}{2} \quad \cdots\cdots ⑦$$

$\int_0^T \cos^2(\omega t+\phi)dt = \frac{T}{2}$ (∵⑥)

⑥, ⑦を④, ⑤に代入して,

$$<K> = <U> = \frac{kA^2}{2T}\cdot\frac{T}{2} = \frac{1}{4}kA^2 \quad \cdots\cdots ⑧$$ となる。

$\frac{1}{4}kA^2 = \frac{1}{2}E$ (③より)

以上③と⑧より,

$E = 2<K> = 2<U>$ が成り立つ。……………………………………(終)

演習問題 57 ● 単振動の力学的エネルギー(Ⅱ) ●

質量 m の質点 **P** を自然長 l_0，バネ定数 k の軽いバネの先端に付け，他端を天井に固定し，鉛直方向に置き，単振動をさせた。天井の固定点を原点 **0**，鉛直下向きに x 軸をとると，**P** に働く外力 f は，$f = mg - k(x - l_0)$ となる。これを，$f = -k\left(x - l_0 - \frac{mg}{k}\right)$ とし，さらに，$x_1 = x - l_0 - \frac{mg}{k}$ とおくことにより，この単振動の力学的エネルギーが保存されることを示せ。(空気抵抗は考えない。)

ヒント！ 位置 x に **P** があるとき，バネの伸びは $x - l_0$ となる。$x_1 = x - l_0 - \frac{mg}{k}$ とおくことによって，運動方程式は，$m\ddot{x} = -kx_1$ となる。この左辺を x_1 で表す。

解答＆解説

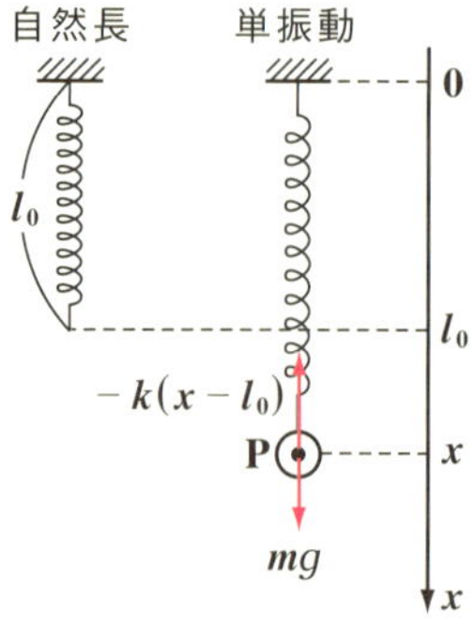

P の運動方程式は，

$m\ddot{x} = mg - k(x - l_0)$

$m\ddot{x} = -k\underline{\left(x - l_0 - \frac{mg}{k}\right)}$ ……①（x_1 とおく）

$x_1 = x - l_0 - \frac{mg}{k}$ …② とおくと，

②より，$x = x_1 + \underline{l_0 + \frac{mg}{k}}$ ……③（定数）

③の両辺を時刻 t で 2 階微分して，$\ddot{x} = \ddot{x}_1$ ……④

④と②を①に代入して，

$m\ddot{x}_1 = -kx_1 \qquad \therefore \ddot{x}_1 = -\omega^2 x_1 \quad \left(\omega = \sqrt{\frac{k}{m}}\right)$

よって，$x_1 = A\sin(\omega t + \phi)$ とおけるから，③に代入して，

$x = \underline{A\sin(\omega t + \phi)} + l_0 + \frac{mg}{k}$（$x_1$）

・バネの伸びは，$x - l_0 = A\sin(\omega t + \phi) + \frac{mg}{k}$

・**P** の速度は，$v = \dot{x} = \omega A\cos(\omega t + \phi)$

(ⅰ) 運動エネルギー K は,

$$K = \frac{1}{2}mv^2 = \frac{1}{2}\underbrace{m\omega^2}_{k\left(\because \omega^2 = \frac{k}{m}\right)}A^2\cos^2(\omega t + \phi) = \frac{1}{2}kA^2\cos^2(\omega t + \phi)$$

(ⅱ) (ア) バネの位置エネルギー U_1 は,

$$U_1 = \frac{1}{2}k(x - l_0)^2 = \frac{1}{2}k\left\{A\sin(\omega t + \phi) + \frac{mg}{k}\right\}^2$$

$x = 0$ で $U_2 = 0$ として解いてもかまわない。

(イ) 重力の位置エネルギー U_2 は, $x = l_0$ で $U_2 = 0$ として,

$$U_2 = -mg(x - l_0) = -mg\left\{A\sin(\omega t + \phi) + \frac{mg}{k}\right\}$$

(ア)(イ) より, 位置エネルギーの和 $U = U_1 + U_2$ は,

$$U = \frac{1}{2}k\left\{A\sin(\omega t + \phi) + \frac{mg}{k}\right\}^2 - mg\left\{A\sin(\omega t + \phi) + \frac{mg}{k}\right\}$$

$$= \frac{1}{2}k\left\{A^2\sin^2(\omega t + \phi) + 2A\sin(\omega t + \phi)\cdot\frac{mg}{k} + \frac{m^2g^2}{k^2}\right\} - mg\cdot A\sin(\omega t + \phi) - \frac{m^2g^2}{k}$$

$$= \frac{1}{2}kA^2\sin^2(\omega t + \phi) + \frac{1}{2}\cdot\frac{m^2g^2}{k} - \frac{m^2g^2}{k}$$

$$= \frac{1}{2}kA^2\sin^2(\omega t + \phi) - \frac{m^2g^2}{2k}$$

以上 (ⅰ)(ⅱ) より, この単振動の力学的エネルギー $E = K + U$ は,

$$E = \frac{1}{2}kA^2\cos^2(\omega t + \phi) + \frac{1}{2}kA^2\sin^2(\omega t + \phi) - \frac{m^2g^2}{2k}$$

$$= \frac{1}{2}kA^2\underbrace{\{\cos^2(\omega t + \phi) + \sin^2(\omega t + \phi)\}}_{1} - \frac{m^2g^2}{2k}$$

$$\therefore E = \underbrace{\frac{1}{2}kA^2 - \frac{m^2g^2}{2k}}_{定数} = (一定)$$ である。……………………………………(終)

P には復元力と重力の保存力のみが働くので, その力学的エネルギーは保存される。

演習問題 58　● 減衰振動（Ⅰ）●

速度に比例する空気抵抗を受けて振動するバネの重り P の位置 x が，次の微分方程式をみたすとき，この位置 x を時刻 t の関数として求めよ。

$\ddot{x}+2\dot{x}+\frac{7}{4}x=0$ ……①　$\left(t=0\text{ のとき，}x=0,\ v=\frac{\sqrt{3}}{2}\text{ とする。}\right)$

ヒント！ ①は 2 階定数係数線形微分方程式より，特性方程式：$\lambda^2+2\lambda+\frac{7}{4}=0$ の解 λ_1, λ_2 を求める。これは虚数解より，P は減衰振動する。

解答＆解説

$\ddot{x}+2\dot{x}+\frac{7}{4}x=0$ …① の解を，$x=e^{\lambda t}$ （λ：定数）とおくと，

$\dot{x}=\lambda e^{\lambda t}$, $\ddot{x}=\lambda^2 e^{\lambda t}$ より，これらを①に代入して，

$\lambda^2 e^{\lambda t}+2\lambda e^{\lambda t}+\frac{7}{4}e^{\lambda t}=0$　　この両辺を $e^{\lambda t}$ (>0) で割って，

$\lambda^2+2\lambda+\frac{7}{4}=0$ ← 特性方程式

$4\lambda^2+8\lambda+7=0$

$$\lambda=\frac{-4\pm\sqrt{16-28}}{4}$$

（$\sqrt{-12}=\sqrt{-4\cdot 3}=2\sqrt{3}i$）

（$a\lambda^2+2b'\lambda+c=0$　$\lambda=\frac{-b'\pm\sqrt{b'^2-ac}}{a}$）

$\therefore\ \lambda_1=-1+\frac{\sqrt{3}}{2}i$, $\lambda_2=-1-\frac{\sqrt{3}}{2}i$ より， ← 異なる 2 つの虚数解

①の 2 つの 1 次独立な解は，$x_1=e^{\left(-1+\frac{\sqrt{3}}{2}i\right)t}$, $x_2=e^{\left(-1-\frac{\sqrt{3}}{2}i\right)t}$ となる。

よって，①の一般解 $x(t)$ は，

$$x(t)=B_1x_1+B_2x_2=B_1e^{-t+\frac{\sqrt{3}}{2}ti}+B_2e^{-t-\frac{\sqrt{3}}{2}ti}\quad(B_1,\ B_2\text{：任意定数})$$

$$=e^{-t}\left(B_1e^{\frac{\sqrt{3}}{2}ti}+B_2e^{-\frac{\sqrt{3}}{2}ti}\right)$$

（$e^{\frac{\sqrt{3}}{2}ti}=\cos\frac{\sqrt{3}}{2}t+i\sin\frac{\sqrt{3}}{2}t$，$e^{-\frac{\sqrt{3}}{2}ti}=\cos\frac{\sqrt{3}}{2}t-i\sin\frac{\sqrt{3}}{2}t$）

（オイラーの公式：$e^{i\theta}=\cos\theta+i\sin\theta$ より）

$$= e^{-t}\left\{B_1\left(\cos\frac{\sqrt{3}}{2}t + i\sin\frac{\sqrt{3}}{2}t\right) + B_2\left(\cos\frac{\sqrt{3}}{2}t - i\sin\frac{\sqrt{3}}{2}t\right)\right\}$$

$\therefore\ x(t) = e^{-t}\left(C_1\cos\frac{\sqrt{3}}{2}t + C_2\sin\frac{\sqrt{3}}{2}t\right)$ ……② となる。

特性方程式の解
$\lambda_1 = -1 + \frac{\sqrt{3}}{2}i$
$\lambda_2 = -1 - \frac{\sqrt{3}}{2}i$ から，
②を直接導いてもいい。

（ただし，$C_1 = B_1 + B_2$，$C_2 = i(B_1 - B_2)$）

ここで，初期条件：$x(0) = 0$ より，②は，

$x(0) = \underset{1}{e^0}(C_1\underset{1}{\cos 0} + C_2\underset{0}{\sin 0}) = C_1 = 0$　　$\therefore\ C_1 = 0$ を②に代入して，

$x(t) = C_2 e^{-t}\sin\frac{\sqrt{3}}{2}t$ ……②′ となる。　この②′の両辺を t で微分して，

$v(t) = \dot{x}(t) = C_2\left(-e^{-t}\sin\frac{\sqrt{3}}{2}t + e^{-t}\cdot\frac{\sqrt{3}}{2}\cos\frac{\sqrt{3}}{2}t\right)$ ……③ ← $(f\cdot g)' = f'g + fg'$

ここで，初期条件：$v(0) = \frac{\sqrt{3}}{2}$ より，③は，

$v(0) = C_2\left(-\underset{1}{e^0}\cdot\underset{0}{\sin 0} + \underset{1}{e^0}\cdot\frac{\sqrt{3}}{2}\underset{1}{\cos 0}\right) = \frac{\sqrt{3}}{2}C_2 = \frac{\sqrt{3}}{2}$

$\therefore\ C_2 = 1$ を②′に代入して，求める位置 $x(t)$ は，

$x(t) = e^{-t}\cdot\sin\frac{\sqrt{3}}{2}t$ となる。……………………………………………………（答）

これは，

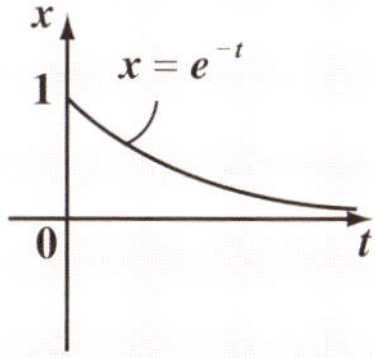

と

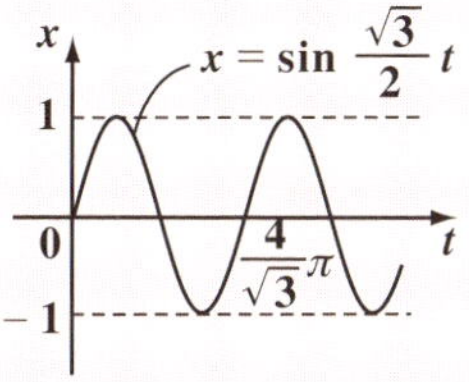

周期 $\frac{2\pi}{\frac{\sqrt{3}}{2}} = \frac{4}{\sqrt{3}}\pi$

の積なので，次のような減衰振動のグラフが得られる。

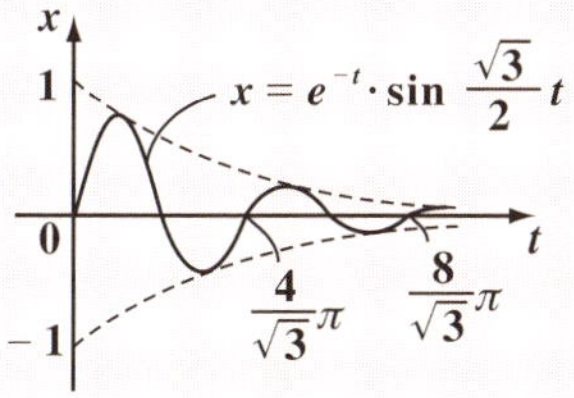

演習問題 59	● 減衰振動 (Ⅱ) ●

速度に比例する空気抵抗を受けて振動するバネの重り **P** の位置 x が，次の微分方程式をみたすとき，この位置 x を時刻 t の関数として求めよ。
$\ddot{x}+4\dot{x}+5x=0$ ……① （$t=0$ のとき，$x=1$，$v=-2$ とする。）

ヒント！ これも，①の特性方程式：$\lambda^2+4\lambda+5=0$ は，相異なる 2 つの虚数解をもつので，重り **P** は減衰振動を行う。

解答＆解説

$\ddot{x}+4\dot{x}+5x=0$ …① の解を，$x=$ (ア) （λ：定数）とおくと，

$\dot{x}=\lambda e^{\lambda t}$，$\ddot{x}=\lambda^2e^{\lambda t}$ より，これらを①に代入して，

$\lambda^2e^{\lambda t}+4\lambda e^{\lambda t}+5e^{\lambda t}=0$ 　　この両辺を $e^{\lambda t}$ (>0) で割って，

$\lambda^2+4\lambda+5=0$ ← 特性方程式

$$\lambda=\frac{-2\pm\sqrt{4-5}}{1}$$

（$\sqrt{-1}=i$）

← $a\lambda^2+2b'\lambda+c=0$，$\lambda=\dfrac{-b'\pm\sqrt{b'^2-ac}}{a}$

$\therefore\ \lambda_1=-2+i$，$\lambda_2=-2-i$ より， ← 異なる 2 つの虚数解

①の 2 つの 1 次独立な解は，$x_1=$ (イ) ，$x_2=e^{(-2-i)t}$ となる。

よって，①の一般解 $x(t)$ は，

$x(t)=B_1x_1+B_2x_2=B_1e^{-2t+ti}+B_2e^{-2t-ti}$ （B_1，B_2：任意定数）

$=e^{-2t}(B_1e^{ti}+B_2e^{-ti})$

（$e^{ti}=\cos t+i\sin t$，$e^{-ti}=\cos t-i\sin t$）

オイラーの公式：$e^{i\theta}=$ (ウ) より

$=e^{-2t}\{B_1(\cos t+i\sin t)+B_2(\cos t-i\sin t)\}$

$\therefore\ x(t)=e^{-2t}(C_1\cos t+C_2\sin t)$ ……② となる。 ← 特性方程式の解 $\lambda_1=-2+i$，$\lambda_2=-2-i$ から，直接②を導いてもいい。

（ただし，$C_1=B_1+B_2$，$C_2=i(B_1-B_2)$）

ここで，初期条件：$x(0) = $ (エ) より，②は，

$$x(0) = \underbrace{e^0}_{1}(C_1\underbrace{\cos 0}_{1} + \cancel{C_2\underbrace{\sin 0}_{0}}) = C_1 = \boxed{(エ)}$$ ∴ $C_1 = 1$ を②に代入して，

$x(t) = e^{-2t}(\cos t + C_2\sin t)$ …②′ となる。　この②′ の両辺を t で微分して，

$$v(t) = \dot{x}(t) = (e^{-2t})'(\cos t + C_2\sin t) + e^{-2t}(\cos t + C_2\sin t)'$$

公式：$(f\cdot g)' = f'g + fg'$ より

$$= -2e^{-2t}(\cos t + C_2\sin t) + e^{-2t}(-\sin t + C_2\cos t)$$

$$= e^{-2t}\{(C_2 - 2)\cos t - (2C_2 + 1)\sin t\} \quad \cdots\cdots ③$$

ここで，初期条件：$v(0) = -2$ より，③は，

$$v(0) = e^0\{(C_2 - 2)\underbrace{\cos 0}_{1} - \cancel{(2C_2 + 1)\underbrace{\sin 0}_{0}}\} = C_2 - 2 = -2$$

∴ $C_2 = 0$ を②′ に代入して，求める位置 $x(t)$ は，

$x(t) = $ (オ) となる。 ……………………………………………(答)

これは，

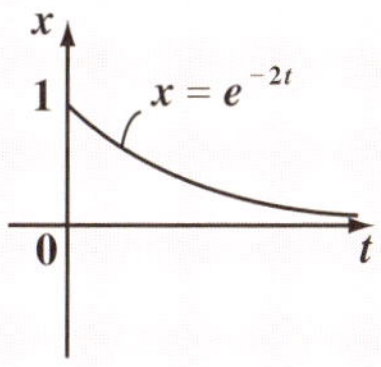

と

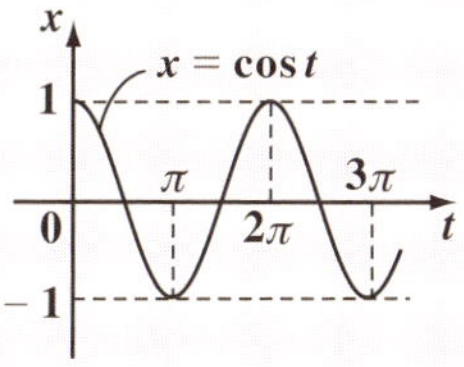

の積なので，次のような減衰振動のグラフが得られる。

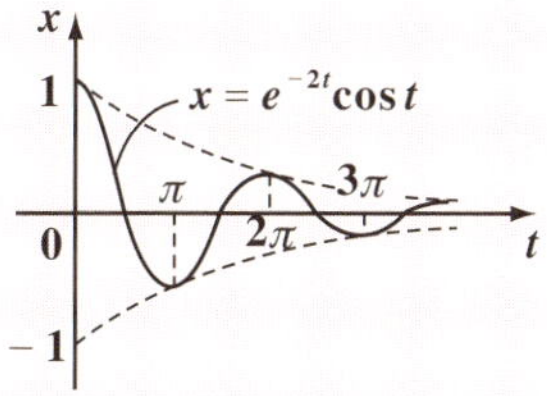

解答　(ア) $e^{\lambda t}$　(イ) $e^{(-2+i)t}$　(ウ) $\cos\theta + i\sin\theta$
(エ) 1　(オ) $e^{-2t}\cos t$

演習問題 60　●過減衰(Ⅰ)●

速度に比例する空気抵抗を受けて振動するバネの重り P の位置 x が次の微分方程式をみたすとき，この位置 x を時刻 t の関数として求めよ。

$\ddot{x}+10\dot{x}+16x=0$ ……①　($t=0$ のとき，$x=5$，$v=-4$ とする。)

ヒント！ 特性方程式：$\lambda^2+10\lambda+16=0$ は相異なる 2 つの負の解 λ_1，λ_2 をもつので，重り P の振動は，過減衰となる。

解答＆解説

$\ddot{x}+10\dot{x}+16x=0$ ……① の解を，$x=e^{\lambda t}$ (λ：定数) とおくと，

$\dot{x}=\lambda e^{\lambda t}$，$\ddot{x}=\lambda^2 e^{\lambda t}$ より，これらを①に代入して，

$\lambda^2 e^{\lambda t}+10\lambda e^{\lambda t}+16e^{\lambda t}=0$　　この両辺を $e^{\lambda t}$ (>0) で割って，

$\lambda^2+10\lambda+16=0$ ←特性方程式

$(\lambda+8)(\lambda+2)=0$

$\therefore \lambda_1=-8$，$\lambda_2=-2$ より，←異なる 2 つの負の解

①の 2 つの 1 次独立な解は，

$x_1=e^{-8t}$，$x_2=e^{-2t}$ となる。

よって，①の一般解 $x(t)$ は，

$x(t)=C_1x_1+C_2x_2=C_1e^{-8t}+C_2e^{-2t}$ ……② となる。

(C_1，C_2：任意定数)

ここで，初期条件：$x(0)=5$ より，②は，

$x(0)=C_1\underbrace{e^0}_{1}+C_2\underbrace{e^0}_{1}=C_1+C_2=5$ ……③

また，②の両辺を t で微分して，

$v(t)=\dot{x}(t)=-8C_1e^{-8t}-2C_2e^{-2t}$ ……④

ここで，初期条件：$v(0)=-4$ より，④は，

$v(0)=-8C_1\underbrace{e^0}_{1}-2C_2\underbrace{e^0}_{1}=-8C_1-2C_2=-4$

$\therefore\ 4C_1 + C_2 = 2$ ……⑤

以上より，

$$\begin{cases} C_1 + C_2 = 5 & \cdots\cdots③ \\ 4C_1 + C_2 = 2 & \cdots\cdots⑤ \end{cases}$$

⑤ − ③より C_2 を消去して，

$3C_1 = -3 \qquad \therefore\ C_1 = -1$ ……⑥

これを③に代入して，

$C_2 = 5 - C_1 = 5 - (-1) = 6$ ……⑦

⑥，⑦を②に代入して，求める位置 $x(t)$ は，

$x(t) = -e^{-8t} + 6e^{-2t}$ となる。……………………………………………(答)

これは，

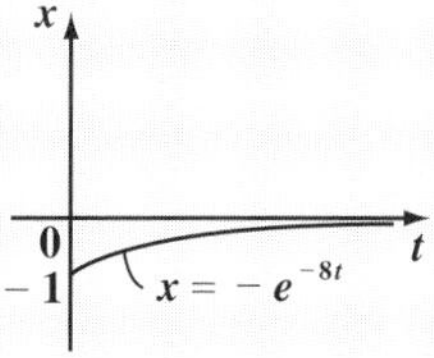

と

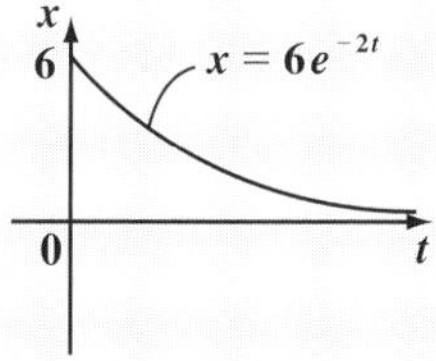

の和なので，次のような過減衰のグラフが得られる。

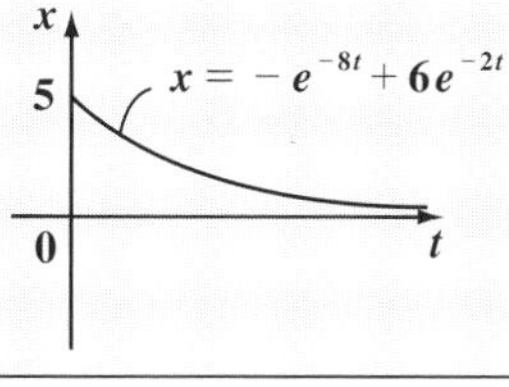

演習問題 61　● 過減衰（Ⅱ）●

速度に比例する空気抵抗を受けて振動するバネの重り $\mathbf{P}$ の位置 x が次の微分方程式をみたすとき，この位置 x を時刻 t の関数として求めよ。

$\ddot{x}+5\dot{x}+4x=0$ ……①　$\left(t=0\text{ のとき，}x=1,\ v=-\dfrac{1}{2}\text{ とする。}\right)$

ヒント！　これも前問と同じく，特性方程式が異なる **2** つの負の解をもつ場合より，重り $\mathbf{P}$ は過減衰を行う。

解答＆解説

$\ddot{x}+5\dot{x}+4x=0$ ……① の解を，$x=e^{\lambda t}$ (λ：定数) とおくと，

$\dot{x}=\lambda e^{\lambda t}$，$\ddot{x}=\lambda^2e^{\lambda t}$ より，これらを①に代入して，

$\lambda^2e^{\lambda t}+5\lambda e^{\lambda t}+4e^{\lambda t}=0$　　この両辺を $e^{\lambda t}\ (>0)$ で割って，

$\lambda^2+5\lambda+4=0$ ←特性方程式

$(\lambda+1)(\lambda+4)=0$

$\therefore\ \lambda_1=-1,\ \lambda_2=-4$ より，←異なる **2** つの負の解

①の **2** つの **1** 次独立な解は，

$x_1=$ (ア)　　，$x_2=$ (イ)　　 となる。

よって，①の一般解 $x(t)$ は，

$x(t)=C_1x_1+C_2x_2=$ (ウ)　　　　 ……②　となる。

(C_1，C_2：任意定数)

ここで，初期条件：$x(0)=1$ より，②は，

$x(0)=C_1\underbrace{e^0}_{1}+C_2\underbrace{e^0}_{1}=C_1+C_2=1$ ……③

また，②の両辺を t で微分して，

$v(t)=\dot{x}(t)=-C_1e^{-t}-4C_2e^{-4t}$ ……④

ここで，初期条件：$v(0)=-\dfrac{1}{2}$ より，④は，

$v(0)=-C_1\underbrace{e^0}_{1}-4C_2\underbrace{e^0}_{1}=-C_1-4C_2=-\dfrac{1}{2}$

$\therefore C_1 + 4C_2 = \dfrac{1}{2}$ ……⑤

以上より，

$$\begin{cases} C_1 + \ \ C_2 = 1 & \cdots\cdots③ \\ C_1 + 4C_2 = \dfrac{1}{2} & \cdots\cdots⑤ \end{cases}$$

⑤－③より C_1 を消去して，

$3C_2 = -\dfrac{1}{2}$ $\qquad \therefore C_2 = -\dfrac{1}{6}$ ……⑥

これを③に代入して，

$C_1 = 1 - C_2 = 1 - \left(-\dfrac{1}{6}\right) = \dfrac{7}{6}$ ……⑦

⑥，⑦を②に代入して，求める位置 $x(t)$ は，

$x(t) =$ (エ)＿＿＿＿ となる。……………………………………(答)

これは，

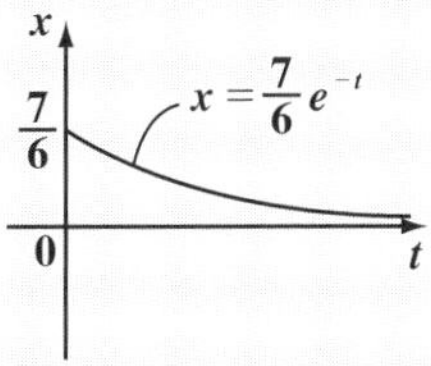

と

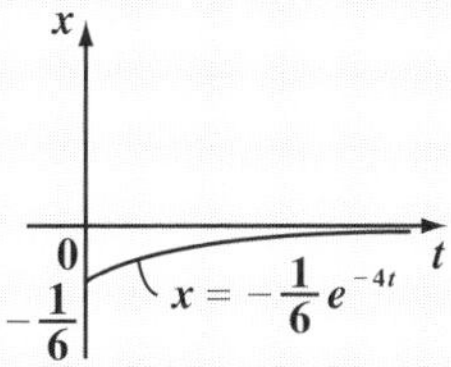

の和なので，次のような過減衰のグラフが得られる。

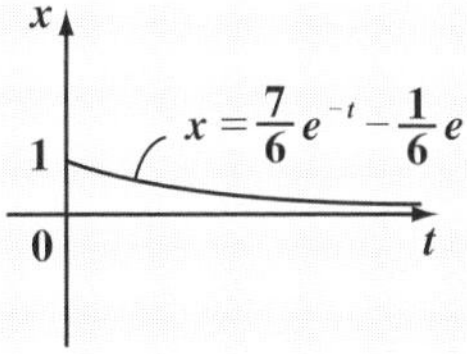

解答　(ア) e^{-t} (イ) e^{-4t} (ウ) $C_1e^{-t} + C_2e^{-4t}$ (エ) $\dfrac{7}{6}e^{-t} - \dfrac{1}{6}e^{-4t}$

演習問題 62　●臨界減衰(Ⅰ)●

速度に比例する空気抵抗を受けて振動する重り P の位置 x が，次の微分方程式をみたすとき，この位置 x を時刻 t の関数として求めよ。

$\ddot{x}+2a\dot{x}+a^2x=0$ ……①　(a：正の定数)

(ただし，$t=0$ のとき，$x=0$，$v=2$ とする。)

ヒント！ 特性方程式：$\lambda^2+2a\lambda+a^2=0$ は，重解 $\lambda_1=-a$ をもつので，まず，①の解として，$x_1=e^{-at}$ がある。もう 1 つの解として，$x_2=tx_1=te^{-at}$ がある。

解答＆解説

$\ddot{x}+2a\dot{x}+a^2x=0$ ……① の解を，$x=e^{\lambda t}$ (λ：定数) とおくと，

$\dot{x}=\lambda e^{\lambda t}$，$\ddot{x}=\lambda^2e^{\lambda t}$ より，これらを①に代入して，

$\lambda^2e^{\lambda t}+2a\lambda e^{\lambda t}+a^2e^{\lambda t}=0$　　この両辺を $e^{\lambda t}\ (>0)$ で割って，

$\lambda^2+2a\lambda+a^2=0$ ← 特性方程式

$(\lambda+a)^2=0$ より，$\lambda_1=-a$ (重解) ← 重解

よって，①の 1 つの解 $x_1=e^{-at}$ を得る。

ここで，もう 1 つの解として，$x_2=te^{-at}$ があることを確かめる。

$x_2=te^{-at}$ のとき，$\dot{x}_2=e^{-at}+t\cdot(-a)e^{-at}=(1-at)e^{-at}$

$\ddot{x}_2=-ae^{-at}+(1-at)(-a)e^{-at}=(a^2t-2a)e^{-at}$

← 公式：$(f\cdot g)'=f'g+fg'$

これらを $\ddot{x}_2+2a\dot{x}_2+a^2x_2$ に代入して，

$$\ddot{x}_2+2a\dot{x}_2+a^2x_2=\underbrace{(a^2t-2a)e^{-at}}_{\ddot{x}_2}+2a\underbrace{(1-at)e^{-at}}_{\dot{x}_2}+a^2\underbrace{te^{-at}}_{x_2}$$

$$=(\underbrace{a^2t-2a+2a-2a^2t+a^2t}_{0})e^{-at}=0$$

となるので，$x_2=te^{-at}$ は，①の解である。

さらに，ロンスキアン $W(x_1,\ x_2)$ を計算すると，

$$W(x_1,\ x_2)=\begin{vmatrix} x_1 & x_2 \\ \dot{x}_1 & \dot{x}_2 \end{vmatrix}=\begin{vmatrix} e^{-at} & te^{-at} \\ -ae^{-at} & (1-at)e^{-at} \end{vmatrix}$$

$$=(1-at)e^{-2at}+ate^{-2at}=e^{-2at}\neq 0$$

となるので，$x_1 = e^{-at}$ と，$x_2 = te^{-at}$ は，①の 1 次独立な解である。

よって，①の一般解 $x(t)$ は，

$x(t) = C_1x_1 + C_2x_2 = C_1e^{-at} + C_2te^{-at} = (C_1 + C_2t)e^{-at}$ ……②　となる。

ここで，初期条件：$x(0) = 0$ より，②は，

$x(0) = C_1e^0 = C_1 = 0$　　$\therefore C_1 = 0$ を②に代入して，

$x(t) = C_2te^{-at}$ ……②′

この②′ の両辺を t で微分して，

$v(t) = \dot{x}(t) = C_2(e^{-at} - ate^{-at}) = C_2(1 - at)e^{-at}$ ……③

ここで，初期条件：$v(0) = 2$ より，③は，

$v(0) = C_2e^0 = C_2 = 2$

$\therefore C_2 = 2$ を②′ に代入して，求める位置 $x(t)$ は，

$x(t) = 2te^{-at}$ となる。 ……………………………………………………(答)

$x = x(t) = 2te^{-at}$ のグラフを求めておく。

$\dot{x}(t) = 2e^{-at} + 2t(-a)e^{-at}$

$= 2(1 - at)e^{-at}$　（e^{-at}：⊕）

$\tilde{\dot{x}} = \begin{cases} \oplus \\ 0 \\ \ominus \end{cases}$

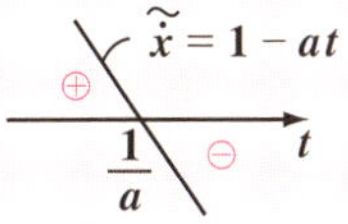

$\dot{x}(t) = 0$ のとき，$t = \frac{1}{a}$

増減表 ($t \geqq 0$)

t	0		$\frac{1}{a}$	
$\dot{x}(t)$		+	0	−
$x(t)$	0	↗	極大	↘

極大値 $x\left(\frac{1}{a}\right) = 2 \cdot \frac{1}{a} \cdot e^{-a \cdot \frac{1}{a}}$

$= \frac{2}{ae}$

$\lim_{t \to \infty} x(t) = \lim_{t \to \infty} \frac{2t}{e^{at}}$

$= \lim_{t \to \infty} \frac{(2t)'}{(e^{at})'}$

$= \lim_{t \to \infty} \frac{2}{ae^{at}} = 0$　（a：⊕，e^{at}：∞）

ロピタルの定理：
$\lim_{t \to a} \frac{f}{g}$ が不定形のとき，
$\lim_{t \to a} \frac{f}{g} = \lim_{t \to a} \frac{f'}{g'}$

以上より，$x = x(t) = 2te^{-at}$ のグラフの概形を，右図に示す。

臨界減衰のグラフ

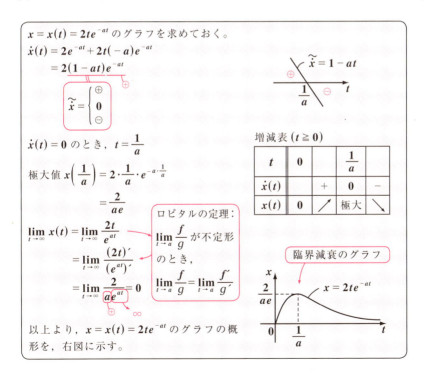

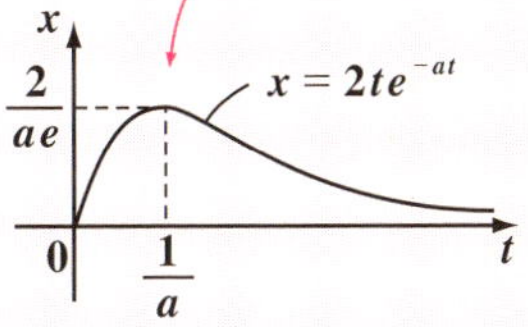

演習問題 63　● 臨界減衰(Ⅱ) ●

速度に比例する空気抵抗を受けて振動する重り P の位置 x が，次の微分方程式をみたすとき，この位置 x を時刻 t の関数として求めよ。

$\ddot{x}+10\dot{x}+25x=0$ …① （ただし，$t=0$ のとき，$x=1$，$v=0$ とする。）

ヒント！ 特性方程式：$\lambda^2+10\lambda+25=0$ は重解 $\lambda=-5$ をもつので，①の1つの解は，$x_1=e^{-5t}$ となる。別の解 $x_2=tx_1=te^{-5t}$ と x_1 との1次結合として，①の一般解を求める。

解答＆解説

$\ddot{x}+10\dot{x}+25x=0$ ……① の解を，$x=e^{\lambda t}$ (λ：定数) とおくと，

$\dot{x}=\lambda e^{\lambda t}$，$\ddot{x}=\lambda^2 e^{\lambda t}$ より，これらを①に代入して，

$\lambda^2 e^{\lambda t}+10\lambda e^{\lambda t}+25e^{\lambda t}=0$　　両辺を $e^{\lambda t}\ (>0)$ で割って，

$\lambda^2+10\lambda+25=0$ ← 特性方程式

$(\lambda+5)^2=0$ より，$\lambda_1=-5$（重解） ← 重解

よって，①の1つの解 $x_1=$ (ア)＿＿＿＿ を得る。

ここで，もう1つの解として，$x_2=te^{-5t}$ があることを確かめる。

$x_2=te^{-5t}$ のとき，$\dot{x}_2=e^{-5t}+t\cdot(-5)e^{-5t}=(1-5t)e^{-5t}$

$\ddot{x}_2=-5e^{-5t}+(1-5t)\cdot(-5)e^{-5t}=(25t-10)e^{-5t}$

これらを $\ddot{x}_2+10\dot{x}_2+25x_2$ に代入して，

$$\ddot{x}_2+10\dot{x}_2+25x_2=(25t-10)e^{-5t}+10(1-5t)e^{-5t}+25te^{-5t}$$
$$=(\underbrace{25t-10+10-50t+25t}_{0})\cdot e^{-5t}=0$$

となるので，$x_2=te^{-5t}$ は，①の解である。

さらに，ロンスキアン $W(x_1,\ x_2)$ を計算すると，

$$W(x_1,\ x_2)=\begin{vmatrix} x_1 & x_2 \\ \dot{x}_1 & \dot{x}_2 \end{vmatrix}=\text{(イ)}\qquad$$

$$= (1 - 5t)e^{-10t} + 5te^{-10t} = e^{-10t} \neq 0$$

となるので，$x_1 = e^{-5t}$ と $x_2 = te^{-5t}$ は，①の (ウ)＿＿＿ な解である。

よって，①の一般解 $x(t)$ は，

$x(t) = C_1x_1 + C_2x_2 = C_1e^{-5t} + C_2te^{-5t} = (C_1 + C_2t)e^{-5t}$ ……② となる。

ここで，初期条件：$x(0) = 1$ より，②は，

$x(0) = C_1e^0 = 1$　　$\therefore C_1 = 1$ を②に代入して，

$x(t) = (1 + C_2t)e^{-5t}$ ……②′　　②′ の両辺を t で微分して，

$$v(t) = \dot{x}(t) = C_2e^{-5t} + (1 + C_2t)(-5)e^{-5t}$$

$$= (-5C_2t + C_2 - 5)e^{-5t} \quad \cdots\cdots③$$

ここで，初期条件：$v(0) = 0$ より，③は

$$v(0) = (C_2 - 5)e^0 = 0$$

$\therefore C_2 = 5$ を②′ に代入して，求める位置 $x(t)$ は，

$x(t) =$ (エ)＿＿＿ となる。 ……………………………………………(答)

$x = x(t) = (1 + 5t)e^{-5t}$ のグラフを求める。

$\dot{x}(t) = 5e^{-5t} + (1 + 5t)(-5)e^{-5t} = -25te^{-5t}$（$e^{-5t}$ は ⊕）

$\dot{x}(t) = 0$ のとき，$t = 0$

$x(0) = 1$

$$\lim_{t\to\infty} x(t) = \lim_{t\to\infty} \frac{1 + 5t}{e^{5t}} = \lim_{t\to\infty} \frac{(1 + 5t)'}{(e^{5t})'} = \lim_{t\to\infty} \frac{5}{5e^{5t}} = 0$$

（ロピタルの定理より）（$5e^{5t}$ → ∞）

増減表 $(t \geqq 0)$

t	0	
$\dot{x}(t)$	0	−
$x(t)$	1	↘

以上より，$x = x(t) = (1 + 5t)e^{-5t}$ のグラフの概形を右図に示す。

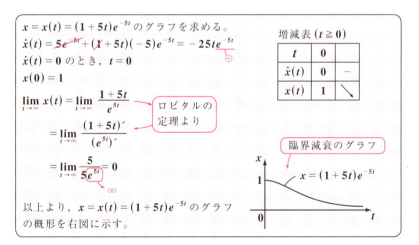

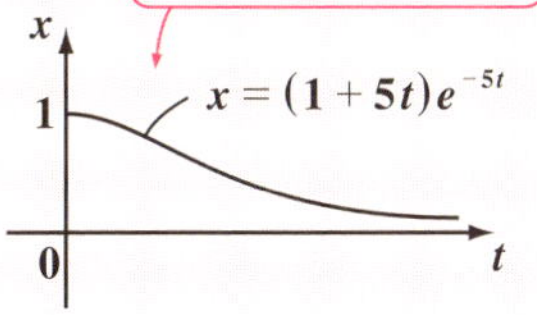

解答

(ア) e^{-5t}　　(イ) $\begin{vmatrix} e^{-5t} & te^{-5t} \\ -5e^{-5t} & (1-5t)e^{-5t} \end{vmatrix}$　　(ウ) 1 次独立

(エ) $(1 + 5t)e^{-5t}$

演習問題 64　● 減衰振動の条件と周期 ●

長さ $l = 9.8$ (m) の軽いひもの上端を固定し，下端に質量 **1 (kg)** の重り **P** を付けた単振り子を微小振動させる。初めの振れ角を $\theta = \theta_0$ とし，**P** には速度 v (m/s) に比例する空気抵抗 $-v$ [N] が働くものとする。

(1) この単振り子は減衰振動を行うことを示せ。

(2) この減衰振動の周期 T (s) を求めよ。

ヒント！ 触れ角 $\theta \fallingdotseq 0$ より，$\sin\theta \fallingdotseq \theta$ を利用して，θ についての微分方程式：$\ddot{\theta} + \dot{\theta} + \theta = 0$ …㋐ を導く。この解を $\theta = e^{\lambda t}$ とおいて得られる㋐の特性方程式は $\lambda^2 + \lambda + 1 = 0$ となる。

解答＆解説

(1) 右図に示すように，振れ角 θ のとき，

重り **P** に働く接線方向の外力は，

$-1 \cdot g\sin\theta - v$　となる。

また，加速度 $a = \dot{v}t + \dfrac{v^2}{l}n$

（t：単位接線ベクトル
n：単位主法線ベクトル）

の接線方向の成分は，$\dot{v}$ であるから，

運動方程式は，

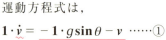

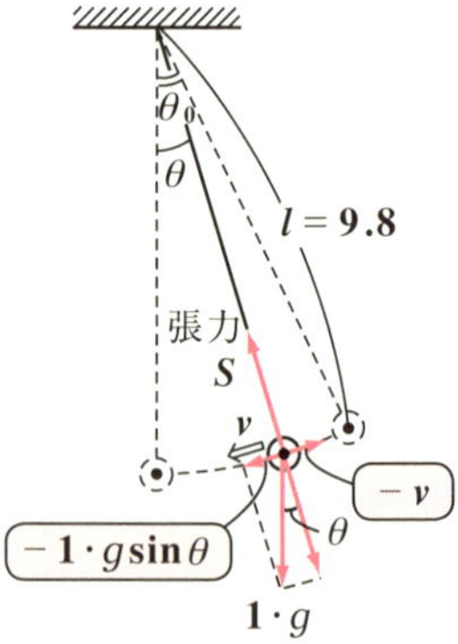

$1 \cdot \dot{v} = -1 \cdot g\sin\theta - v$ ……①

ここで，$d\theta$ だけ触れたとき **P** の描く微小な円弧の長さを ds とおくと，

$ds = 9.8d\theta$　　$\therefore\ v = \dfrac{ds}{dt} = 9.8 \cdot \dfrac{d\theta}{dt}$ より，$v = 9.8\dot{\theta}$ …② となる。

②の両辺を t で微分して，$\dot{v} = 9.8\ddot{\theta}$ ……③

また，$\theta \fallingdotseq 0$ より，$\sin\theta \fallingdotseq \theta$ ……④

②，③，④を①に代入して，次の近似式を得る。

$9.8\ddot{\theta} = -g\theta - 9.8\dot{\theta}$　（g = 9.8）　　両辺を **9.8** で割って，

$\ddot{\theta} = -\theta - \dot{\theta}$　　$\therefore\ \ddot{\theta} + \dot{\theta} + \theta = 0$ ……⑤

この⑤の微分方程式の解を $\theta = e^{\lambda t}$ とおくと,

$\dot{\theta} = \lambda e^{\lambda t}$, $\ddot{\theta} = \lambda^2 e^{\lambda t}$ より,これらを⑤に代入して,

$\lambda^2 e^{\lambda t} + \lambda e^{\lambda t} + e^{\lambda t} = 0$　　この両辺を $e^{\lambda t}$ (> 0) で割って,

$\lambda^2 + \lambda + 1 = 0$ ……⑥ ◀─ 特性方程式

λ の 2 次方程式⑥の判別式を D とおくと,

$D = 1^2 - 4 \cdot 1 = -3 < 0$ ◀─ 減衰振動の条件

> $a\lambda^2 + b\lambda + c = 0$ $(a \neq 0)$
> の判別式 $D = b^2 - 4ac$

よって,⑥は 2 つの虚数解 $\lambda = \lambda_1$, λ_2 をもつので,この単振り子は

減衰振動をする。 ……………………………………………………(終)

(2) ⑥の虚数解は,

$$\begin{cases} \lambda_1 = \dfrac{-1 + \sqrt{3}\,i}{2} = -\dfrac{1}{2} + \dfrac{\sqrt{3}}{2}\,i \\[3mm] \lambda_2 = \dfrac{-1 - \sqrt{3}\,i}{2} = -\dfrac{1}{2} - \dfrac{\sqrt{3}}{2}\,i \end{cases}$$ より,⑤の 1 次独立な解は,

$\theta_1 = e^{\left(-\frac{1}{2} + \frac{\sqrt{3}}{2}i\right)t}$, $\theta_2 = e^{\left(-\frac{1}{2} - \frac{\sqrt{3}}{2}i\right)t}$ となる。

よって,⑤の一般解 θ は,

$\theta = B_1\theta_1 + B_2\theta_2 = B_1 e^{-\frac{1}{2}t + \frac{\sqrt{3}}{2}ti} + B_2 e^{-\frac{1}{2}t - \frac{\sqrt{3}}{2}ti}$ $(B_1, B_2:$ 任意定数 $)$

$= e^{-\frac{1}{2}t}\left(B_1 \underline{e^{\frac{\sqrt{3}}{2}ti}} + B_2 \underline{e^{-\frac{\sqrt{3}}{2}ti}} \right)$

> オイラーの公式:
> $e^{i\theta} = \cos\theta + i\sin\theta$ より

$\boxed{\cos\dfrac{\sqrt{3}}{2}t + i\sin\dfrac{\sqrt{3}}{2}t}$ $\boxed{\cos\dfrac{\sqrt{3}}{2}t - i\sin\dfrac{\sqrt{3}}{2}t}$

$\therefore \theta(t) = e^{-\frac{1}{2}t}\left(C_1\cos\dfrac{\sqrt{3}}{2}t + C_2\sin\dfrac{\sqrt{3}}{2}t \right)$ ……⑦ ◀─ 一般解

（ただし, $C_1 = B_1 + B_2$, $C_2 = i(B_1 - B_2)$）

> 特性方程式の解 λ_1, λ_2
> から直接②を導いても
> いい。

ここで,初期条件:$\theta(0) = \theta_0$ より,⑦は,

$\theta(0) = e^0(C_1\cos 0 + C_2\sin 0) = C_1 = \theta_0$　　$\therefore C_1 = \theta_0$ を⑦に代入して,

$\theta(t) = e^{-\frac{1}{2}t}\left(\theta_0\cos\dfrac{\sqrt{3}}{2}t + C_2\sin\dfrac{\sqrt{3}}{2}t \right)$ ……⑦´

この⑦´の両辺を t で微分して,

公式：$(f\cdot g)'=f'g+fg'$ より

$$\dot{\theta}(t)=-\frac{1}{2}e^{-\frac{1}{2}t}\left(\theta_0\cos\frac{\sqrt{3}}{2}t+C_2\sin\frac{\sqrt{3}}{2}t\right)+e^{-\frac{1}{2}t}\left(-\frac{\sqrt{3}}{2}\theta_0\sin\frac{\sqrt{3}}{2}t+\frac{\sqrt{3}}{2}C_2\cos\frac{\sqrt{3}}{2}t\right)$$

$$\dot{\theta}(t)=e^{-\frac{1}{2}t}\left\{\left(-\frac{1}{2}\theta_0+\frac{\sqrt{3}}{2}C_2\right)\cos\frac{\sqrt{3}}{2}t-\left(\frac{1}{2}C_2+\frac{\sqrt{3}}{2}\theta_0\right)\sin\frac{\sqrt{3}}{2}t\right\}\ \cdots⑧$$

ここで，初期条件：$v(0)=0$ より，$9.8\cdot\dot{\theta}(0)=0$　　$\therefore\ \dot{\theta}(0)=0$

$v(0)$ ＝ $9.8\cdot\dot{\theta}(0)$ （$\because\ v=9.8\cdot\dot{\theta}$ …②）

よって，⑧より，

$$\dot{\theta}(0)=e^0\left\{\left(-\frac{1}{2}\theta_0+\frac{\sqrt{3}}{2}C_2\right)\underbrace{\cos 0}_{1}-\left(\frac{1}{2}C_2+\frac{\sqrt{3}}{2}\theta_0\right)\underbrace{\sin 0}_{0}\right\}=-\frac{1}{2}\theta_0+\frac{\sqrt{3}}{2}C_2=0$$

$\dfrac{\sqrt{3}}{2}C_2=\dfrac{1}{2}\theta_0$ より，$C_2=\dfrac{\theta_0}{\sqrt{3}}$

これを，$\theta(t)=e^{-\frac{1}{2}t}\left(\theta_0\cdot\cos\dfrac{\sqrt{3}}{2}t+C_2\sin\dfrac{\sqrt{3}}{2}t\right)$ ……⑦′ に代入して，

$$\theta(t)=e^{-\frac{1}{2}t}\left(\theta_0\cos\frac{\sqrt{3}}{2}t+\frac{\theta_0}{\sqrt{3}}\sin\frac{\sqrt{3}}{2}t\right)$$

$$\therefore\ \theta(t)=\frac{\theta_0}{\sqrt{3}}e^{-\frac{1}{2}t}\left(\sqrt{3}\cos\frac{\sqrt{3}}{2}t+1\cdot\sin\frac{\sqrt{3}}{2}t\right)$$

$$=\frac{\theta_0}{\sqrt{3}}e^{-\frac{1}{2}t}\cdot 2\left(\underbrace{\frac{\sqrt{3}}{2}}_{\cos\frac{\pi}{6}}\cos\frac{\sqrt{3}}{2}t+\underbrace{\frac{1}{2}}_{\sin\frac{\pi}{6}}\cdot\sin\frac{\sqrt{3}}{2}t\right)$$

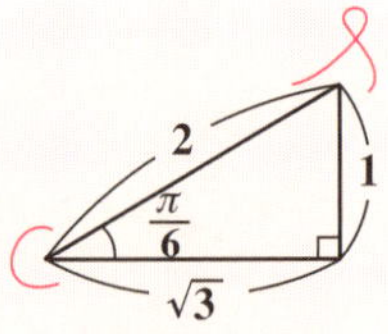

$$\begin{cases}\cos\dfrac{\pi}{6}=\dfrac{\sqrt{3}}{2}\\ \sin\dfrac{\pi}{6}=\dfrac{1}{2}\end{cases}$$

$$=\frac{2}{\sqrt{3}}\theta_0 e^{-\frac{1}{2}t}\cdot\left(\cos\frac{\sqrt{3}}{2}t\cdot\cos\frac{\pi}{6}+\sin\frac{\sqrt{3}}{2}t\cdot\sin\frac{\pi}{6}\right)$$

$$=\frac{2}{\sqrt{3}}\theta_0\cdot e^{-\frac{1}{2}t}\cdot\cos\left(\frac{\sqrt{3}}{2}t-\frac{\pi}{6}\right)$$

加法定理：
$\cos(\alpha-\beta)=$
$\cos\alpha\cos\beta+\sin\alpha\sin\beta$

$$\therefore\ \theta(t) = \frac{2}{\sqrt{3}}\theta_0 \cdot e^{-\frac{1}{2}t} \cdot \cos\left(\overset{\omega}{\boxed{\frac{\sqrt{3}}{2}}}t - \frac{\pi}{6}\right) \cdots\cdots ⑨ \quad \leftarrow \boxed{\text{特殊解}}$$

⑨より，この減衰振動の角振動数 ω は，

$\omega = \frac{\sqrt{3}}{2}$ となる。

よって，求める減衰振動の周期 T は，

$T = \frac{2\pi}{\omega} = \frac{4\pi}{\sqrt{3}}$ (s) ……………………………………(答)

演習問題 65　● 強制振動 ●

自然長 l_0，バネ定数 k のバネに付けた質量 m の重り $\mathbf{P}$ が滑らかな x 軸上で，復元力 $-kx$，速度 v に比例する空気抵抗 $-Bv$ $(B>0)$ を受けて，減衰振動を行うものとする。この $\mathbf{P}$ に外部から振動する力 $f_0\cos\omega t$ を x 軸方向に加えるとき，$\mathbf{P}$ の位置 $x(t)$ は，

$$\ddot{x}+a\dot{x}+bx=\gamma\cos\omega t \quad \cdots\cdots ① \quad \left(a=\frac{B}{m},\ b=\frac{k}{m},\ \gamma=\frac{f_0}{m}\right)$$

をみたすことを示せ。また，①の一般解 $x(t)$ を求めよ。

ヒント！ ①は，$\mathbf{P}$ の運動方程式を立てて導く。微分方程式①の一般解 x は，
(ⅰ) $\ddot{x}+a\dot{x}+bx=0$ ……②の減衰振動の解 X と，
(ⅱ) $\ddot{x}+a\dot{x}+bx=\gamma\cos\omega t$ ……①の特殊解 x_0 との和：
$x=X+x_0$ となる。時刻 t が大きくなると，②の解 X が 0 に近づくので，①の特殊解 x_0 は，強制振動の外力 $f_0\cos\omega t$ の角振動数 ω と等しい単振動になると予想される。よって，$x_0=\delta\cos(\omega t-\phi)$ とおいて，この δ と ϕ を求める。

解答＆解説

$\mathbf{P}$ に働く力は，$-kx-Bv+f_0\cos\omega t$
より，$\mathbf{P}$ の運動方程式は，

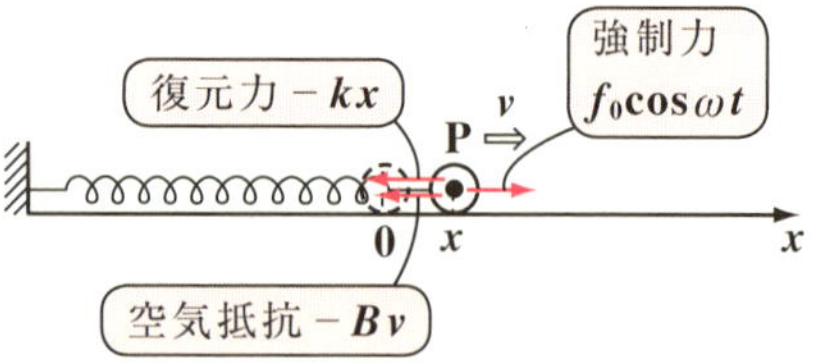

$$ma=-kx-Bv+f_0\cos\omega t$$

ここで，$v=\dot{x}$，$a=\dot{v}=\ddot{x}$ より，

$$m\ddot{x}=-kx-B\dot{x}+f_0\cos\omega t$$

$m\ddot{x}+B\dot{x}+kx=f_0\cos\omega t$ より，次式が成り立つ。

$$\ddot{x}+a\dot{x}+bx=\gamma\cos\omega t \quad \cdots\cdots ① \quad \left(a=\frac{B}{m},\ b=\frac{k}{m},\ \gamma=\frac{f_0}{m}\right) \quad \cdots\cdots\cdots\cdots(終)$$

①の一般解 x は，$\lambda^2+a\lambda+b=0$ の虚数解を，$\lambda=\alpha\pm\beta i$ $(\alpha<0)$ として，

(ⅰ) $\ddot{x}+a\dot{x}+bx=0$ ……②　の減衰振動の一般解：

$$X=e^{\alpha t}(C_1\cos\beta t+C_2\sin\beta t) \text{ と，}$$

(ⅱ) $\ddot{x}+a\dot{x}+bx=\gamma\cos\omega t$ ……①　の特殊解 x_0 との和：

$$x=X+x_0=e^{\alpha t}(C_1\cos\beta t+C_2\sin\beta t)+x_0 \quad \cdots\cdots ③ \quad \text{となる。}$$

ここで，時刻 t が大きくなるにつれて，減衰振動②の解 X は 0 に近づくので，

①の特殊解 x_0 は，強制力 $f_0\cos\omega t$ と同じ角振動数 ω をもつ単振動を表すと考えられる。

$\therefore\ x_0 = \delta\cos(\omega t - \phi)$ ……④ とおける。 ← この振幅 δ と初期位相 ϕ の値を決定する。

$\dot{x}_0 = -\delta\omega\sin(\omega t - \phi)$，$\ddot{x}_0 = -\delta\omega^2\cos(\omega t - \phi)$ より，

これらを①の x，$\dot{x}$，$\ddot{x}$ に代入して，

$$-\delta\omega^2\cos(\omega t - \phi) - a\delta\omega\sin(\omega t - \phi) + b\delta\cos(\omega t - \phi) = \gamma\cos\omega t$$

$$\delta\{(b-\omega^2)\cos(\omega t - \phi) - a\omega\sin(\omega t - \phi)\} = \gamma\cos\omega t \quad \cdots\cdots⑤$$

これに三角関数の合成を行う。右図のような $b-\omega^2$ と $a\omega$ を2辺にもつ直角三角形を考え，斜辺の長さを l，頂角の1つを ψ とおくと，

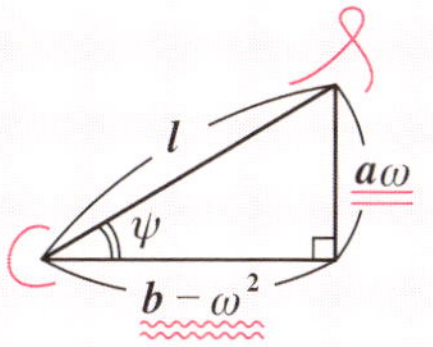

$l = \sqrt{(b-\omega^2)^2 + (a\omega)^2}$，$\tan\psi = \dfrac{a\omega}{b-\omega^2}$ となる。

ここで，$l = \sqrt{(b-\omega^2)^2 + (a\omega)^2}$，$\tan\psi = \dfrac{a\omega}{b-\omega^2}$ ……⑥とおくと，

$\cos\psi = \dfrac{b-\omega^2}{l}$，$\sin\psi = \dfrac{a\omega}{l}$ となる。よって，⑤をさらに変形すると，

$$\delta l\left\{\frac{b-\omega^2}{l}\cos(\omega t - \phi) - \frac{a\omega}{l}\sin(\omega t - \phi)\right\} = \gamma\cos\omega t$$

（$\dfrac{b-\omega^2}{l} = \cos\psi$，$\dfrac{a\omega}{l} = \sin\psi$）

$$\delta l\{\cos(\omega t - \phi)\cdot\cos\psi - \sin(\omega t - \phi)\cdot\sin\psi\} = \gamma\cos\omega t$$

$$\delta l\cos(\omega t - \phi + \psi) = \gamma\cos\omega t$$

加法定理：$\cos(\alpha+\beta) = \cos\alpha\cos\beta - \sin\alpha\sin\beta$

$\therefore\ \delta l = \gamma$ ……⑦，かつ，$\omega t - \phi + \psi = \omega t + 2n\pi$ ……⑧ （n：整数）

⑧より，$\phi = \psi - 2n\pi$ $\therefore\ \tan\phi = \tan(\psi - 2n\pi) = \tan\psi = \dfrac{a\omega}{b-\omega^2}$ …⑨（∵⑥）

⑦と⑨より，$\delta = \dfrac{\gamma}{l}$，$\phi = \tan^{-1}\dfrac{a\omega}{b-\omega^2}$ となる。よって，③と④より，

強制振動の微分方程式：$\ddot{x} + a\dot{x} + bx = \gamma\cos\omega t$ ……① の一般解 $x(t)$ は，

$x(t) = e^{\alpha t}(C_1\cos\beta t + C_2\sin\beta t) + \delta\cos(\omega t - \phi)$ となる。 …………………（答）

$$\left(\text{ただし，}\delta = \frac{\gamma}{\sqrt{(b-\omega^2)^2 + (a\omega)^2}},\ \phi = \tan^{-1}\frac{a\omega}{b-\omega^2}\right)$$

演習問題 66　●だ円の極方程式(Ⅰ)●

極方程式：$r = \dfrac{1}{1+\frac{2}{3}\cos\theta}$ ……① を，xy 座標系の方程式に変換することにより，①がだ円を表すことを示せ。

ヒント！ 極方程式①を，変換公式：$x = r\cos\theta$，$y = r\sin\theta$，$x^2+y^2=r^2$ を使って，x と y の関係式を導き，だ円であることを示す。

解答＆解説

$r = \dfrac{1}{1+\frac{2}{3}\cos\theta}$ ……① を変形して，

（分子・分母を 3 倍した。）

$r = \dfrac{3}{3+2\cos\theta}$

$r(3+2\cos\theta) = 3$　　$3r + 2\underline{r\cos\theta} = 3$ （$r\cos\theta = x$）　　$3r = 3 - 2x$ ……②

②の両辺を 2 乗して，

$9r^2 = (3-2x)^2$ （$r^2 = x^2+y^2$）　　$9x^2+9y^2 = 9-12x+4x^2$

$5x^2+12x+9y^2 = 9$　　$5\left(x+\dfrac{6}{5}\right)^2 + 9y^2 = \dfrac{81}{5}$

$5x^2+12x = 5\left(x^2+\dfrac{12}{5}x+\dfrac{36}{25}\right)-\dfrac{36}{5} = 5\left(x+\dfrac{6}{5}\right)^2-\dfrac{36}{5}$　　$\dfrac{81}{5} = 9+\dfrac{36}{5}$

$\dfrac{25\left(x+\frac{6}{5}\right)^2}{81} + \dfrac{5}{9}y^2 = 1$

$\dfrac{\left(x+\frac{6}{5}\right)^2}{\left(\frac{9}{5}\right)^2} + \dfrac{y^2}{\left(\frac{3}{\sqrt{5}}\right)^2} = 1$

これはだ円より，①はだ円の極方程式である。 ………(終)

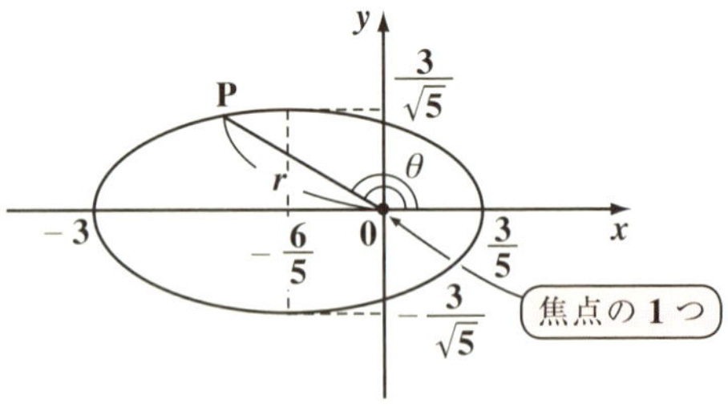

演習問題 67　● だ円の極方程式（Ⅱ）●

極方程式：$r = \dfrac{1}{1+\dfrac{1}{3}\cos\theta}$ ……① を，xy 座標系の方程式に変換することにより，①がだ円を表すことを示せ。

ヒント！ 変換の公式：$x = r\cos\theta$，$y = r\sin\theta$，$x^2+y^2=r^2$ を使って，①を，x と y の方程式に書き換える。

解答＆解説

$r = \dfrac{1}{1+\dfrac{1}{3}\cos\theta}$ ……① を変形して，$r =$ (ア)

$r(3+\cos\theta)=3$　　$3r+\underbrace{r\cos\theta}_{x}=3$　　$3r =$ (イ) ……②

②の両辺を 2 乗して，

$9\underbrace{r^2}_{x^2+y^2} = (3-x)^2$　　(ウ) $= 9-6x+x^2$

$\underbrace{8x^2+6x}+9y^2=9$　　$8\left(x+\dfrac{3}{8}\right)^2+9y^2=\underbrace{\dfrac{81}{8}}$

$8\left(x^2+\dfrac{3}{4}x+\dfrac{9}{64}\right)-\dfrac{9}{8}=8\left(x+\dfrac{3}{8}\right)^2-\dfrac{9}{8}$　　$9+\dfrac{9}{8}$

$$\frac{64\left(x+\dfrac{3}{8}\right)^2}{81}+\frac{8}{9}y^2=1$$

$$\frac{\left(x+\dfrac{3}{8}\right)^2}{\left(\boxed{(エ)}\right)^2}+\frac{y^2}{\left(\boxed{(オ)}\right)^2}=1$$

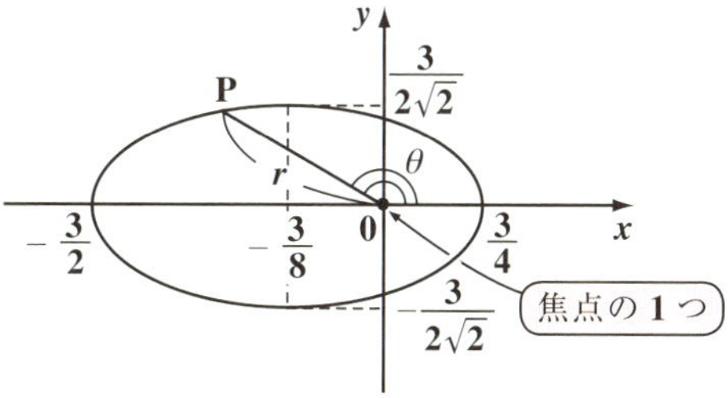

これはだ円より，①はだ円の極方程式である。 ………(終)

解答　(ア) $\dfrac{3}{3+\cos\theta}$　(イ) $3-x$　(ウ) $9x^2+9y^2$ （または，$9(x^2+y^2)$）

(エ) $\dfrac{9}{8}$　(オ) $\dfrac{3}{2\sqrt{2}}$ $\left(\text{または，}\dfrac{3\sqrt{2}}{4}\right)$

演習問題 68　●ケプラーの第1法則●

惑星 **P** は，太陽 **O** を焦点とするだ円を描く。(ケプラーの第1法則)
太陽 **O** を極とし，始線 **Ox** を適当にとって，惑星 **P** の位置ベクトルを極座標 $\boldsymbol{r} = [r(t),\ \theta(t)]$ で表すとき，次式が成り立つことを示せ。

$$r = \frac{k}{1 + e\cos(\theta - \theta_0)} \cdots (*) \quad (k,\ e : \text{正の定数})$$

(ただし，**O** は不動とし，**P** と **O** の間には万有引力のみ作用するものとする。)

ヒント！ 太陽 **O** の質量を M，惑星 **P** の質量を m，$\overrightarrow{OP}$ の向きを正として，**P** は **O** より万有引力 $f_r = -G\dfrac{Mm}{r^2}$ のみを受けるので，加速度 $\boldsymbol{a}$ の r 方向成分 $a_r = \ddot{r} - r\dot{\theta}^2$ を用いて，運動方程式：$ma_r = f_r$ は，$m(\ddot{r} - r\dot{\theta}^2) = -G\dfrac{Mm}{r^2}$ となる。また，$\boldsymbol{a} /\!/ \overrightarrow{OP}$ より，$\boldsymbol{a}$ の θ 方向成分は $a_\theta = 0$　これと公式 $a_\theta = \dfrac{1}{r} \cdot \dfrac{d}{dt}(r^2\dot{\theta})$ より，$r^2\dot{\theta} = K$(一定)が導かれる。

解答＆解説

図1

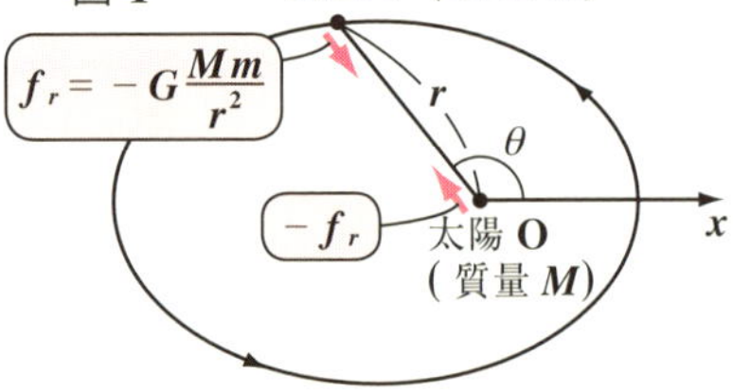

図1に示すように，質量 M の太陽を **O**，質量 m の惑星を **P** とおくと，**O** が **P** に及ぼす力 f_r は，万有引力の法則から，

$$f_r = -G\frac{Mm}{r^2} \cdots ①$$

(G：万有引力定数，r：**O**, **P** 間の距離)

図2

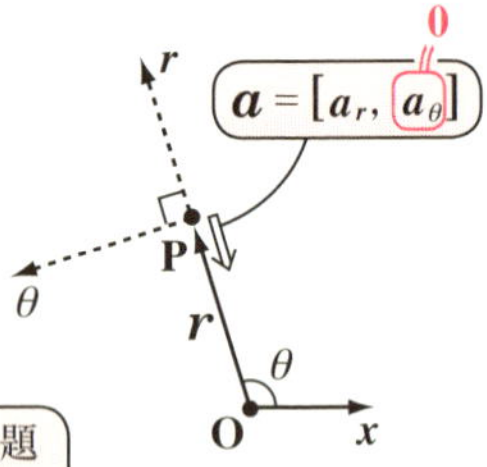

ここで，図2に示すように，$r\theta$ 座標をとり，$\boldsymbol{a} = [a_r,\ a_\theta]$ とおくと，**P** の位置ベクトル $\boldsymbol{r} = [r(t),\ \theta(t)]$ の成分を使って，

$a_r =$ (ア) ……………………②

$a_\theta =$ (イ) $[= 2\dot{r}\dot{\theta} + r\ddot{\theta}]$ …③

(演習問題15より)

P には，**O** から r 方向に①の力 f_r だけが働くので，$a_\theta =$ (ウ) となり，運動方程式は，

$ma_r = f_r$ ……④　となる。

①，②を④に代入して，

$m(\ddot{r}-r\dot{\theta}^2) = -G\dfrac{Mm}{r^2}$　　　$r^2(\ddot{r}-r\dot{\theta}^2) = -GM$

$r^2\ddot{r}-r^3\dot{\theta}^2 = -GM$ ……⑤ ← この解 r を，$r=f(\theta)$ の形で表す。

ここで，公式：$a_\theta =$ (イ) …③ と，$a_\theta = 0$ より，$\dfrac{d}{dt}(r^2\dot{\theta}) = 0$

$\therefore r^2\dot{\theta} = K$（一定）……⑥ とおけて，これより，$\dot{\theta} = Kr^{-2}$ ……⑥′

⑤を変形して，

$r^2\ddot{r} - \dfrac{(\overbrace{r^2\dot{\theta}}^{K})^2}{r} = -GM$　　　これに⑥を代入して，

$r^2\ddot{r} - \dfrac{K^2}{r} = -GM$ ……⑦

ここで，r は θ の関数，θ は t の関数とみると，r は θ を介して t の関数 $r(\theta(t))$ となる。すると，合成関数の微分法を使って，

$\dot{r} = \dfrac{dr}{dt} = \underline{\dfrac{d\theta}{dt}}\cdot\dfrac{dr}{d\theta} = \underline{Kr^{-2}\dfrac{dr}{d\theta}} =$ (エ)

$\dot{\theta} = Kr^{-2}$（⑥′より）

$-\dfrac{d}{d\theta}(r^{-1})\left(\because \dfrac{d}{d\theta}(r^{-1}) = \dfrac{d(r^{-1})}{dr}\cdot\dfrac{dr}{d\theta} = -r^{-2}\dfrac{dr}{d\theta}\right)$

これをさらに t で微分して，

$\ddot{r} = -K\dfrac{d}{dt}\left\{\dfrac{d}{d\theta}\left(\dfrac{1}{r}\right)\right\} = -K\underline{\dfrac{d\theta}{dt}}\cdot\dfrac{d}{d\theta}\left\{\dfrac{d}{d\theta}\left(\dfrac{1}{r}\right)\right\} = -K^2r^{-2}\dfrac{d^2}{d\theta^2}\left(\dfrac{1}{r}\right)$ …⑧

$\dot{\theta} = Kr^{-2}$（⑥′より）

⑧を⑦に代入して，

$r^2\left\{-K^2r^{-2}\dfrac{d^2}{d\theta^2}\left(\dfrac{1}{r}\right)\right\} - K^2\cdot\dfrac{1}{r} = -GM$　　両辺を $-K^2\ (<0)$ で割って，

$\dfrac{d^2}{d\theta^2}\left(\dfrac{1}{r}\right) + \dfrac{1}{r} = C$ ……⑨　$\left(\text{ただし，} C = \dfrac{GM}{K^2}\ (>0)\right)$

（$\dfrac{1}{r}$ を u とおく）

ここで，$\dfrac{1}{r} = u$ とおくと，⑨は，

$\dfrac{d^2u}{d\theta^2} + u = C$ ……⑨′ ← 2階定数係数線形微分方程式

⑨´の一般解 u を求める。

$$\frac{d^2u}{d\theta^2} + u = C \quad \cdots\cdots ⑨´$$

(ⅰ) $\dfrac{d^2u}{d\theta^2} + \boxed{1} \cdot u = \boxed{(オ)}$ の　（$1 = \omega^2$）

一般解 $U = B\cos(\boxed{1} \cdot \theta - \theta_0)$　（$1 = \omega$）

角振動数 $\omega = 1$ のときの単振動の微分方程式の解

$\ddot{x} + \omega^2 x = 0$ の一般解

$x = C_1\cos\omega t + C_2\sin\omega t$

$= B\left(\dfrac{C_1}{B}\cos\omega t + \dfrac{C_2}{B}\sin\omega t\right)$

$= B(\cos\omega t \cdot \cos\phi + \sin\omega t \cdot \sin\phi)$

$= B\cos(\omega t - \phi)$ ← 単振動

cos による合成

と同様。

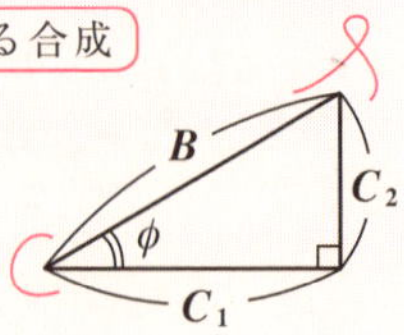

(ⅱ) $\dfrac{d^2u}{d\theta^2} + u = C \quad \cdots\cdots ⑨´$ の

特殊解 $u_0 = C$ （定数）

$u = u_0 = C$ を⑨´に代入して，成り立つ。

以上(ⅰ)(ⅱ)より，u は U と u_0 の和なので，

$u = U + u_0 = B\cos(\theta - \theta_0) + C$ となる。

これを⑨´の u に代入して成り立つ。

$\therefore\ u = \boxed{(カ)} = C + B\cos(\theta - \theta_0)$ だから，

$$r = \frac{1}{C + B\cos(\theta - \theta_0)} = \frac{\boxed{\frac{1}{C}}}{1 + \boxed{\frac{B}{C}}\cos(\theta - \theta_0)}$$

（$\frac{1}{C} = k$，$\frac{B}{C} = e$）

よって，惑星 $\mathbf{P}(r, \theta)$ の極方程式：

$$r = \frac{k}{1 + e\cos(\theta - \theta_0)} \quad \cdots (*) \quad \left(ただし, k = \frac{1}{C},\ 離心率\ e = \frac{B}{C},\ \theta_0 : 初期位相\right)$$

が導ける。 ………………………………………………………………(終)

参考

惑星 P の位置ベクトルが，太陽 O を極とする極座標表示：

$\boldsymbol{r} = [r(t),\ \theta(t)]$ で与えられるとき， $r^2\dot{\theta} = K$ (一定) となる。

この K を使って，動径 OP の面積速度 $A(t) = \frac{1}{2}\|\boldsymbol{r} \times \boldsymbol{v}\|$ が，

$A(t) = \frac{1}{2}K$ (一定) と表されることを，以下に示す。

図 (i) のように，$\|\boldsymbol{r}\| = r$，$\|\boldsymbol{v}\| = v$，

$\boldsymbol{r}$ と $\boldsymbol{v}$ のなす角を φ とおくと，

$A(t) = \frac{1}{2}\|\boldsymbol{r} \times \boldsymbol{v}\|$ は，△ OPQ の

(キ) [　　　] だから，

$A(t) = \frac{1}{2}rv$ (ク) [　　　] ……(a)

図 (i)

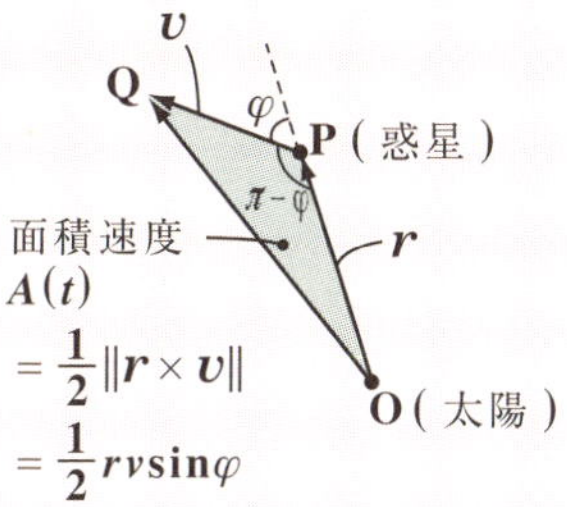

ここで，図 (ii) に示すように，速度 $\boldsymbol{v}$ の θ 方向成分 $v_\theta =$ (ケ) [　　　] は，

$v_\theta =$ (ケ) [　　　] $= v\sin\varphi$ …(b)　$v_r = \dot{r}$，$v_\theta = r\dot{\theta}$

となる。

図 (ii)

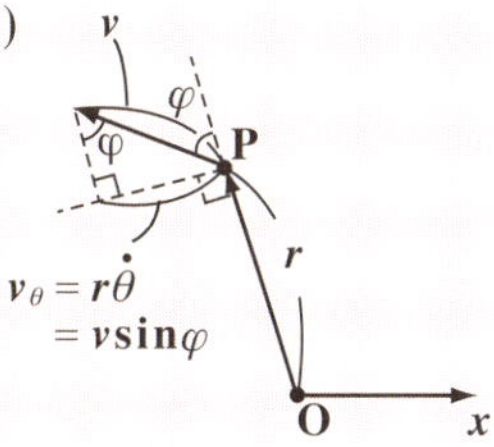

(b) を (a) に代入して，

$A(t) = \frac{1}{2}rv_\theta = \frac{1}{2}r^2\dot{\theta}$　（$v_\theta = r\dot{\theta}$，$r^2\dot{\theta} = K$）　$\therefore A(t) = \frac{1}{2}K$ (一定) となる。

解答

(ア) $\ddot{r} - r\dot{\theta}^2$　(イ) $\frac{1}{r}\cdot\frac{d}{dt}(r^2\dot{\theta})$　(ウ) 0

(エ) $-K\frac{d}{d\theta}\left(\frac{1}{r}\right)$　(オ) 0　(カ) $\frac{1}{r}$

(キ) 面積　(ク) $\sin\varphi$　(ケ) $r\dot{\theta}$

演習問題 69 ● だ円の面積の極座標表示 ●

極方程式：$r=\dfrac{k}{1+e\cos\theta}$ ……① $(k>0,\ 0<e<1)$ で表されるだ円の面積 S が，$S=\dfrac{\pi k^2}{(1-e^2)^{\frac{3}{2}}}$ で与えられることを，①を xy 座標系の方程式に変換することにより示せ。

ヒント！ xy 座標と極座標の変換公式：$x=r\cos\theta,\ x^2+y^2=r^2$ を使って，①を変形し，さらにだ円の標準形：$\dfrac{(x+p)^2}{a^2}+\dfrac{y^2}{b^2}=1$ の形にもち込む。

解答＆解説

右図のように xy 座標系をとる。

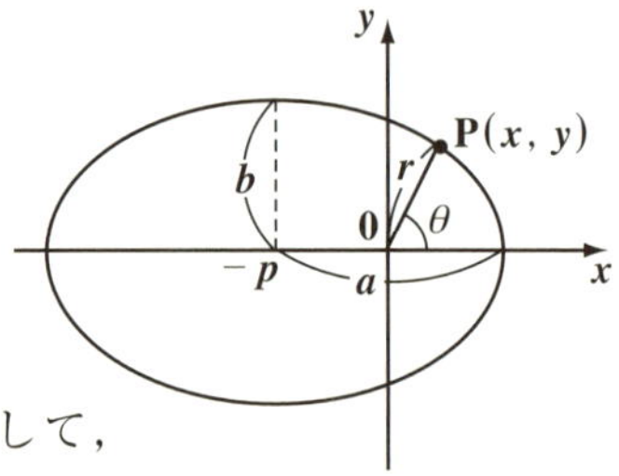

$r=\dfrac{k}{1+e\cos\theta}$ ……① を変形して，

$r+e\cdot\underbrace{r\cos\theta}_{x}=k$

$r+ex=k$ より，$r=k-ex$ 両辺を 2 乗して，

$\underbrace{r^2}_{x^2+y^2}=(k-ex)^2$ $x^2+y^2=k^2-2ekx+e^2x^2$ $(1-e^2)x^2+2ekx+y^2=k^2$

$$(1-e^2)\left\{x^2+\frac{2ek}{1-e^2}x+\frac{e^2k^2}{(1-e^2)^2}\right\}-\frac{e^2k^2}{1-e^2}=(1-e^2)\left(x+\frac{ek}{1-e^2}\right)^2-\frac{e^2k^2}{1-e^2}$$

$$(1-e^2)\left(x+\frac{ek}{1-e^2}\right)^2+y^2=\frac{k^2}{1-e^2}$$ ← 右辺 $=k^2+\dfrac{e^2k^2}{1-e^2}=\dfrac{k^2}{1-e^2}$

両辺を $\dfrac{k^2}{1-e^2}$ で割って，

$$\frac{(x+p)^2}{a^2}+\frac{y^2}{b^2}=1 \quad \left(\text{ただし，} p=\frac{ek}{1-e^2},\ a=\frac{k}{1-e^2},\ b=\frac{k}{\sqrt{1-e^2}}\right)$$

（a：長半径，b：短半径）

これは，だ円 $\dfrac{x^2}{a^2}+\dfrac{y^2}{b^2}=1$ を x 軸方向に $-p$ だけ平行移動したものより，長軸 $=a$，短軸 $=b$ である。

$\therefore$ 面積 $S=\pi ab=\pi\cdot\dfrac{k}{1-e^2}\cdot\dfrac{k}{\sqrt{1-e^2}}=\dfrac{\pi k^2}{(1-e^2)^{\frac{3}{2}}}$ となる。…………………(終)

演習問題 70　● ケプラーの第 3 法則 ●

惑星がだ円軌道：$r=\dfrac{k}{1+e\cos\theta}$ $(k>0,\ 0<e<1)$ を描くとき，ケプラーの第 3 法則：「惑星の公転周期 T の 2 乗は，惑星のだ円軌道の長半径 a の 3 乗に比例する」ことを示せ。

ヒント！ だ円の面積 $S=\dfrac{\pi k^2}{(1-e^2)^{\frac{3}{2}}}$，面積速度 $A(t)=\dfrac{1}{2}K\left(=\dfrac{1}{2}r^2\dot{\theta}\right)$，そして，長半径 $a=\dfrac{k}{1-e^2}$ を順次使う。

解答＆解説

だ円の面積 S を面積速度 $A(t)=A$ で割れば，周期 T となるので，

$T=\dfrac{S}{A}$　両辺を 2 乗して，$T^2=\dfrac{S^2}{A^2}$ ……①

惑星のだ円軌道が，$r=\dfrac{k}{1+e\cos\theta}$ で与えられるとき，だ円の面積 S は，

$S=$ (ア) ……② となる。←演習問題 69 より

また，面積速度 $A=\dfrac{K}{2}$ ……③　($K=$ (イ) (一定)) ←演習問題 68 より

②と③を①に代入して，

$$T^2=S^2\times\frac{1}{A^2}=\frac{\pi^2k^4}{(1-e^2)^3}\times\frac{4}{K^2}=\frac{4\pi^2}{K^2}\cdot k\cdot\left(\frac{k}{1-e^2}\right)^3$$

（$\dfrac{k}{1-e^2}$：長半径 a ←演習問題 69 より）（k：$\dfrac{1}{C}=\dfrac{K^2}{GM}$ ←演習問題 68 より）

$$=\frac{4\pi^2}{\cancel{K^2}}\cdot\frac{\cancel{K^2}}{GM}\cdot a^3$$

$\therefore T^2=$ (ウ) a^3 となって，ケプラーの第 3 法則が証明された。…(終)

（(ウ)：正の定数）

解答　(ア) $\dfrac{\pi k^2}{(1-e^2)^{\frac{3}{2}}}$　(イ) $r^2\dot{\theta}$　(ウ) $\dfrac{4\pi^2}{GM}$

演習問題 71　●地球振り子(I)●

地球の中心から y だけ離れて，まっすぐに通り抜ける穴を掘ったと仮定する。地球の密度 ρ は一様とし，空気抵抗やまさつなどの一切の抵抗力は働かないものとして，この穴に落した質量 m の物体(質点) **P** は単振動することを示し，その角振動数 ω と周期 T を求めよ。

ヒント！ まず，地球の中心 **O** から距離 r の位置にある **P** に働く万有引力 f を求める。次に，この力を使って，穴に沿った方向の運動方程式をつくる。

解答＆解説

図 **1** に示すように，穴に沿って x 軸をとり，地球の中心 **O** から穴に下した垂線の足の位置を原点 **0** とする。$\mathrm{OP}=r$ として，位置 x にある質量 m の質点 **P** に地球が及ぼす万有引力 f は，**P** より内側の球体の質量 $M'=\dfrac{4}{3}\pi r^3\rho$ によるだけなので，

図 1

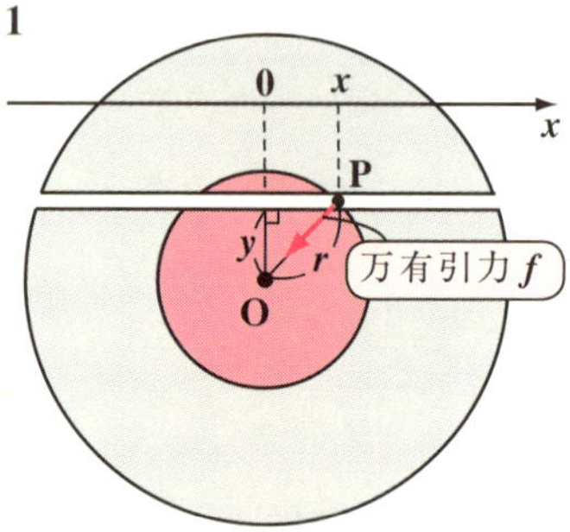

$$f=G\frac{mM'}{r^2}=G\cdot\frac{m}{r^2}\cdot\frac{4}{3}\pi r^3\rho$$

$$=\frac{4}{3}\pi Gm\rho r\ \cdots\cdots①\quad となる。$$

図 **2** より，f の x 軸方向の成分 f_x は，

図 2

(i) $x<0$ のとき　(ii) $x>0$ のとき

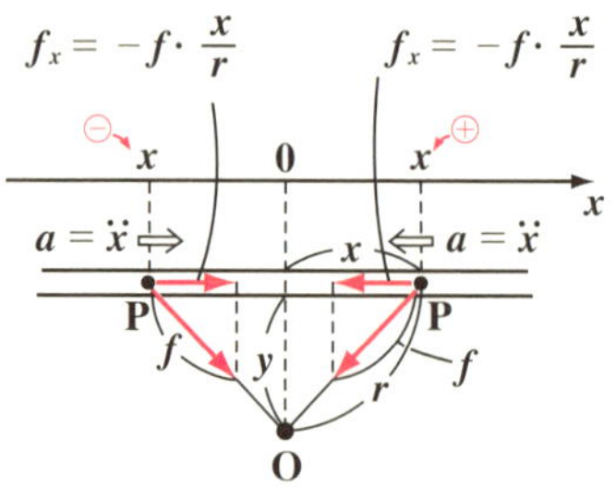

$$f_x=-f\cdot\frac{x}{r}=-\frac{4}{3}\pi Gm\rho r\times\frac{x}{r}\quad(①を代入)$$

$$=-\frac{4}{3}\pi Gm\rho x\ \cdots\cdots②\quad(①より)$$

②を運動方程式：$m\ddot{x}=f_x$ に代入して，

$$m\ddot{x}=-\frac{4}{3}\pi Gm\rho x\qquad \ddot{x}=-\underbrace{\frac{4}{3}\pi G\rho}_{\omega^2}\cdot x\ \leftarrow 単振動の微分方程式$$

よって，**P** は単振動を行い，角振動数 ω と周期 T は，

$$\omega=\sqrt{\frac{4}{3}\pi G\rho},\qquad T=\frac{2\pi}{\omega}=2\pi\sqrt{\frac{3}{4\pi G\rho}}=\sqrt{\frac{3\pi}{G\rho}}\quad である。\ \cdots\cdots\cdots\cdots(答)$$

演習問題 72　● 地球振り子(Ⅱ) ●

地球の中心を通り，まっすぐに通り抜ける穴を掘ったと仮定する。地球の密度 ρ は一様とし，空気抵抗やまさつなどの一切の抵抗力は働かないものとして，この穴に落した質量 m の物体（質点）P は単振動することを示し，その角振動数 ω と周期 T を求めよ。

ヒント！ P に働く万有引力は，P より内側の球体によるものだけであることに注意して，運動方程式を立てる。演習問題 71 と同じ結果が得られる。

解答＆解説

右図に示すように，穴に沿って x 軸をとり，地球の中心 O の位置を原点 0 とする。位置 x にある質量 m の質点 P に地球が及ぼす万有引力 f は，P より内側の球体の質量

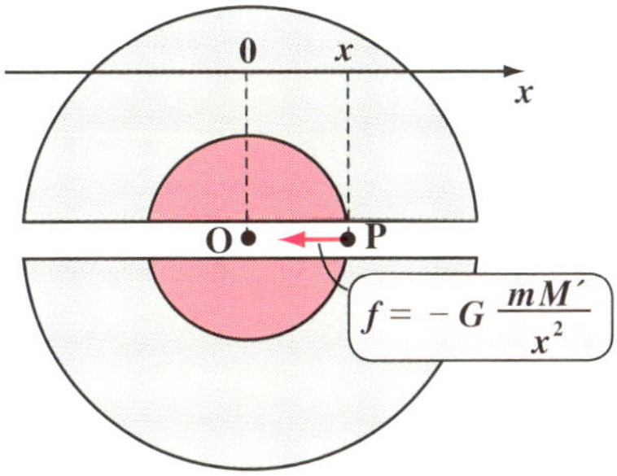

$M'=$ (ア) ……①

によるだけなので，

$f=$ (イ) $=-G\dfrac{m}{x^2}\cdot\dfrac{4}{3}\pi x^3\rho=-\dfrac{4}{3}\pi Gm\rho x$ ……②　（①より）　（①を代入）

②を運動方程式：$m\ddot{x}=f$ に代入して，

$m\ddot{x}=-\dfrac{4}{3}\pi Gm\rho x$　　$\ddot{x}=-\dfrac{4}{3}\pi G\rho x$ ← 単振動の微分方程式　（$\dfrac{4}{3}\pi G\rho$ が ω^2）

よって，P は単振動を行い，角振動数 ω と周期 T は，

$\omega=$ (ウ)，　$T=2\pi\sqrt{\dfrac{3}{4\pi G\rho}}=\sqrt{\dfrac{3\pi}{G\rho}}$ である。 ………………(答)

P が地表にあるときの運動方程式：$mg=G\dfrac{Mm}{R^2}$ に，$M=\dfrac{4}{3}\pi R^3\rho$ を代入して，

$gR^2=G\cdot\dfrac{4}{3}\pi R^3\rho$　　$\therefore\ \omega^2=\dfrac{4}{3}\pi G\rho=\dfrac{g}{R}$ より，周期 $T=\dfrac{2\pi}{\omega}=2\pi\sqrt{\dfrac{R}{g}}$ とも表せる。

解答　(ア) $\dfrac{4}{3}\pi x^3\rho$　　(イ) $-G\dfrac{mM'}{x^2}$　　(ウ) $\sqrt{\dfrac{4}{3}\pi G\rho}$

講義 Lecture 5 運動座標系 methods & formulae

§1. 平行に運動する座標系とガリレイ変換

運動の第 2 法則 (運動方程式) が成り立つ座標系を**慣性系**と呼ぶ。慣性系では，運動の第 1 法則 (慣性の法則) も成り立つ。

図 1 のように，慣性系 O*xyz* (O 系と呼ぼう) 座標系に対して，その原点 O´ が，

$\overrightarrow{OO'} = \boldsymbol{r}_0(t) = [x_0(t),\ y_0(t),\ z_0(t)]$

で表されるように並進運動する直交座標系 O´*x´y´z´* (O´ 系と呼ぼう) を考える。質点 P の O 系における位置ベクトルを $\boldsymbol{r}(t)$, O´ 系における位置ベクトルを $\boldsymbol{r}'(t)$ とおくと，図 1 より，

図 1 等速度で並進運動する座標系

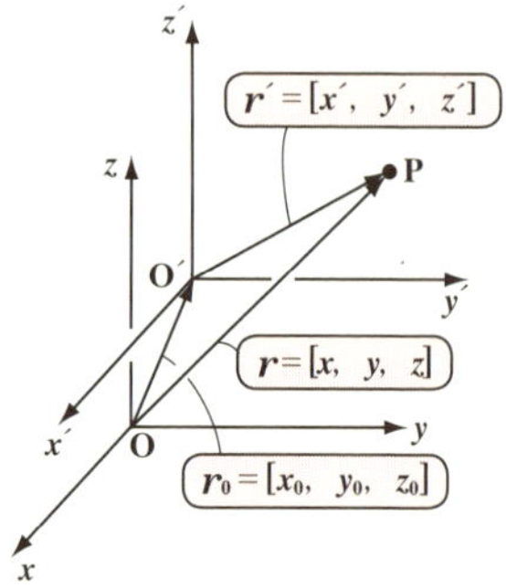

$\boldsymbol{r}'(t) = \boldsymbol{r}(t) - \boldsymbol{r}_0(t)$ ……①

①の両辺を時刻 t で 2 階微分すると，

$\underbrace{\ddot{\boldsymbol{r}}'(t)}_{\boldsymbol{a}'} = \underbrace{\ddot{\boldsymbol{r}}(t)}_{\boldsymbol{a}} - \underbrace{\ddot{\boldsymbol{r}}_0(t)}_{\boldsymbol{a}_0}$

よって，P の O, O´ 系における加速度をそれぞれ $\boldsymbol{a}$, $\boldsymbol{a}'$, そして，O´ の O 系における加速度を $\boldsymbol{a}_0$ とおくと，$\boldsymbol{a}' = \boldsymbol{a} - \boldsymbol{a}_0$ となる。この両辺に P の質量 m をかけて，O´ 系における運動方程式：

$m\boldsymbol{a}' = \boldsymbol{f} - m\boldsymbol{a}_0$ ……②　が得られる。(ただし，$\boldsymbol{f} = m\boldsymbol{a}$: P に働く力)

ここで，O´ 系が O 系に対して等速度で並進運動するとき，$\boldsymbol{a}_0 = \boldsymbol{0}$ より，②は，$m\boldsymbol{a}' = \boldsymbol{f}$ となり，O´ 系において運動方程式 (運動の第 2 法則) が成り立つ。$\boldsymbol{f} = \boldsymbol{0}$ ならば $\boldsymbol{a}' = \ddot{\boldsymbol{r}}'(t) = \boldsymbol{0}$ より，$\boldsymbol{v}' = \dot{\boldsymbol{r}}'(t)$ は一定となり，運動の第 1 法則も成り立ち，O´ 系もまた慣性系である。このように，1 つの慣性系に対して等速度で並進運動するどの慣性系においても，運動の第 2 法則，第 1 法則が成り立つ。この意味ですべての慣性系は同等・同格であると言える。このことを**ガリレイの相対性原理**と呼ぶ。

図 **2** に示すように，時刻 $t=0$ のとき **O´** と **O** が一致し，以後 **O´** 系が **O** 系に対して一定の速度 $\boldsymbol{v}_0=\dot{\boldsymbol{r}}_0=[v_{0x},\ 0,\ 0]$ で並進運動する場合を考えると，

$$\boldsymbol{r}'(t)=\boldsymbol{r}(t)-\boldsymbol{r}_0(t)\quad\cdots\cdots①$$

は，

$$\begin{bmatrix} x'(t) \\ y'(t) \\ z'(t) \end{bmatrix}=\begin{bmatrix} x(t) \\ y(t) \\ z(t) \end{bmatrix}-\begin{bmatrix} v_{0x}t \\ 0 \\ 0 \end{bmatrix}$$

となる。これを**ガリレイ変換**という。

図 2 ガリレイ変換

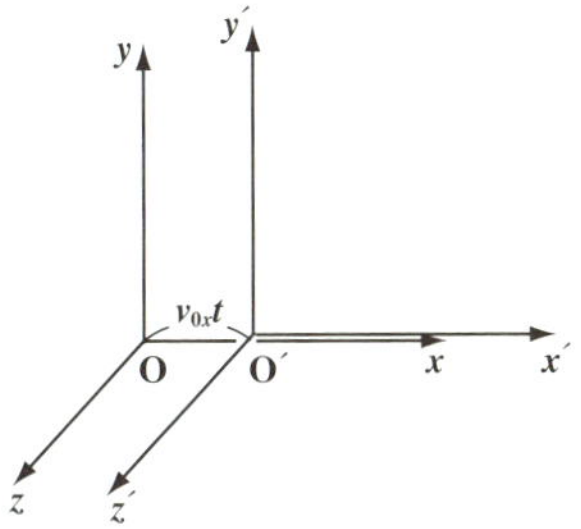

O´ 系が **O** 系に対して，非等速度で運動するとき，

$m\boldsymbol{a}'=\boldsymbol{f}-m\boldsymbol{a}_0$ ……②に現れるみかけの力 $-m\boldsymbol{a}_0$ $(\neq \mathbf{0})$ を**慣性力**と呼ぶ。

（真の力）　$\neq \mathbf{0}$（慣性力（みかけの力））

この場合，慣性力を付け加えないと運動の第 **2** 法則が成り立たないので，このO´系はもはや慣性系ではない。

§2. 回転座標系

図 **1**(ⅰ) に示すように，慣性系 **Oxy** に対して，原点 **O** のまわりを一定の角速度 ω で回転する回転座標系 **Ox´y´** を考える。あるベクトル $\boldsymbol{q}$ が，

(ⅰ) 慣性系 **Oxy** では，

$\boldsymbol{q}=[x_1,\ y_1]$ と表され，

(ⅱ) 回転座標系 **Ox´y´** では，

$\widetilde{\boldsymbol{q}}'=[x_1',\ y_1']$ と表されるとき，

図 **1**(ⅱ) から，$\boldsymbol{q}$ は $\widetilde{\boldsymbol{q}}'$ を原点 **O** のまわりに ωt だけ回転したものとなるので，

$$\boldsymbol{q}=R(\omega t)\widetilde{\boldsymbol{q}}'\quad\cdots\cdots③$$

これを成分表示すると，

$$\begin{bmatrix} x_1 \\ y_1 \end{bmatrix}=\begin{bmatrix} \cos\omega t & -\sin\omega t \\ \sin\omega t & \cos\omega t \end{bmatrix}\begin{bmatrix} x_1' \\ y_1' \end{bmatrix}\quad\cdots\cdots③'$$

回転移動の行列

$$R(\theta)=\begin{bmatrix} \cos\theta & -\sin\theta \\ \sin\theta & \cos\theta \end{bmatrix}$$

図 1 (ⅰ) 回転座標系 (Ⅰ)

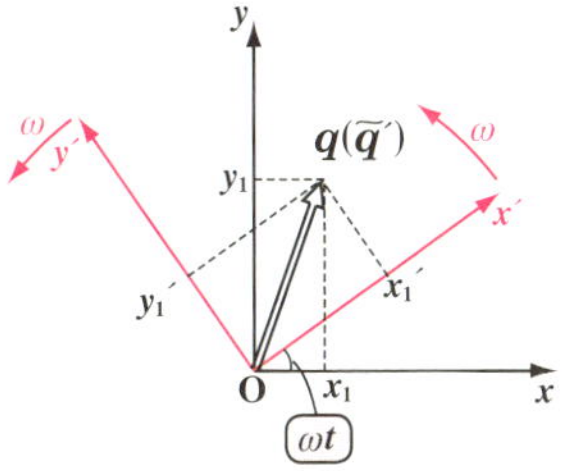

(ⅱ) 回転座標系 (Ⅱ)

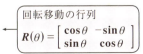

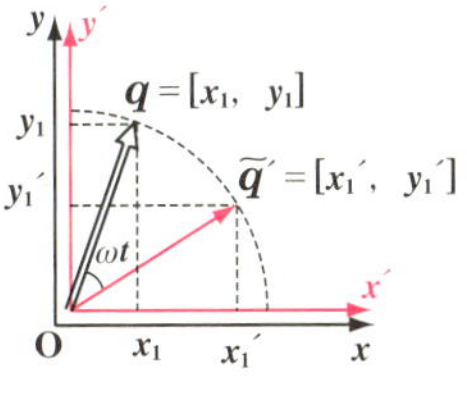

ここで，慣性系 **Oxy** における質点 **P** の位置ベクトル $\boldsymbol{r}$，速度 $\boldsymbol{v}$，加速度 $\boldsymbol{a}$ を回転座標系 **Ox´y´** での座標で表したものをそれぞれ $\boldsymbol{r}'$，$\widetilde{\boldsymbol{v}}'$，$\widetilde{\boldsymbol{a}}'$ とおくと，③，③´ と同様に，次の各式が成り立つ。

(ⅰ) 位置 $\boldsymbol{r}(t)=[x,\ y]$ と $\boldsymbol{r}'(t)=[x',\ y']$ の関係

$$\boldsymbol{r}(t)=R(\omega t)\cdot\boldsymbol{r}'(t)\ \cdots\cdots④$$

これを成分表示して，

$$\begin{bmatrix}x\\y\end{bmatrix}=\begin{bmatrix}\cos\omega t & -\sin\omega t\\ \sin\omega t & \cos\omega t\end{bmatrix}\begin{bmatrix}x'\\y'\end{bmatrix}\ \cdots\cdots④'$$

となる。

(ⅱ) 速度 $\boldsymbol{v}(t)=\dot{\boldsymbol{r}}(t)=[\dot{x},\ \dot{y}]=[v_x,\ v_y]$ と $\widetilde{\boldsymbol{v}}'(t)=[v_{x'},\ v_{y'}]$ の関係

$$\boldsymbol{v}(t)=R(\omega t)\cdot\widetilde{\boldsymbol{v}}'(t)\ \cdots\cdots⑤$$

これを成分表示して，

$$\begin{bmatrix}v_x\\v_y\end{bmatrix}=\begin{bmatrix}\dot{x}\\\dot{y}\end{bmatrix}=\begin{bmatrix}\cos\omega t & -\sin\omega t\\ \sin\omega t & \cos\omega t\end{bmatrix}\begin{bmatrix}v_{x'}\\v_{y'}\end{bmatrix}\ \cdots\cdots⑤'$$

となる。

(ⅲ) 加速度 $\boldsymbol{a}(t)=\ddot{\boldsymbol{r}}(t)=[\ddot{x},\ \ddot{y}]=[a_x,\ a_y]$ と $\widetilde{\boldsymbol{a}}'(t)=[a_{x'},\ a_{y'}]$ の関係

$$\boldsymbol{a}(t)=\ddot{\boldsymbol{r}}(t)=R(\omega t)\cdot\widetilde{\boldsymbol{a}}'(t)\ \cdots\cdots⑥$$

これを成分表示して，

$$\begin{bmatrix}a_x\\a_y\end{bmatrix}=\begin{bmatrix}\ddot{x}\\\ddot{y}\end{bmatrix}=\underbrace{\begin{bmatrix}\cos\omega t & -\sin\omega t\\ \sin\omega t & \cos\omega t\end{bmatrix}}_{R(\omega t)}\begin{bmatrix}a_{x'}\\a_{y'}\end{bmatrix}\ \cdots\cdots⑥'$$

④´ より，

$$\begin{bmatrix}x\\y\end{bmatrix}=\begin{bmatrix}x'\cos\omega t-y'\sin\omega t\\ x'\sin\omega t+y'\cos\omega t\end{bmatrix}$$

この両辺を時刻 t で微分して，

$$\boldsymbol{v}(t)=\begin{bmatrix}v_x\\v_y\end{bmatrix}=\begin{bmatrix}\dot{x}\\\dot{y}\end{bmatrix}=\begin{bmatrix}\dot{x}'\cos\omega t-\omega x'\sin\omega t-\dot{y}'\sin\omega t-\omega y'\cos\omega t\\ \dot{x}'\sin\omega t+\omega x'\cos\omega t+\dot{y}'\cos\omega t-\omega y'\sin\omega t\end{bmatrix}$$

$$=\begin{bmatrix}(\dot{x}'-\omega y')\cos\omega t-(\dot{y}'+\omega x')\sin\omega t\\ (\dot{x}'-\omega y')\sin\omega t+(\dot{y}'+\omega x')\cos\omega t\end{bmatrix}\ \cdots\cdots⑦$$

$$\therefore\begin{bmatrix}v_x\\v_y\end{bmatrix}=\begin{bmatrix}\cos\omega t & -\sin\omega t\\ \sin\omega t & \cos\omega t\end{bmatrix}\begin{bmatrix}\dot{x}'-\omega y'\\ \dot{y}'+\omega x'\end{bmatrix}$$

⑦の両辺をさらに t で微分すると，

$$\boldsymbol{a}(t)=\dot{\boldsymbol{v}}(t)=\begin{bmatrix}a_x\\a_y\end{bmatrix}=\begin{bmatrix}\ddot{x}\\\ddot{y}\end{bmatrix}$$

$$=\begin{bmatrix}(\ddot{x}'-\omega\dot{y}')\cos\omega t-\omega(\dot{x}'-\omega y')\sin\omega t-(\ddot{y}'+\omega\dot{x}')\sin\omega t-\omega(\dot{y}'+\omega x')\cos\omega t\\ (\ddot{x}'-\omega\dot{y}')\sin\omega t+\omega(\dot{x}'-\omega y')\cos\omega t+(\ddot{y}'+\omega\dot{x}')\cos\omega t-\omega(\dot{y}'+\omega x')\sin\omega t\end{bmatrix}$$

$$\boldsymbol{a}(t)=\begin{bmatrix}(\ddot{x}'-2\omega\dot{y}'-\omega^2x')\cos\omega t-(\ddot{y}'+2\omega\dot{x}'-\omega^2y')\sin\omega t\\(\ddot{x}'-2\omega\dot{y}'-\omega^2x')\sin\omega t+(\ddot{y}'+2\omega\dot{x}'-\omega^2y')\cos\omega t\end{bmatrix}$$

$$\therefore\begin{bmatrix}a_x\\a_y\end{bmatrix}=\underbrace{\begin{bmatrix}\cos\omega t&-\sin\omega t\\\sin\omega t&\cos\omega t\end{bmatrix}}_{R(\omega t)}\begin{bmatrix}\ddot{x}'-2\omega\dot{y}'-\omega^2x'\\\ddot{y}'+2\omega\dot{x}'-\omega^2y'\end{bmatrix}\quad\cdots\cdots⑧$$

⑥´と⑧を比較すると，$R^{-1}(\omega t)$ が存在することから，次式が成り立つ。

$$\widetilde{\boldsymbol{a}}'(t)=\begin{bmatrix}a_{x'}\\a_{y'}\end{bmatrix}=\begin{bmatrix}\ddot{x}'-2\omega\dot{y}'-\omega^2x'\\\ddot{y}'+2\omega\dot{x}'-\omega^2y'\end{bmatrix}\quad\cdots\cdots⑨$$

⑨を変形して，

$$\begin{bmatrix}\ddot{x}'\\\ddot{y}'\end{bmatrix}=\begin{bmatrix}a_{x'}\\a_{y'}\end{bmatrix}+\omega^2\begin{bmatrix}x'\\y'\end{bmatrix}+2\begin{bmatrix}\omega\dot{y}'\\-\omega\dot{x}'\end{bmatrix}$$

この両辺に P の質量 m をかけて，

回転座標系 $Ox'y'$ における運動方程式：

$$m\begin{bmatrix}\ddot{x}'\\\ddot{y}'\end{bmatrix}=m\begin{bmatrix}a_{x'}\\a_{y'}\end{bmatrix}+m\omega^2\begin{bmatrix}x'\\y'\end{bmatrix}+2m\begin{bmatrix}\omega\dot{y}'\\-\omega\dot{x}'\end{bmatrix}\quad\cdots\cdots⑩$$

が導かれる。

（回転系で P に働く力 $\boldsymbol{f}'$）（P に働く真の力 $\boldsymbol{f}$）（(i) 遠心力 $\boldsymbol{f}_{C_1}$）（(ii) コリオリの力 $\boldsymbol{f}_{C_2}$）

⑩は，回転系 $Ox'y'$ が慣性系でないため，回転による 2 つのみかけの力（慣性力）として**遠心力** $\boldsymbol{f}_{C_1}=m\omega^2[x',\ y']=m\omega^2\boldsymbol{r}'$ と，**コリオリの力** $\boldsymbol{f}_{C_2}=2m[\omega\dot{y}',\ -\omega\dot{x}']$ が働いて見えることを示している。ここでコリオリの力 $\boldsymbol{f}_{C_2}$ は，$\boldsymbol{f}_{C_2}=2m\boldsymbol{v}'\times\boldsymbol{\omega}$ と表せる。(ただし，$\boldsymbol{v}'=[\dot{x}',\ \dot{y}',\ 0]$，$\boldsymbol{\omega}=[0,\ 0,\ \omega]$)

§3. フーコー振り子

フーコーは，1851 年にひもの長さ 67m，重りの質量 8kg の巨大な単振り子を作って，振動面が回転することから，地球が自転することを実証した。この単振り子を地表の南緯 α（ラジアン）の位置で振らせた場合，P の運動方程式は，次式で与えられる。（演習問題 86 参照）

$$m\begin{bmatrix}\ddot{x}\\\ddot{y}\end{bmatrix}=\underbrace{-m\omega_0{}^2\begin{bmatrix}x\\y\end{bmatrix}}_{\text{重力による項（遠心力を含む）}}\underbrace{-2m\omega\sin\alpha\cdot\begin{bmatrix}\dot{y}\\-\dot{x}\end{bmatrix}}_{\text{コリオリの力による項}}$$

← ここでは，x，y は回転座標系での変数を表す。

これより，$\dfrac{d\varphi}{dt}=\omega\sin\alpha$（正の定数） が導かれる。

（ただし，φ：振動面の xy 平面への正射影と x 軸正方向とのなす角）

演習問題 73 ● 並進運動する座標系（Ⅰ）●

慣性系 **Oxyz** で，質点 **P** の位置ベクトル $\boldsymbol{r}(t)$ が，
$\boldsymbol{r}(t) = [t, \log(t-1), 1-t]$ $(t \geqq 2)$ であるとする。このとき，
$\overrightarrow{\mathrm{OO'}} = \boldsymbol{r}_0(t) = [t, 0, -t]$ $(t \geqq 2)$ により慣性系 **Oxyz** に対して並進運動する座標系 **O′x′y′z′** における質点 **P** の速度 $\boldsymbol{v}'(t)$ と加速度 $\boldsymbol{a}'(t)$ を求めよ。

ヒント！ 運動している座標系 **O′x′y′z′** における質点 **P** の位置ベクトルを $\boldsymbol{r}'(t) = [x'(t), y'(t), z'(t)]$ とおくと，$\boldsymbol{r}'(t) = \boldsymbol{r}(t) - \boldsymbol{r}_0(t)$ となる。

解答＆解説

座標系 **O′x′y′z′** における **P** の位置ベクトルを $\boldsymbol{r}'(t)$ とおくと，

$\boldsymbol{r} = \boldsymbol{r}_0 + \boldsymbol{r}'$ より，

$$\boldsymbol{r}'(t) = \boldsymbol{r}(t) - \boldsymbol{r}_0(t) = [t, \log(t-1), 1-t] - [t, 0, -t]$$

$$\therefore\ \boldsymbol{r}'(t) = [0, \log(t-1), 1] \quad \cdots\cdots ①$$

O′x′y′z′ 座標系における質点 **P** の運動の様子を図 **1** に示す。

図 1

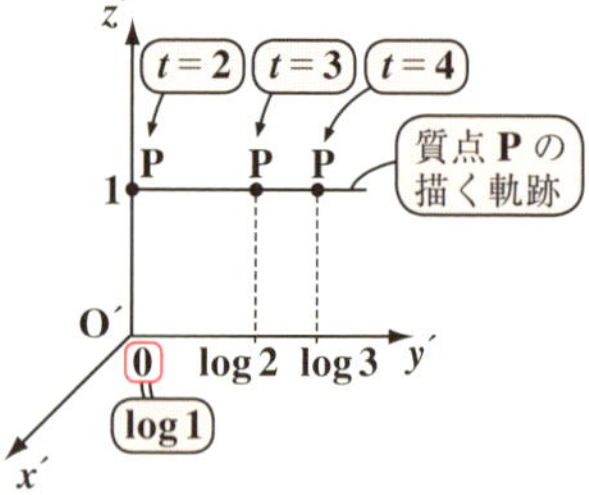

①を時刻 t で微分して，速度 $\boldsymbol{v}'(t)$ は，

$$\boldsymbol{v}'(t) = \dot{\boldsymbol{r}}'(t) = \left[0,\ \frac{d}{dt}\{\log(t-1)\},\ 0\right]$$

$$= \left[0,\ \frac{1}{t-1},\ 0\right] \quad \cdots\cdots\cdots\cdots\cdots (答)$$

さらに t で微分して，加速度 $\boldsymbol{a}'(t)$ は，

$$\boldsymbol{a}'(t) = \left[0,\ \frac{d}{dt}(t-1)^{-1},\ 0\right]$$

$$= \left[0,\ -\frac{1}{(t-1)^2},\ 0\right] \quad \cdots\cdots ②$$

$\cdots\cdots$(答)

図 2

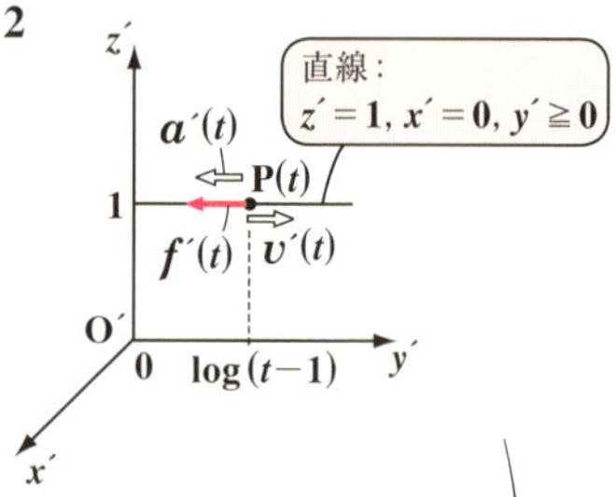

O′x′y′z′ 座標系から見ると，質点 **P** は，
直線：$z' = 1$，$x' = 0$，$y' \geqq 0$
上を，②の加速度で運動し，← $\boldsymbol{a}'(t)$ の y' 成分 $= -(t-1)^{-2} < 0$ より，減速している。
P には y' 軸の負の向きに外力
$\boldsymbol{f}'(t) = m\boldsymbol{a}'(t)$ が作用しているように見える。（図 **2**）

演習問題 74　● 並進運動する座標系 (Ⅱ) ●

慣性系 **Oxyz** で，質点 **P** の位置ベクトル $\boldsymbol{r}(t)$ が，
$\boldsymbol{r}(t) = [2\cos(\omega t+1),\ 2\sin(\omega t+1),\ 3t]$ $(\omega > 0)$ であるとする。このとき，
$\overrightarrow{\mathrm{OO'}} = \boldsymbol{r}_0(t) = [0,\ 0,\ 3t-1]$ により，慣性系 **Oxyz** に対して並進運動する座標系 **O′x′y′z′** における質点 **P** の速度 $\boldsymbol{v}'(t)$ と加速度 $\boldsymbol{a}'(t)$ を求めよ。

ヒント！ **O′x′y′z′** 座標系における **P** の位置ベクトル $\boldsymbol{r}'(t)$ を $\boldsymbol{r}(t) - \boldsymbol{r}_0(t)$ で求める。

解答＆解説

慣性系 **O′x′y′z′** における **P** の位置ベクトルを $\boldsymbol{r}'(t)$ とおくと，
$\boldsymbol{r} = \boldsymbol{r}_0 + \boldsymbol{r}'$ より，

$$\boldsymbol{r}'(t) = \boxed{(ア)\qquad} = [2\cos(\omega t+1),\ 2\sin(\omega t+1),\ 3t] - [0,\ 0,\ 3t-1]$$

$\therefore\ \boldsymbol{r}'(t) = [2\cos(\omega t+1),\ 2\sin(\omega t+1),\ 1]$ ……①

O′x′y′z′ 座標系における質点 **P** の運動の様子を，図 **1** に示す。

図 1

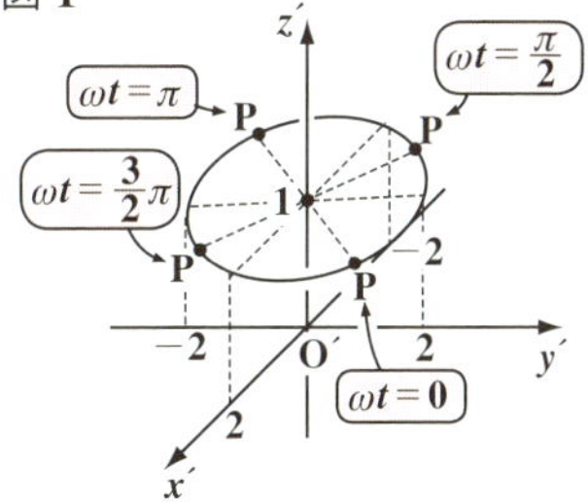

①を時刻 t で微分して，速度 $\boldsymbol{v}'(t)$ は，

$$\boldsymbol{v}'(t) = \dot{\boldsymbol{r}}'(t)$$
$$= \left[-2\omega\sin(\omega t+1),\ \boxed{(イ)\qquad},\ 0\right]$$
………(答)

さらに t で微分して，加速度 $\boldsymbol{a}'(t)$ は，

$$\boldsymbol{a}'(t) = -\omega^2[2\cos(\omega t+1),\ 2\sin(\omega t+1),\ 0]$$ ……②　…………………(答)

（図 **2** に示すように，**O′x′y′z′** 座標系から見ると，質点 **P** は，
円 : $x'^2 + y'^2 = 4,\ z' = 1$
上を，②の向心加速度で角速度 $\boxed{(ウ)}$ の等速円運動を行うように見える。）

図 2

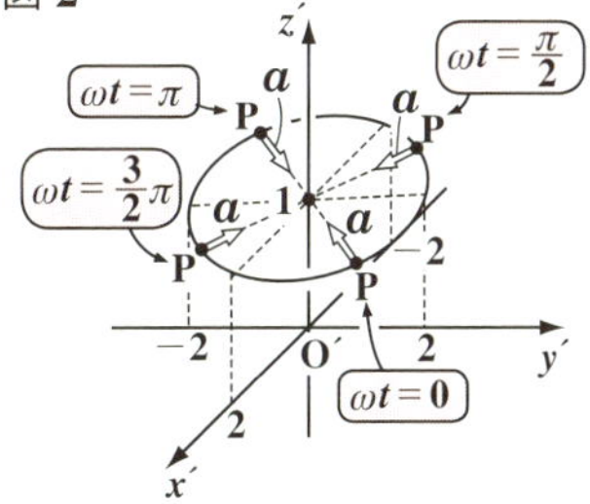

解答　(ア) $\boldsymbol{r}(t) - \boldsymbol{r}_0(t)$　(イ) $2\omega\cos(\omega t+1)$　(ウ) ω

演習問題 75 ● 非等速度で並進運動する座標系(Ⅰ)●

一定の加速度 $a_0(>0)$ で上昇するエレベータの床から，質量 m の質点 $\mathbf{P}$ を鉛直上方へ初速度 v_0 で投げ上げた。最高点の床からの高さ h を求めよ。(ただし，エレベータの天井は十分高いものとし，空気抵抗も考えない。)

ヒント！ エレベータは一定の加速度 $a_0(>0)$ で上昇するので，エレベータ内では，重力の他に慣性力 $-ma_0$ が現れる。

解答＆解説

投げ上げた位置を原点とし，エレベータと共に動く x 軸を鉛直上向きにとる。エレベータ内での $\mathbf{P}$ の運動方程式は，

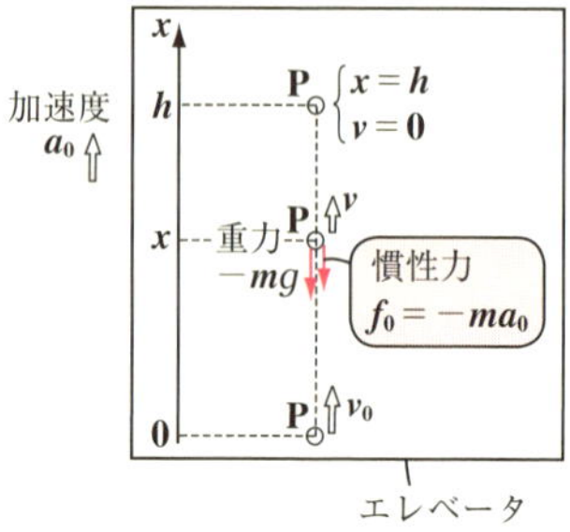

$$m\ddot{x}=-mg-ma_0 \qquad \ddot{x}=-g-a_0 \quad \cdots\cdots①$$

$[f'(t)=\ f(t)\ +f_0(t)]$

（$f'(t)$：x 座標系での力，$f(t)$：慣性系での力，$f_0(t)$：慣性力）

①の両辺を時刻 t で積分して，

$$v(t)=\dot{x}=\int(-g-a_0)dt=-(g+a_0)t+C_1 \quad \cdots\cdots②$$

初期条件：$v(0)=v_0$ より，$v(0)=C_1=v_0$　　これを②に代入して，

$$v(t)=\dot{x}=-(g+a_0)t+v_0 \quad \cdots\cdots③$$

この両辺をさらに t で積分して，

$$x(t)=\int\{-(g+a_0)t+v_0\}\,dt=-\frac{1}{2}(g+a_0)t^2+v_0t+C_2 \quad \cdots\cdots④$$

初期条件：$x(0)=0$ より，$x(0)=C_2=0$　　これを④に代入して，

$$x(t)=-\frac{1}{2}(g+a_0)t^2+v_0t \quad \cdots\cdots⑤$$

$x=h$ のとき $t=t_1$ とすると，$v(t_1)=0$ より，③は，

$$0=-(g+a_0)\cdot t_1+v_0 \qquad \therefore\ t_1=\frac{v_0}{g+a_0} \quad \cdots\cdots⑥$$

⑥を⑤の t に代入して，$x(t_1)=h$ となるから，

$$h=x(t_1)=-\frac{1}{2}(g+a_0)\left(\frac{v_0}{g+a_0}\right)^2+v_0\cdot\frac{v_0}{g+a_0}=\frac{{v_0}^2}{2(g+a_0)} \quad \cdots\cdots\cdots\cdots(答)$$

演習問題 76 ● 非等速度で並進運動する座標系（Ⅱ）●

一定の加速度 $a_0\ (\mathrm{m/s^2})\ (>0)$ で上昇するエレベータの床上 $1\ (\mathrm{m})$ から質量 $m\ (\mathrm{kg})$ の質点 P を自由落下させたところ，0.4 秒後に床に落ちた。このとき，エレベータの加速度 $a_0\ (\mathrm{m/s^2})$ を求めよ。
（ただし，重力加速度の大きさを，$g = 9.8\ (\mathrm{m/s^2})$ とする。）

ヒント！ 慣性力 $-ma_0$ を加えて，エレベータと共に動く x 座標系における運動方程式を立てる。

解答＆解説

P の着地点を原点とし，エレベータと共に動く x 軸を鉛直上向きにとる。エレベータ内での P の運動方程式は，

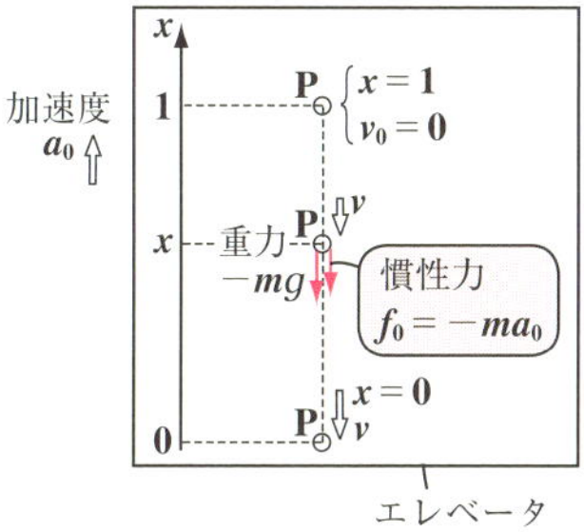

$m\ddot{x} = -mg - ma_0$　　$\ddot{x} =$ (ア)　　…①

$[f'(t) = f(t) + f_0(t)]$
（$f'(t)$：x 座標系での力，$f(t)$：慣性系での力，$f_0(t)$：慣性力）

①の両辺を時刻 t で積分して，

$$v(t) = \dot{x}(t) = \int(-g - a_0)dt = -(g + a_0)t + C_1 \quad \cdots\cdots②$$

初期条件：$v(0) = 0$ より，$v(0) = C_1 = 0$　　これを②に代入して，

$$v(t) = \dot{x} = -(g + a_0)t \quad \cdots\cdots③$$

これをさらに t で積分して，

$$x(t) = \int\{-(g + a_0)t\}dt = -\frac{1}{2}(g + a_0)t^2 + C_2 \quad \cdots\cdots④$$

初期条件：$x(0) = 1$ より，$x(0) =$ (イ) $= 1$　　これを④に代入して，

$$x(t) = -\frac{1}{2}(g + a_0)t^2 + 1 \quad \cdots\cdots⑤$$

ここで条件より，$x(0.4) = 0$ だから，⑤は，　←（$t = 0.4$ 秒後に床に落ちた。）

$$0 = -\frac{1}{2}(g + a_0)\cdot 0.4^2 + 1 \qquad (g + a_0)\cdot 0.08 = \text{(ウ)}$$

$$\therefore\ a_0 = \frac{1}{0.08} - 9.8 = 12.5 - 9.8 = \text{(エ)}\ (\mathrm{m/s^2})$$ ……………………………（答）

解答　（ア）$-g - a_0$　　（イ）C_2　　（ウ）1　　（エ）2.7

演習問題 77	● 非等速度で並進運動する座標系 (Ⅲ) ●

一定の加速度 $a_0 (>0)$ で進行している電車の中で，質量 m の質点 P を付けた長さ l の単振り子を，電車の進行方向を含む鉛直面内で単振動させる。この単振り子が平衡状態のとき，鉛直線となす角 θ，および単振動の周期 T を求めよ。

ヒント！ 後方に慣性力 $-m\boldsymbol{a}_0$ が現れ，これと重力との合力の方向を平衡の位置として，質点 P は単振動を行う。周期 T は，見かけの重力加速度を g' として，$T = 2\pi\sqrt{\dfrac{l}{g'}}$ となる。(演習問題 55 (P88) 参照)

解答＆解説

図 1

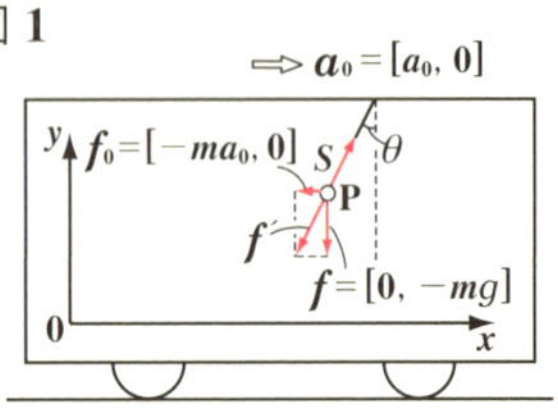

図 1 に示すように，電車に固定された xy 座標系をとる。電車の加速度 $\boldsymbol{a}_0 = [a_0, 0]$ より，慣性力 $\boldsymbol{f}_0 = -m\boldsymbol{a}_0$ は，

$$\boldsymbol{f}_0 = -m\boldsymbol{a}_0 = [-ma_0, 0] \quad \text{となる。}$$

また，P には重力 $\boldsymbol{f} = [0, -mg]$ が働くので，$\boldsymbol{f}_0$ と $\boldsymbol{f}$ の合力 $\boldsymbol{f}'$ は，

$$\boldsymbol{f}' = \boldsymbol{f} + \boldsymbol{f}_0 = [0, -mg] + [-ma_0, 0]$$
$$= [-ma_0, -mg] \quad \text{となる。}$$

図 2

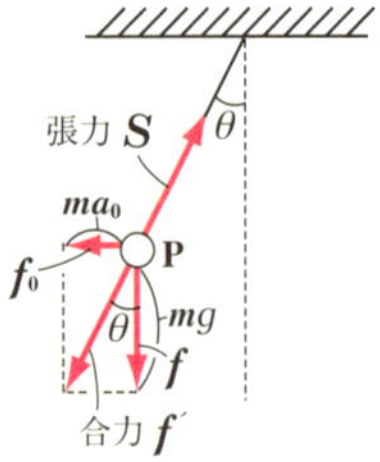

この $\boldsymbol{f}'$ の逆向きに系の張力 S が生じる。

合力 $\boldsymbol{f}'$ の大きさ f' は，

$$f' = \sqrt{(-ma_0)^2 + (-mg)^2} = m\sqrt{g^2 + a_0^2} \quad \cdots ①$$

平衡状態のときの系の傾角 θ は，図 2 より，

$$\tan\theta = \frac{ma_0}{mg} = \frac{a_0}{g} \quad \text{より，}$$

$$\theta = \tan^{-1}\frac{a_0}{g} \quad \text{である。} \quad \cdots\cdots\cdots\cdots(\text{答})$$

θ の方向に $f' = m\underline{\sqrt{g^2 + a_0^2}}$ ……① の力が作用するので，見かけの重力加速度を g' とおくと，$g' = \sqrt{g^2 + a_0^2}$ となる。よって，この単振動の周期 T は，

（下線部 $= g'$）

$$T = 2\pi\sqrt{\frac{l}{g'}} = 2\pi\sqrt{\frac{l}{\sqrt{g^2 + a_0^2}}} \quad \text{である。} \quad \cdots\cdots\cdots\cdots(\text{答})$$

演習問題 78 ● 非等速度で並進運動する座標系 (Ⅳ) ●

一定の加速度 $a_0\ (>0)$ で進行している電車の中で，床から質量 m の質点Pを鉛直上方へ初速度 v_0 で投げ上げた。Pの床に落ちる位置を求めよ。

ヒント！ 電車内に固定された座標系における運動方程式を立てて解く。

解答＆解説

右図のように，電車に固定された xy 座標系をとる。電車の加速度 $\boldsymbol{a}_0=[a_0,\ 0]$ より，慣性力 $\boldsymbol{f}_0=-m\boldsymbol{a}_0=[-ma_0,\ 0]$，重力 $\boldsymbol{f}=[0,\ -mg]$ と $\boldsymbol{f}_0$ の合力 $\boldsymbol{f}'$ は，

$$\boldsymbol{f}'=\boldsymbol{f}+\boldsymbol{f}_0=[-ma_0,\ -mg]$$

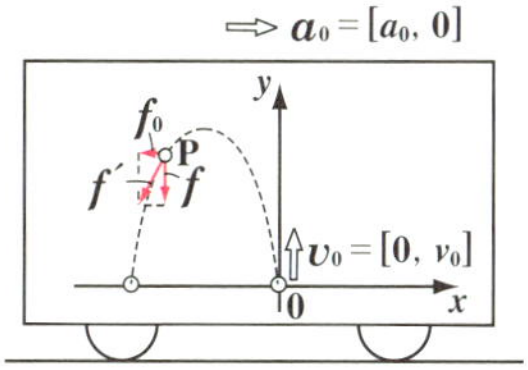

運動方程式は，$m[\ddot{x},\ \ddot{y}]=[-ma_0,\ -mg]$ より（加速度），両辺の各成分を比較して，

$\ddot{x}=-a_0$ …①，　$\ddot{y}=-g$ …②　　①，②を時刻 t で積分して，

$v_x(t)=\dot{x}=-a_0t+C_1$ ……③，　$v_y(t)=\dot{y}=-gt+C_2$ ……④

初期条件：$v_x(0)=0$，$v_y(0)=v_0$ より，③，④は，

$v_x(0)=C_1=0$，$v_y(0)=C_2=v_0$　　これらを③，④に代入して，

$\dot{x}(t)=-a_0t$ ……⑤，　$\dot{y}(t)=-gt+v_0$ ……⑥　　⑤，⑥を t で積分して，

$x(t)=-\dfrac{1}{2}a_0t^2+C_3$ ……⑦，　$y(t)=-\dfrac{1}{2}gt^2+v_0t+C_4$ ……⑧

初期条件：$x(0)=0$，$y(0)=0$ より，⑦，⑧は，

$x(0)=C_3=0$，$y(0)=C_4=0$　　これらを⑦，⑧に代入して，

$x(t)=-\dfrac{1}{2}a_0t^2$ ……⑨，　$y(t)=-\dfrac{1}{2}gt^2+v_0t$ ……⑩

床に落ちる時刻を $t=T$ とおくと，$y(T)=0$ より，⑩から，

$y(T)=-\dfrac{1}{2}gT^2+v_0T=0$　　この両辺を $T\ (>0)$ で割って，

$-\dfrac{1}{2}gT+v_0=0$　　$\therefore T=\dfrac{2v_0}{g}$　　これを⑨の t に代入して，

$$x(T)=-\frac{1}{2}a_0T^2=-\frac{1}{2}a_0\cdot\frac{4v_0^2}{g^2}=-\frac{2a_0v_0^2}{g^2}$$

∴原点より $\dfrac{2a_0v_0^2}{g^2}$ だけ後方に落ちる。 ……………………………………(答)

演習問題 79	● 重力と遠心力 ●

北極点と赤道上の地点において，質量 m の物体 $\mathbf{P}$ に働く重力加速度を，それぞれ g_0，g とし，$\mathbf{P}$ が地表面から受ける垂直抵抗を，それぞれ N_0，N とおく。地球の半径を R，その質量を M，自転の角速度を ω として，g_0 を G, M, R で表せ。また，g を g_0, R, ω で表せ。
(ただし，G は万有引力定数とする。)

ヒント！ 北極点では自転の影響は出ない。赤道上の地点では遠心力が働き，これと万有引力と垂直抗力がつり合い，また，垂直抗力と重力 mg はつり合う。

解答＆解説

図(i)北極点

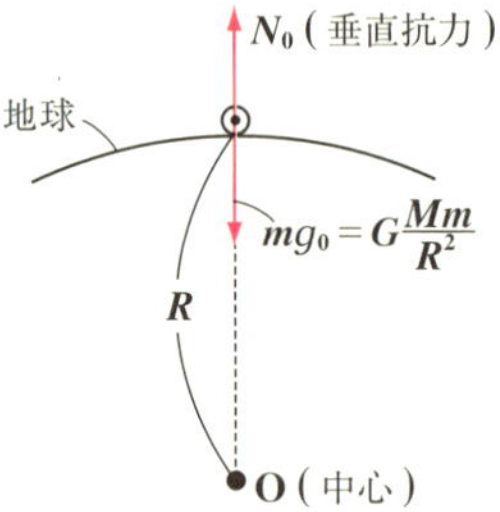

図(ii)赤道上の地点

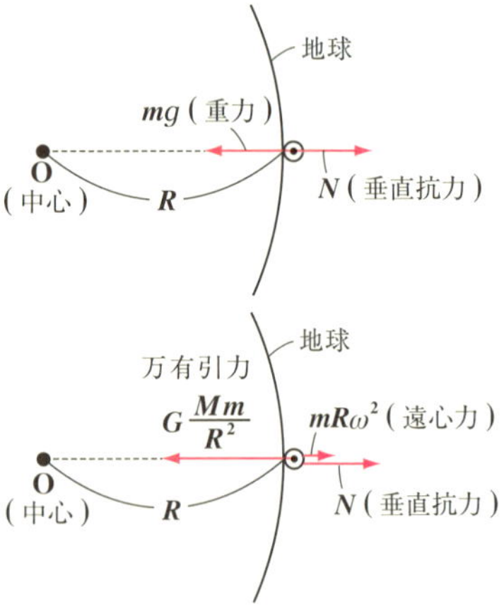

(i) 北極点では自転の影響はないから，$\mathbf{P}$ に働く万有引力がそのまま重力 mg_0 になる。そして，この重力は $\mathbf{P}$ が地表面から受ける垂直抗力 N_0 とつり合う。

$$\therefore\ mg_0 = G\frac{Mm}{R^2}\quad (= N_0)$$

$$\therefore\ g_0 = G\frac{M}{R^2}\ \cdots\cdots①\qquad \cdots\cdots\cdots\cdots\cdots(\text{答})$$

(ii) 赤道上の地点の物体 $\mathbf{P}$ に働く重力 mg は垂直抗力 N とつり合うので，

$$mg = N\ \cdots\cdots②$$

また，物体 $\mathbf{P}$ に働く万有引力，垂直抗力 N，および遠心力 $mR\omega^2$ はつり合うので，

$$G\frac{Mm}{R^2} = N + mR\omega^2\ \cdots\cdots③$$

②を③に代入して，N を消去すると，

$$G\frac{Mm}{R^2} = mg + mR\omega^2$$

$$\therefore\ g = G\frac{M}{R^2} - R\omega^2\ \cdots\cdots④$$

①を④に代入して，$g = g_0 - R\omega^2$ となる。 $\cdots\cdots\cdots\cdots\cdots\cdots\cdots\cdots(\text{答})$

演習問題 80 ● 地球の自転と遠心力 ●

(ⅰ) 赤道上の地点と，(ⅱ) 南緯 **30** 度の地点における質量 **10 (kg)** の物体 **P** に働く遠心力の大きさを求めよ。
(ただし，地球の半径 $R = 6400(\mathrm{km}) = 6.4 \times 10^6(\mathrm{m})$ とする。)

ヒント！ 地表を，地軸の周りを回転している回転座標系と考える。

解答＆解説

地球は $24 \times 60 \times 60$ 秒間に 2π (1 回転) するので，その角速度 ω は，

$$\omega = \frac{2\pi}{24 \times 60^2} \fallingdotseq \boxed{(ア)} \ (1/\mathrm{s})$$ となる。

よって，

(ⅰ) 赤道上にある質量 $m = 10$ (kg) の物体 **P** に働く遠心力の大きさは，

$$mR\omega^2 = 10 \times 6.4 \times 10^6 \times (7.27 \times 10^{-5})^2$$
$$\fallingdotseq \boxed{(イ)} \ (\mathrm{N})$$ となる。……(答)

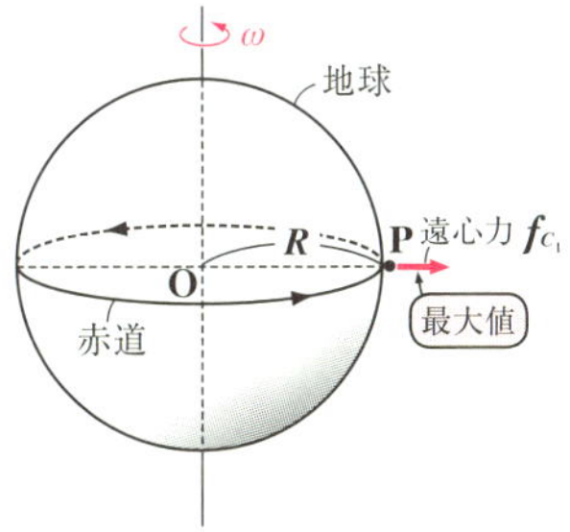

(ⅱ) 南緯 $30°$ にある物体 **P** に働く遠心力の大きさは，半径 $r = R\cos 30°$ の円板が角速度 ω で回転していると考えればいいので，

$$mr\omega^2 = m \cdot R\cos 30° \cdot \omega^2$$
$$= \frac{\sqrt{3}}{2} mR\omega^2$$
$$\fallingdotseq \boxed{(ウ)} \ (\mathrm{N})$$ となる。……(答)

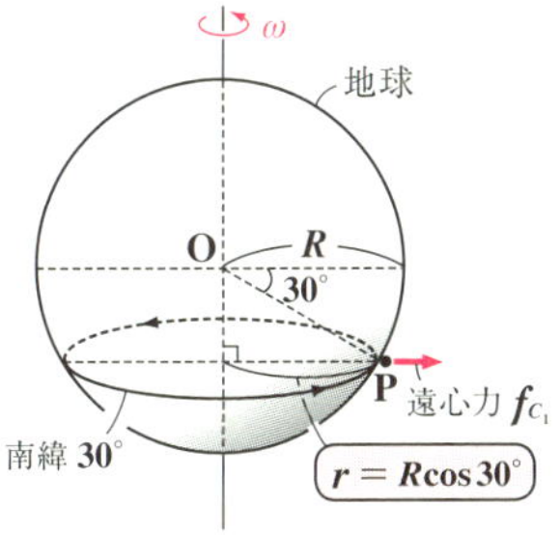

解答 (ア) 7.27×10^{-5} (イ) 0.34 (ウ) 0.29

演習問題 81	● 地球の自転とコリオリの力（Ⅰ）●

地球は地軸の周りを自転しているので，回転座標系と考えることができる。次の各場合について，運動する質点 **P** に働くコリオリの力 $\boldsymbol{f}_{c_2}$ の向きを調べよ。

(ⅰ) 南緯 **45**° の地点で北向きに運動する場合

(ⅱ) 北緯 **45**° の地点で東向きに運動する場合

(ⅲ) 北緯 **45**° の地点で西向きに運動する場合

ヒント！ 質量 m の質点 **P** が速度 $\boldsymbol{v}'$ で運動するとき，$\boldsymbol{v}'$ から地球の自転の角速度ベクトル $\boldsymbol{\omega}$ に向かうように回転するとき，右ネジの進む向きが，コリオリの力 $\boldsymbol{f}_{C_2}$ の向きになる。

解答＆解説

(ⅰ) 右図より，南緯 **45**° の地点で，**P** が北向きに運動するとき，コリオリの力 $\boldsymbol{f}_{C_2}$ は，西向きに働く。……………………………(答)

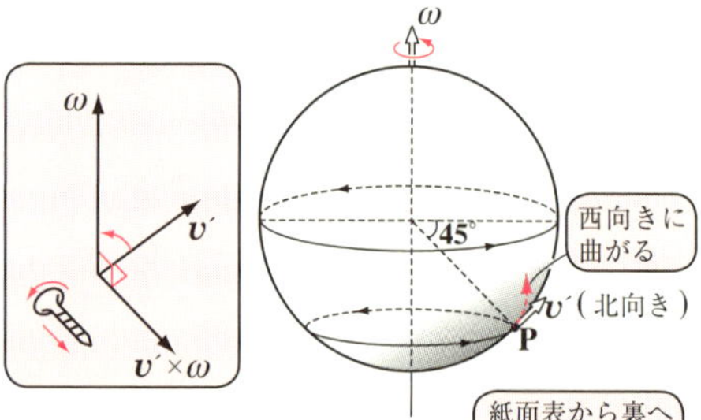

(ⅱ) 右図より，北緯 **45**° の地点で，**P** が東向きに運動するとき，コリオリの力 $\boldsymbol{f}_{C_2}$ は，進行方向，地面に対して右上方 **45**° の向きに働く。……………………(答)

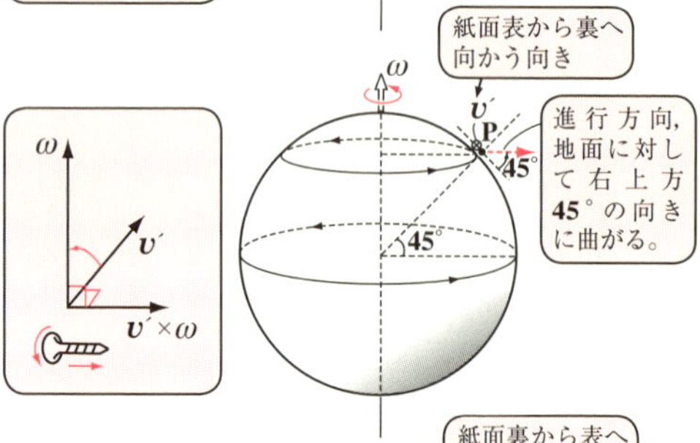

(ⅲ) 右図より，北緯 **45**° の地点で，**P** が西向きに運動するとき，コリオリの力 $\boldsymbol{f}_{C_2}$ は，進行方向，地面に対して右下方 **45**° の向きに働く。……………………(答)

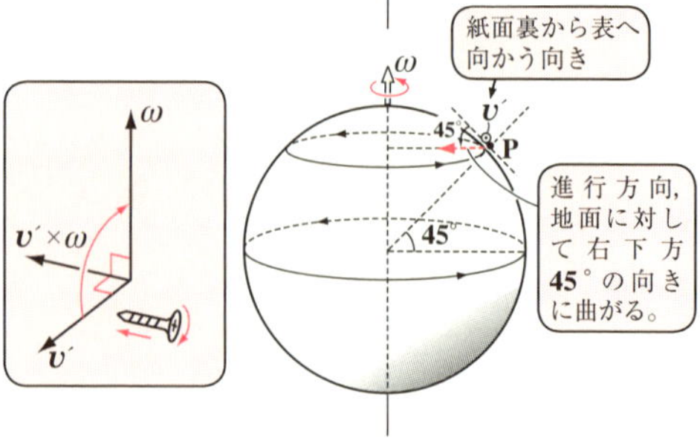

演習問題 82　● 地球の自転とコリオリの力(Ⅱ) ●

地球は地軸の周りを自転しているので，回転座標系と考えることができる。次の各場合について，運動する質点 **P** に働くコリオリの力 $\boldsymbol{f}_{c_2}$ の向きを調べよ。

(ｉ) 赤道上の地点から鉛直上向きに運動する場合

(ⅱ) 赤道上の地点で，南向きに運動する場合

(ⅲ) 南緯 **45°** の地点で南向きに運動する場合

ヒント！ コリオリの力 $\boldsymbol{f}_{c_2} = 2m\boldsymbol{v}' \times \boldsymbol{\omega}$ より，外積 $\boldsymbol{v}' \times \boldsymbol{\omega}$ の向きを調べる。

解答＆解説

(ｉ) 右図より，赤道上の地点から **P** が鉛直上方に運動するとき，コリオリの力 $\boldsymbol{f}_{c_2}$ は [(ア)] 向きに働く。 ……………………(答)

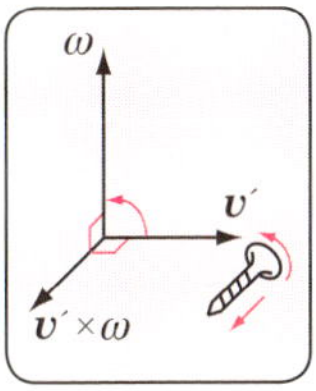

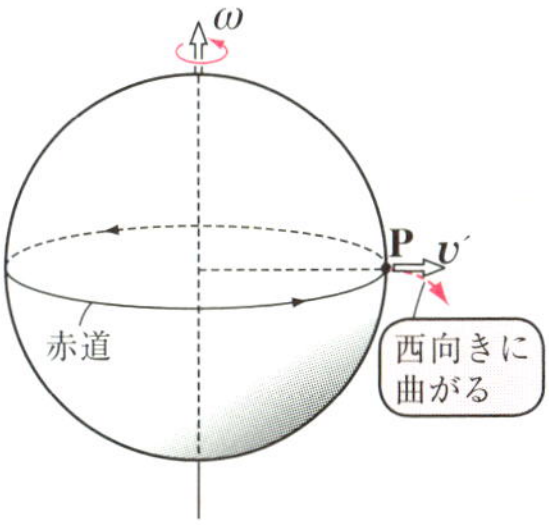

(ⅱ) 右図より，赤道上の地点で **P** が南向きに運動するとき，$\boldsymbol{v}' /\!/ \boldsymbol{\omega}$ より，$\boldsymbol{v}' \times \boldsymbol{\omega} =$ [(イ)] となる。よって，コリオリの力 $\boldsymbol{f}_{c_2}$ は働かない。 ……………………(答)

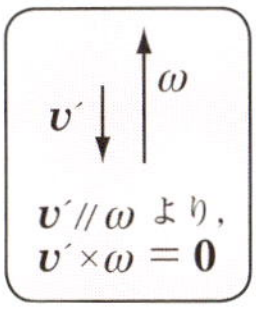

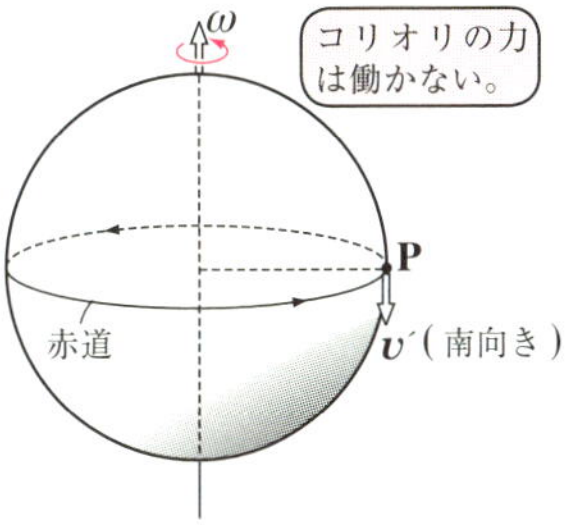

(ⅲ) 右図より，南緯 **45°** の地点で，**P** が南向きに運動するとき，コリオリの力 $\boldsymbol{f}_{c_2}$ は [(ウ)] 向きに働く。 ……………………(答)

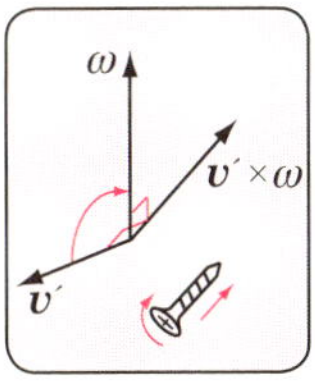

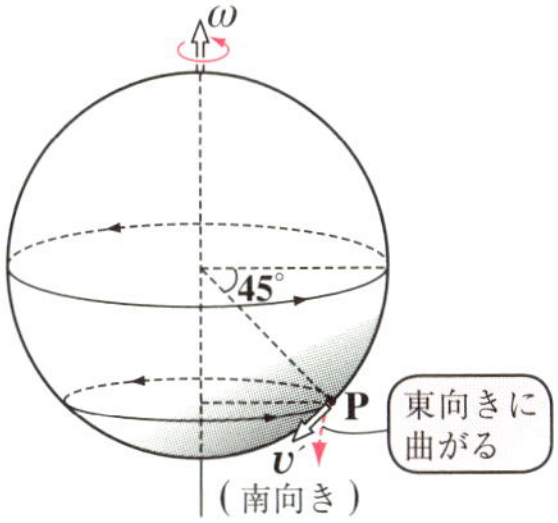

解答　(ア) 西　　(イ) **0**　　(ウ) 東

演習問題 83	● 回転座標系 (I) ●

慣性系 (静止系)**Oxy** で，質量 m の質点 **P** が，位置ベクトル $\boldsymbol{r}=[t^2,\ 0]$ により等加速度運動をしている。このとき，原点 **O** の周りに角速度 $\omega=1$ で反時計まわりに回転する回転座標系 $\mathbf{O}x'y'$ を考える。この回転座標系 $\mathbf{O}x'y'$ で見たとき，質点 **P** に働く力 $\boldsymbol{f}'$ を求めよ。

ヒント！ $\dot{\boldsymbol{r}}=[2t,\ 0]$ より，慣性系での加速度は，$\boldsymbol{a}=\ddot{\boldsymbol{r}}=[2,\ 0]$ となる。ここで，慣性系 (静止系)**Oxy** に対して，原点 **O** の周りに角速度 ω で反時計まわりに回転する回転座標系 $\mathbf{O}x'y'$ における質点 **P** の運動方程式：

$$\boldsymbol{f}'=\boldsymbol{f}+\boldsymbol{f}_{C_1}+\boldsymbol{f}_{C_2}$$

$$=m\tilde{\boldsymbol{a}}'+m\omega^2\boldsymbol{r}'+2m\omega\begin{bmatrix}\dot{y}'\\-\dot{x}'\end{bmatrix}$$

$$=m\cdot R^{-1}(\omega t)\boldsymbol{a}+m\omega^2\cdot R^{-1}(\omega t)\boldsymbol{r}+2m\omega\begin{bmatrix}\dot{y}'\\-\dot{x}'\end{bmatrix}\quad を使う。$$

$$R^{-1}(\omega t)\boldsymbol{a}=R^{-1}(\omega t)\begin{bmatrix}\ddot{x}\\\ddot{y}\end{bmatrix},\qquad R^{-1}(\omega t)\boldsymbol{r}=R^{-1}(\omega t)\begin{bmatrix}x\\y\end{bmatrix}$$

$$\begin{cases}\boldsymbol{f}'=m\boldsymbol{a}'=m\begin{bmatrix}\ddot{x}'\\\ddot{y}'\end{bmatrix} & ：回転座標系で\ \mathbf{P}\ に働く力\\ \boldsymbol{f}=m\tilde{\boldsymbol{a}}'=mR^{-1}(\omega t)\begin{bmatrix}\ddot{x}\\\ddot{y}\end{bmatrix} & ：慣性系で\ \mathbf{P}\ に働く力\\ \boldsymbol{f}_{C_1}=m\omega^2\boldsymbol{r}'=m\omega^2R^{-1}(\omega t)\begin{bmatrix}x\\y\end{bmatrix} & ：回転座標系で\ \mathbf{P}\ に働く遠心力(慣性力)\\ \boldsymbol{f}_{C_2}=2m\omega\begin{bmatrix}\dot{y}'\\-\dot{x}'\end{bmatrix} & ：回転座標系で運動する\ \mathbf{P}\ に働くコリオリの力(慣性力)\end{cases}$$

$\begin{bmatrix}x'\\y'\end{bmatrix}=R^{-1}(\omega t)\begin{bmatrix}x\\y\end{bmatrix}$ より，x'，y' を t の関数で表した後，t で微分して $\begin{bmatrix}\dot{x}'\\\dot{y}'\end{bmatrix}$ を求める。まとめると，$\begin{bmatrix}\dot{x}'\\\dot{y}'\end{bmatrix}=\dfrac{d}{dt}\left\{R^{-1}(\omega t)\begin{bmatrix}x\\y\end{bmatrix}\right\}$ となる。（$R^{-1}(\omega t)\begin{bmatrix}x\\y\end{bmatrix}=\begin{bmatrix}x'\\y'\end{bmatrix}$）

これは簡単に，$\dot{\boldsymbol{r}}'=\dfrac{d}{dt}\{R^{-1}(\omega t)\boldsymbol{r}\}$ とも表せる。

解答&解説

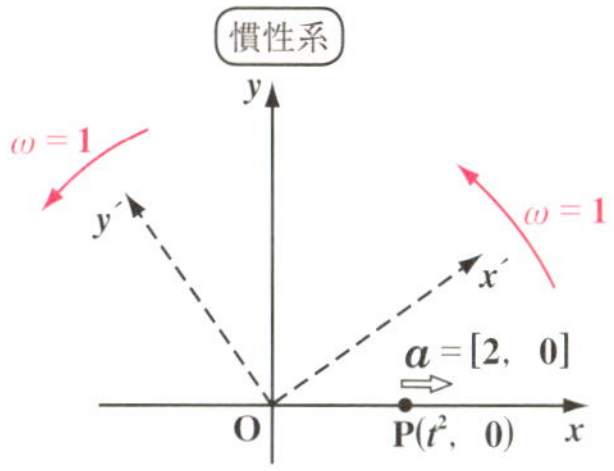

$f' = f + f_{c_1} + f_{c_2}$ ……① が成り立つ。

$\begin{cases} f', f : \text{回転系と慣性系で P に働く力} \\ f_{c_1} : \text{遠心力}, \ f_{c_2} : \text{コリオリの力} \end{cases}$

慣性系

回転系

- $f = m\widetilde{a}' = mR^{-1}(\boxed{1}\cdot t)\boxed{a}$ (ω, $\begin{bmatrix}2\\0\end{bmatrix}$)

$= m\begin{bmatrix} \cos 1\cdot t & \sin 1\cdot t \\ -\sin 1\cdot t & \cos 1\cdot t \end{bmatrix}\begin{bmatrix} 2 \\ 0 \end{bmatrix}$

$= m\begin{bmatrix} 2\cos t \\ -2\sin t \end{bmatrix} = 2m\begin{bmatrix} \cos t \\ -\sin t \end{bmatrix}$ ……②

- $f_{c_1} = m\cdot \boxed{1}^2 \cdot \underline{r'} = m\begin{bmatrix} x' \\ y' \end{bmatrix}$ について、   (ω^2)

$\begin{bmatrix} x' \\ y' \end{bmatrix} = R^{-1}(t)\begin{bmatrix} x \\ y \end{bmatrix} = \begin{bmatrix} \cos t & \sin t \\ -\sin t & \cos t \end{bmatrix}\begin{bmatrix} t^2 \\ 0 \end{bmatrix}$

$= \begin{bmatrix} t^2\cos t \\ -t^2\sin t \end{bmatrix}$ ……③ $\therefore f_{c_1} = mt^2\begin{bmatrix} \cos t \\ -\sin t \end{bmatrix}$ ……④

③より、$x'^2 + y'^2 = t^4$
半径 $r = t^2$ は t の増加関数

③を t で微分して、

$\begin{bmatrix} \dot{x}' \\ \dot{y}' \end{bmatrix} = \begin{bmatrix} 2t\cos t - t^2\sin t \\ -2t\sin t - t^2\cos t \end{bmatrix}$ よって f_{c_2} は、

- $f_{c_2} = 2m\cdot \boxed{1}\cdot \begin{bmatrix} \dot{y}' \\ -\dot{x}' \end{bmatrix} = 2m\begin{bmatrix} -2t\sin t - t^2\cos t \\ -2t\cos t + t^2\sin t \end{bmatrix}$ ……⑤   (ω)

以上②,④,⑤を①に代入して、

$f' = 2m\begin{bmatrix} \cos t \\ -\sin t \end{bmatrix} + mt^2\begin{bmatrix} \cos t \\ -\sin t \end{bmatrix} + 2m\begin{bmatrix} -2t\sin t - t^2\cos t \\ -2t\cos t + t^2\sin t \end{bmatrix}$

$= \begin{bmatrix} 2m\cos t \\ -2m\sin t \end{bmatrix} + \begin{bmatrix} mt^2\cos t \\ -mt^2\sin t \end{bmatrix} + \begin{bmatrix} -4mt\sin t - 2mt^2\cos t \\ -4mt\cos t + 2mt^2\sin t \end{bmatrix}$

$= \begin{bmatrix} (2m + mt^2 - 2mt^2)\cos t - 4mt\sin t \\ (-2m - mt^2 + 2mt^2)\sin t - 4mt\cos t \end{bmatrix}$

$= \begin{bmatrix} m(2 - t^2)\cos t - 4mt\sin t \\ -m(2 - t^2)\sin t - 4mt\cos t \end{bmatrix}$ ………………………(答)

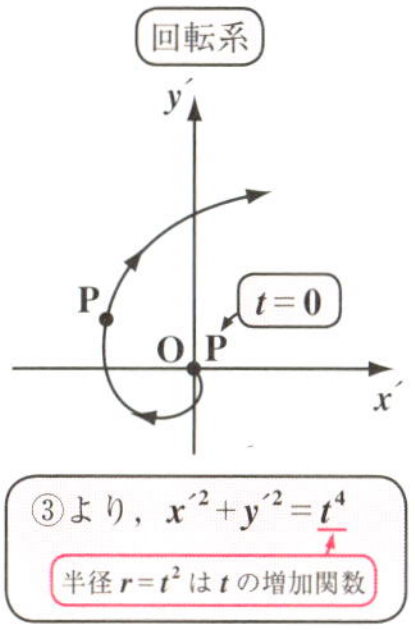

演習問題 84　● 回転座標系(Ⅱ) ●

慣性系 **Oxy** で，質量 m の質点 **P** が，位置ベクトル $\boldsymbol{r} = t[\cos\omega t,\ \sin\omega t]$ (ω：正の定数) により，曲線を描きながら運動している。このとき，原点 **O** の周りに角速度 ω で反時計まわりに回転する回転座標系 $\mathbf{O}x'y'$ を考える。この回転座標系 $\mathbf{O}x'y'$ で見たとき，質点 **P** に働く力 $\boldsymbol{f}'$ が $\boldsymbol{f}' = \boldsymbol{0}$ であることを示せ。

ヒント！ 慣性系で曲線を描く質点 **P** の位置ベクトル $\boldsymbol{r}$ の角速度と回転座標系 $\mathbf{O}x'y'$ の角速度が等しいので，回転座標系で見た場合，**P** は x' 軸上を速度 $\dot{\boldsymbol{r}}' = [1,\ 0]$ の等速度運動をする。よって，$\boldsymbol{f}' = \boldsymbol{0}$ となるはずだ。このことを確かめる。

解答＆解説

$\boldsymbol{f}' = \boldsymbol{f} + \boldsymbol{f}_{C_1} + \boldsymbol{f}_{C_2}$ ……① が成り立つ。

$\begin{cases} \boldsymbol{f}',\ \boldsymbol{f}：回転系と慣性系で\ \mathbf{P}\ に働く力 \\ \boldsymbol{f}_{C_1}：\boxed{(ア)\qquad},\ \boldsymbol{f}_{C_2}：\boxed{(イ)\qquad} \end{cases}$

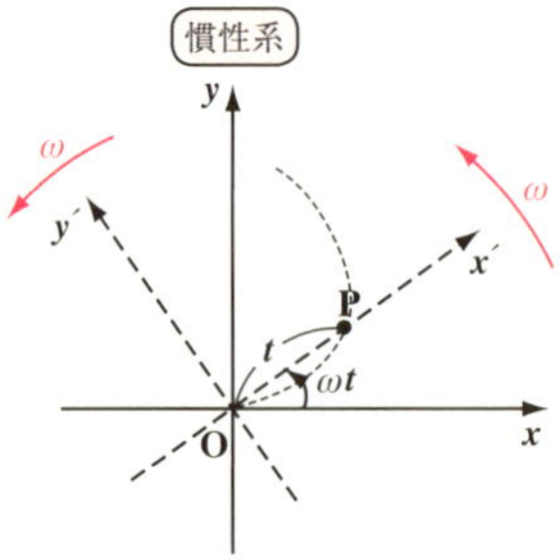

ここで，

・$\boldsymbol{f} = m\widetilde{\boldsymbol{\alpha}}' = mR^{-1}(\omega t)\boldsymbol{a}$ について，

$$\boldsymbol{r} = \begin{bmatrix} x \\ y \end{bmatrix} = \begin{bmatrix} t\cos\omega t \\ t\sin\omega t \end{bmatrix}$$

この両辺を t で微分して，

$$\dot{\boldsymbol{r}} = \begin{bmatrix} \dot{x} \\ \dot{y} \end{bmatrix} = \begin{bmatrix} 1\cdot\cos\omega t - t\cdot\omega\sin\omega t \\ 1\cdot\sin\omega t + t\cdot\omega\cos\omega t \end{bmatrix}$$

さらに，この両辺を t で微分して，

$$\boldsymbol{a} = \ddot{\boldsymbol{r}} = \begin{bmatrix} \ddot{x} \\ \ddot{y} \end{bmatrix} = \begin{bmatrix} -\omega\sin\omega t - (\omega\sin\omega t + t\omega^2\cos\omega t) \\ \omega\cos\omega t + (\omega\cos\omega t - t\omega^2\sin\omega t) \end{bmatrix}$$

$$= \begin{bmatrix} -2\omega\sin\omega t - \omega^2 t\cos\omega t \\ 2\omega\cos\omega t - \omega^2 t\sin\omega t \end{bmatrix} = -\omega\begin{bmatrix} 2\sin\omega t + \omega t\cos\omega t \\ -2\cos\omega t + \omega t\sin\omega t \end{bmatrix}$$

$$\therefore\ \boldsymbol{f} = m\widetilde{\boldsymbol{\alpha}}' = mR^{-1}(\omega t)\boldsymbol{a}$$

$$= m\left[\boxed{(ウ)\qquad\qquad}\right]\cdot(-\omega)\begin{bmatrix} 2\sin\omega t + \omega t\cos\omega t \\ -2\cos\omega t + \omega t\sin\omega t \end{bmatrix}$$

$$= -m\omega\begin{bmatrix} 2\cos\omega t\sin\omega t + \omega t\cos^2\omega t - 2\sin\omega t\cos\omega t + \omega t\sin^2\omega t \\ -2\sin^2\omega t - \omega t\sin\omega t\cos\omega t - 2\cos^2\omega t + \omega t\cos\omega t\sin\omega t \end{bmatrix}$$

$$f = -m\omega\begin{bmatrix} \omega t(\underbrace{\cos^2\omega t + \sin^2\omega t}_{1}) \\ -2(\underbrace{\cos^2\omega t + \sin^2\omega t}_{1}) \end{bmatrix}$$

$$\therefore\ f = -m\omega\begin{bmatrix} \omega t \\ -2 \end{bmatrix} \cdots\cdots②$$

・$f_{C_1} = m\omega^2\boxed{(エ)} = m\omega^2\begin{bmatrix} x' \\ y' \end{bmatrix}$ について，

$$r' = \begin{bmatrix} x' \\ y' \end{bmatrix} = R^{-1}(\omega t)\begin{bmatrix} x \\ y \end{bmatrix} = \begin{bmatrix} \cos\omega t & \sin\omega t \\ -\sin\omega t & \cos\omega t \end{bmatrix}\begin{bmatrix} t\cos\omega t \\ t\sin\omega t \end{bmatrix}$$

$$= \begin{bmatrix} t(\cos^2\omega t + \sin^2\omega t) \\ \cancel{-t\sin\omega t\cos\omega t + t\cos\omega t\sin\omega t} \end{bmatrix} = \begin{bmatrix} t \\ 0 \end{bmatrix}$$

$$\therefore\ f_{C_1} = m\omega^2\begin{bmatrix} x' \\ y' \end{bmatrix} = m\omega^2\begin{bmatrix} t \\ 0 \end{bmatrix} \cdots\cdots③$$

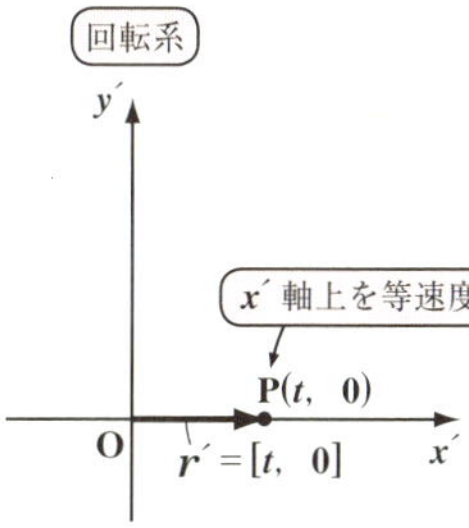

・$f_{C_2} = 2m\omega\left[\boxed{(オ)}\right]$ について，

$\begin{bmatrix} x' \\ y' \end{bmatrix} = \begin{bmatrix} t \\ 0 \end{bmatrix}$ の両辺を t で微分して，

$$\begin{bmatrix} \dot{x}' \\ \dot{y}' \end{bmatrix} = \begin{bmatrix} 1 \\ 0 \end{bmatrix}$$

$$\therefore\ f_{C_2} = 2m\omega\begin{bmatrix} \dot{y}' \\ -\dot{x}' \end{bmatrix} = 2m\omega\begin{bmatrix} 0 \\ -1 \end{bmatrix} \cdots\cdots④$$

以上②，③，④を①に代入して，

$$f' = f + f_{C_1} + f_{C_2}$$

$$= -m\omega\begin{bmatrix} \omega t \\ -2 \end{bmatrix} + m\omega^2\begin{bmatrix} t \\ 0 \end{bmatrix} + 2m\omega\begin{bmatrix} 0 \\ -1 \end{bmatrix}$$

$$= \begin{bmatrix} -m\omega^2 t + m\omega^2 t \\ 2m\omega - 2m\omega \end{bmatrix} = 0$$ となる。……………………………………(終)

解答 (ア) 遠心力　(イ) コリオリの力　(ウ) $\begin{bmatrix} \cos\omega t & \sin\omega t \\ -\sin\omega t & \cos\omega t \end{bmatrix}$

(エ) r'　(オ) $\begin{bmatrix} \dot{y}' \\ -\dot{x}' \end{bmatrix}$

演習問題 85　● 回転座標系 (Ⅲ) ●

滑らかな水平面内において，端点 **O** の周りに一定の角速度 ω で反時計回りに回転する滑らかな針金に通された小さなリング (輪)**P** が，時刻 $t=0$ のとき原点 **O** から距離 a (>0) の位置に静かに置かれたとする。この **P** の運動について，**P** が **O** から距離 r の位置にあるとき，r を時刻 t の関数として表せ。また，**P** が針金から受ける力の大きさ f_y を求めよ。

ヒント！ **O** を原点とし，x' 軸が針金と平行なまま角速度 ω で **O** の周りを回転する回転座標系 $Ox'y'$ をとる。**P** の $Ox'y'$ 系における位置ベクトル $\boldsymbol{r}'$ が，$\boldsymbol{r}'=[x',\ y']=[x',\ 0]$ より，$\boldsymbol{v}'=[\dot{x}',\ 0]$　初期条件は，$t=0$ のとき，$x'=a$，$\dot{x}'=0$ であることに注意して，$Ox'y'$ における **P** の運動方程式を解く。このとき，微分方程式：$\ddot{x}'=\omega^2x'$ の一般解は，双曲線関数を用いて，$x'=C_1\cosh\omega t+C_2\sinh\omega t$ と表される。

解答＆解説

O を原点とし，角速度 ω で反時計回りに回転する回転座標系 $Ox'y'$ を考える。x' 軸は針金に沿っているものとする。この回転座標系 $Ox'y'$ で見たとき，リング **P** の運動方程式は，

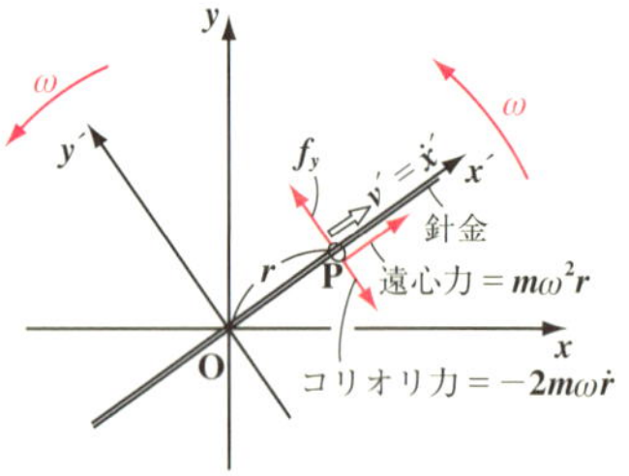

$$\boldsymbol{f}'=\boldsymbol{f}+\boldsymbol{f}_{C_1}+\boldsymbol{f}_{C_2}\ \cdots\cdots①$$

$\boldsymbol{f}=m\begin{bmatrix}a_{x'}\\a_{y'}\end{bmatrix}=\begin{bmatrix}f_x\\f_y\end{bmatrix}$ とおき，①を成分表示すると，

$$m\begin{bmatrix}\ddot{x}'\\\ddot{y}'\end{bmatrix}=\begin{bmatrix}f_x\\f_y\end{bmatrix}+m\omega^2\begin{bmatrix}x'\\y'\end{bmatrix}+2m\omega\begin{bmatrix}\dot{y}'\\-\dot{x}'\end{bmatrix}\ \cdots\cdots①'$$

ここで，力 $\boldsymbol{f}=\begin{bmatrix}f_x\\f_y\end{bmatrix}$ は，リング **P** が針金から受ける垂直抗力だから，x' 軸に垂直となる。よって，$f_x=0$ より，

$\begin{bmatrix}f_x\\f_y\end{bmatrix}=\begin{bmatrix}0\\f_y\end{bmatrix}$　　また，**P** の $Ox'y'$ での位置 $\boldsymbol{r}'=\begin{bmatrix}x'\\y'\end{bmatrix}$ について，

$y'=0$ より，$\dot{y}'=0$，$\ddot{y}'=0$ である。よって，①$'$ は，

$$m\begin{bmatrix}\ddot{x}'\\0\end{bmatrix}=\begin{bmatrix}0\\f_y\end{bmatrix}+m\omega^2\begin{bmatrix}x'\\0\end{bmatrix}+2m\omega\begin{bmatrix}0\\-\dot{x}'\end{bmatrix}$$ となる。

これを各成分毎に表すと，

$$\begin{cases} m\ddot{x}' = m\omega^2 x' \\ 0 = f_y - 2m\omega\dot{x}' \end{cases} \quad \therefore \begin{cases} \ddot{x}' = \omega^2 x' & \cdots\cdots ② \\ f_y = 2m\omega\dot{x}' & \cdots\cdots ③ \end{cases}$$

ここで，$\ddot{x}' = \omega^2 x'$ ……②を，$x_1' = \cosh\omega t$ と $x_2' = \sinh\omega t$ は共にみたし，

ロンスキアン $W(x_1',\ x_2')$ は，

$$W(x_1',\ x_2') = \begin{vmatrix} x_1' & x_2' \\ \dot{x}_1' & \dot{x}_2' \end{vmatrix} = \begin{vmatrix} \cosh\omega t & \sinh\omega t \\ \omega\sinh\omega t & \omega\cosh\omega t \end{vmatrix}$$

$$= \omega(\underbrace{\cosh^2\omega t - \sinh^2\omega t}_{1\,(\text{公式})}) = \omega \neq 0$$

> $(\cosh\theta)' = \sinh\theta$
> $(\sinh\theta)' = \cosh\theta$　より，
> $\dot{x}_1' = \omega\sinh\omega t$
> $\ddot{x}_1' = \omega^2\cosh\omega t = \omega^2 x_1'$
> 同様に，$\ddot{x}_2' = \omega^2 x_2'$

$\therefore$ x_1' と x_2' は②の 1 次独立な解より，その一般解は，

$$x'(t) = C_1 x_1' + C_2 x_2' = C_1\cosh\omega t + C_2\sinh\omega t \quad \cdots\cdots ④$$ となる。

④の両辺を t で微分して，

$$\dot{x}'(t) = \omega C_1\sinh\omega t + \omega C_2\cosh\omega t \quad \cdots\cdots ⑤$$

> 双曲線関数の公式：
> ・$\cosh\theta = \dfrac{e^{\theta} + e^{-\theta}}{2}$
> ・$\sinh\theta = \dfrac{e^{\theta} - e^{-\theta}}{2}$
> ・$(\cosh\theta)' = \sinh\theta$
> ・$(\sinh\theta)' = \cosh\theta$
> ・$\cosh^2\theta - \sinh^2\theta = 1$

ここで，初期条件：$\dot{x}'(0) = 0$ より，

$$\dot{x}'(0) = \underbrace{\omega C_1 \sinh 0}_{0} + \omega C_2 \underbrace{\cosh 0}_{1} = \underbrace{\omega}_{\neq 0} C_2 = 0$$

$\therefore$ $C_2 = 0$ より，④は，

$$x'(t) = C_1\cosh\omega t \quad \cdots\cdots ④'$$

初期条件：$x'(0) = a$ より，

$$x'(0) = C_1 \underbrace{\cosh 0}_{1} = C_1 = a$$

これを④′に代入して，

$$x'(t) = a\cosh\omega t$$

このx′をrで変数変換して，求めるtの関数rは，

$$r = a\cosh\omega t \quad (t \geqq 0) \quad \cdots\cdots\cdots\cdots\cdots(答)$$

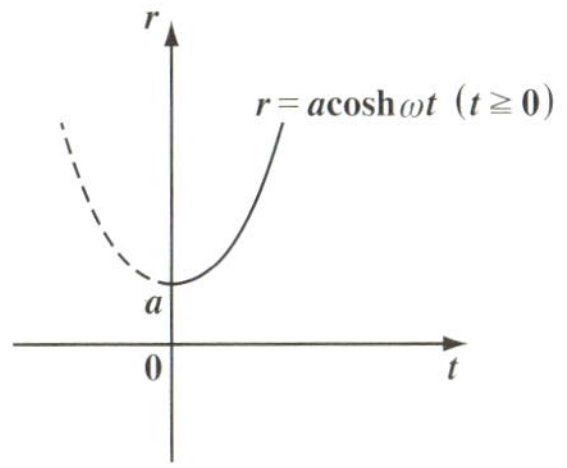

また，$C_1 = a$，$C_2 = 0$ を⑤に代入して，

$$\dot{x}'(t) = a\omega\sinh\omega t \quad \cdots\cdots ⑥$$

⑥を③に代入して，求める垂直抗力の大きさ f_y は，

$$f_y = 2ma\omega^2\sinh\omega t \quad (t \geqq 0)$$ となる。

……(答)

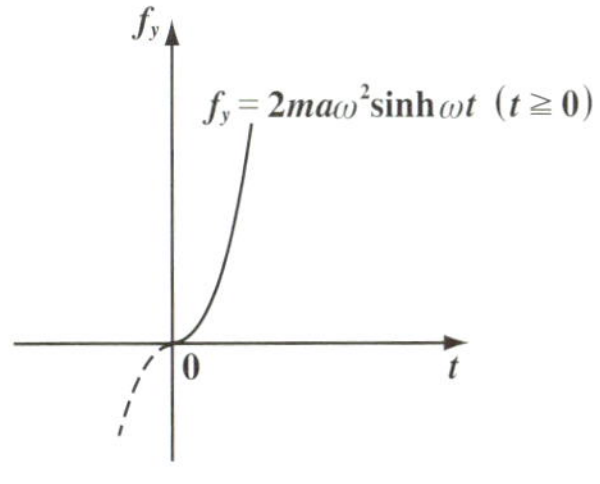

演習問題 86　● フーコー振り子 ●

地表の南緯 α の位置で，長さ l の糸の先に質量 m の重り(質点)P を付けた単振り子を微小な傾角 θ で振動させる。右図のように，x，y，z 軸をそれぞれ東向き，北向き，鉛直上向きにとるとき，振動面の xy 平面への正射影と x 軸正方向とのなす角 φ について，$\dfrac{d\varphi}{dt}=\omega\sin\alpha$ ……(＊)

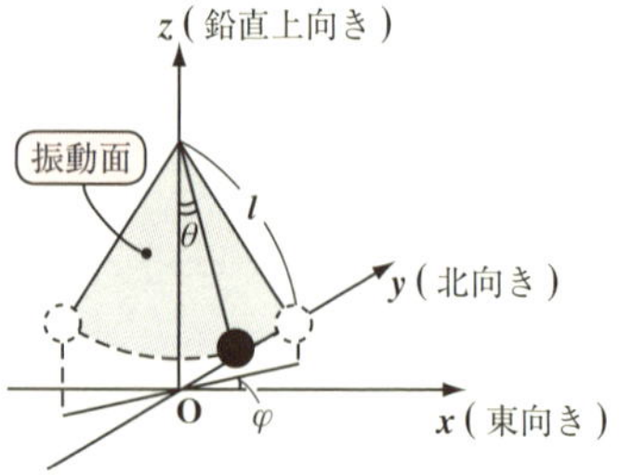

が成り立つことを示せ。ただし，ω は地球の自転の角速度とする。また，この振動面が z 軸の周りを 1 周する時間 T(s) を求めよ。

ヒント！ 傾角が θ のとき，重り P を最下点に向かわせる力が，重力 mg の接線方向成分 $mg\sin\theta$ で，$\theta\fallingdotseq 0$ より，これは $mg\theta$ と近似できる。この力の xy 平面に平行な成分 $mg\theta\cdot\cos\theta\fallingdotseq mg\theta$ ($\because\cos\theta\fallingdotseq 1$) を考え，これによって，P は xy 平面に平行な方向に運動するとして，十分である。地表は，地軸のまわりに角速度 ω で回転運動するので，コリオリの力 $f_{C_2}=2m\boldsymbol{v}\times\boldsymbol{\omega}$ も加えて，P の運動方程式を作る。外積 $\boldsymbol{v}\times\boldsymbol{\omega}$ は，$\boldsymbol{v}$ と $\boldsymbol{\omega}$ によってのみ決まるベクトル量であり，座標系の取り方に寄らないことに注意する。

解答＆解説

傾角が微小な角 θ のとき，P を最下点に向かわせる力は，図 1 に示すように，$mg\sin\theta$ である。そして，この力の xy 平面に平行な成分は，図 2 に示すように，$mg\sin\theta\cdot\cos\theta$ となる。$\theta\fallingdotseq 0$ より，

$$\underbrace{mg\sin\theta}_{\theta}\cdot\underbrace{\cos\theta}_{1}=\boxed{(ア)}$$ と近似できる。P は，この力を受けて，xy 平面に平行な方向に単振動を行うと考えてよい。

図 1

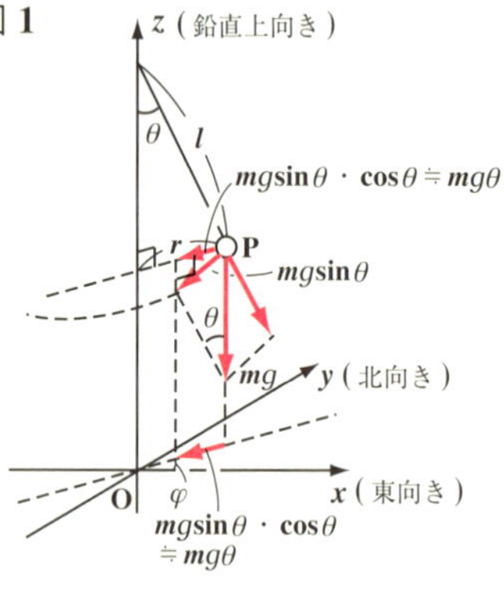

図 2

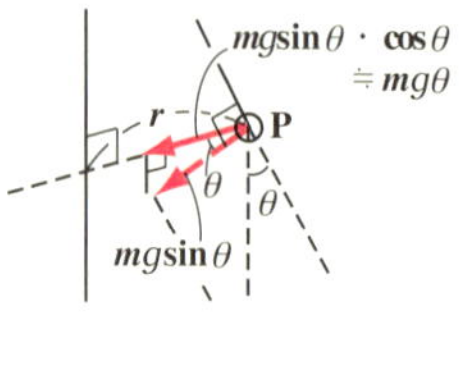

図 **3** に示すように，力 $mg\theta$ を x 成分 f_x と y 成分 f_y に分けると，**P** から z 軸へ下ろした垂線の長さを r として，

$$\begin{cases} f_x = m\ddot{x} = -mg\theta \cdot \dfrac{x}{r} \\ f_y = m\ddot{y} = -mg\theta \cdot \dfrac{y}{r} \end{cases} \cdots\cdots①$$ となる。

図 3

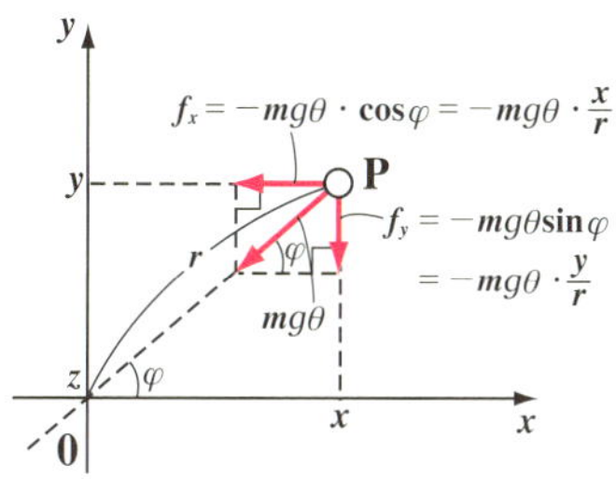

ここで，図 **1** より，

$r = l\theta$ と近似できるので，

$$\theta = \frac{r}{l} \cdots\cdots②$$

②を①に代入して，次式が成り立つ。

$$\begin{cases} m\ddot{x} = -mg \cdot \dfrac{r}{l} \cdot \dfrac{x}{r} = -m\dfrac{g}{l}x = -m{\omega_0}^2 x \\ m\ddot{y} = -mg \cdot \dfrac{r}{l} \cdot \dfrac{y}{r} = -m\dfrac{g}{l}y = -m{\omega_0}^2 y \end{cases} \cdots\cdots③ \quad \left(\omega_0 = \sqrt{\frac{g}{l}} \text{ とする。}\right)$$

ここで，**P** は南緯 α の位置にあって，地軸の周りを角速度 ω で回転しているので，③の右辺にコリオリの力

$f_{C_2} = 2m$ (イ) が加わる。コリオリの力 $f_{C_2} = 2m\boldsymbol{v} \times \boldsymbol{\omega}$ について，外積 $\boldsymbol{v} \times \boldsymbol{\omega}$ は，座標系の取り方に無関係に，$\boldsymbol{v}$ と $\boldsymbol{\omega}$ によって一通りに定まるベクトル量である。遠心力 f_{C_1} については，これと，地球が **P** に及ぼす万有引力との合力が重力より，③の右辺の重力による項の中に含まれていると考えてよい。図 **4** より，

図 4

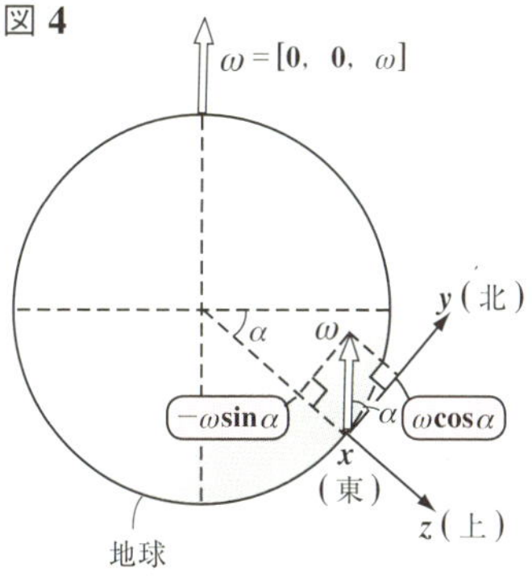

$\boldsymbol{\omega} = [0,\ \omega\cos\alpha,\ -\omega\sin\alpha]$ 　また，$\boldsymbol{v} = [\dot{x},\ \dot{y},\ 0]$ より，

$$f_{C_2} = 2m\boldsymbol{v} \times \boldsymbol{\omega}$$
$$= 2m[-\dot{y}\omega\sin\alpha,\ \dot{x}\omega\sin\alpha,\ \dot{x}\omega\cos\alpha] \cdots\cdots④$$ となる。

③に加わるのは，
この x，y 成分の **2** つ

外積 $\boldsymbol{v} \times \boldsymbol{\omega}$ の計算

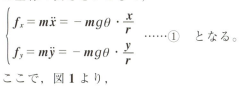

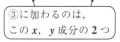

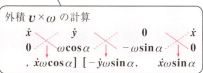

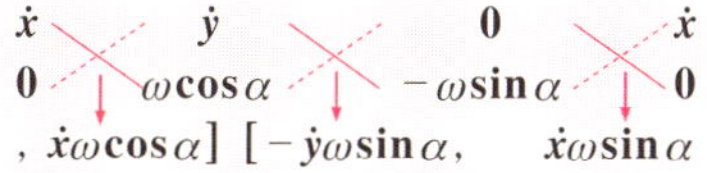

④の x 成分と y 成分を③の右辺に加えて，P の運動方程式は，

$$\begin{cases} m\ddot{x} = -m\omega_0{}^2x - 2m\dot{y}\omega\sin\alpha \\ m\ddot{y} = -m\omega_0{}^2y + 2m\dot{x}\omega\sin\alpha \end{cases} \quad \cdots\cdots ⑤$$

⑤の両辺を m で割って，

$$\begin{cases} \ddot{x} = -\omega_0{}^2x - 2\dot{y}\omega\sin\alpha & \cdots\cdots ⑥ \\ \ddot{y} = -\omega_0{}^2y + 2\dot{x}\omega\sin\alpha & \cdots\cdots ⑦ \end{cases}$$

⑦ $\times x -$ ⑥ $\times y$ より $\omega_0{}^2$ を消去すると，

$$\underbrace{x\ddot{y} - \ddot{x}y}_{\frac{d}{dt}(x\dot{y}-\dot{x}y)} = 2\omega\sin\alpha\underbrace{(x\dot{x} + y\dot{y})}_{\frac{d}{dt}\left\{\frac{1}{2}(x^2+y^2)\right\}} \quad \cdots\cdots ⑧$$

図 3 より，
$x = r\cos\varphi$
$y = r\sin\varphi$

ここで，

$$\frac{d}{dt}(x\dot{y} - \dot{x}y) = \dot{x}\dot{y} + x\ddot{y} - (\ddot{x}y + \dot{x}\dot{y}) = x\ddot{y} - \ddot{x}y$$

$$\frac{d}{dt}\left\{\frac{1}{2}(x^2 + y^2)\right\} = \frac{1}{2}(2x\dot{x} + 2y\dot{y}) = x\dot{x} + y\dot{y}$$

よって⑧は，

$$\frac{d}{dt}(x\dot{y} - \dot{x}y) = 2\omega\sin\alpha \cdot \frac{d}{dt}\left\{\frac{1}{2}(x^2 + y^2)\right\}$$

この両辺を t で積分して，

$$x\dot{y} - \dot{x}y = \omega(x^2 + y^2)\sin\alpha + C \quad (C：積分定数)$$

ここで，$t = 0$ のとき，$x = 0$，$y = 0$ とすると，$C = 0$ より，

$$x\dot{y} - \dot{x}y = \omega(x^2 + y^2)\sin\alpha \quad \cdots\cdots ⑨$$ となる。

図 3 より，$\begin{cases} x = r\cos\varphi \\ y = r\sin\varphi \end{cases}$

これを使って，

$$\cdot\ x\dot{y} - \dot{x}y = r\cos\varphi\underbrace{(\dot{r}\sin\varphi + r\dot{\varphi}\cos\varphi)}_{\dot{y}\ (r\text{ も }\varphi\text{ も }t\text{ の関数})} - \underbrace{(\dot{r}\cos\varphi - r\dot{\varphi}\sin\varphi)}_{\dot{x}} \cdot r\sin\varphi$$

$$= r^2\dot{\varphi}\underbrace{(\cos^2\varphi + \sin^2\varphi)}_{1} = r^2\frac{d\varphi}{dt} \quad \cdots\cdots ⑩$$

$$\cdot\ x^2 + y^2 = r^2\underbrace{(\cos^2\varphi + \sin^2\varphi)}_{1} = r^2 \quad \cdots\cdots\cdots\cdots ⑪$$

以上⑩，⑪を⑨に代入すると，

$$r^2\frac{d\varphi}{dt}=\omega r^2\sin\alpha$$

$$\therefore\ \frac{d\varphi}{dt}=\omega\sin\alpha\ \cdots\cdots(*)$$ を得る。 ……………………………………(終)

（正の定数）

$(*)$ より $\varphi(t)$ は，単位時間当り [(ウ)　　] $(1/s)$ 増加するので，この振り子の振動面は，一定の角速度 $\omega\sin\alpha$ $(1/s)$ で z 軸正方向から見て，左まわり

（地球の自転の角速度 $\frac{2\pi}{24\times60^2}=7.27\times10^{-5}$ $(1/s)$）（α はラジアン単位の緯度）

にゆっくりと回転する。よって，ちょうど 1 まわり (2π) するのに要する時間 T は，

$$T=\frac{2\pi}{\omega\sin\alpha}=\text{[(エ)　　]}\ (s)$$ となる。

（$\frac{2\pi}{\omega}=24\times60^2$ (s)）

地球の角速度
$\omega=\frac{2\pi}{24\times60^2}$ より，
$\frac{2\pi}{\omega}=24\times60^2$ (s)

…………(答)

(ex)

・$\alpha=\frac{\pi}{6}$ のとき，

$$T=\frac{24\times60^2}{\sin\frac{\pi}{6}}=48\times60^2\ (s)\ (=2\ 日)$$

（$\sin\frac{\pi}{6}=\frac{1}{2}$）

つまり，2 日でフーコーの振り子の振動面は 1 回転する。

・$\alpha=\frac{\pi}{2}$ のとき，

$$T=\frac{24\times60^2}{\sin\frac{\pi}{2}}=24\times60^2\ (s)\ (=1\ 日)$$

（$\sin\frac{\pi}{2}=1$）

すなわち，南極ではフーコー振り子の振動面は 1 日で 1 回転する。

地表の北緯 α の位置では，同様に考えて，$(*)$ は，

$$\frac{d\varphi}{dt}=-\omega\sin\alpha$$ となる。(「**力学キャンパス・ゼミ**」参照)

（負の定数）

解答　(ア) $mg\theta$　(イ) $\boldsymbol{v}\times\boldsymbol{\omega}$　(ウ) $\omega\sin\alpha$　(エ) $\frac{24\times60^2}{\sin\alpha}$ $\left(または，\frac{86400}{\sin\alpha}\right)$

講義 6 質点系の力学

§1. 2体問題（2質点系の力学）

質量がそれぞれ m_1, m_2 の2つの質点 P_1, P_2 が，外力を受けることなく，**相互作用(内力)**のみで運動する場合，P_1, P_2 の運動量をそれぞれ $\boldsymbol{p}_1(t)$, $\boldsymbol{p}_2(t)$ とおけば，この2質点系全体の運動量 $\boldsymbol{P} = \boldsymbol{p}_1(t) + \boldsymbol{p}_2(t)$ は，時刻 t によらず一定に保たれる。

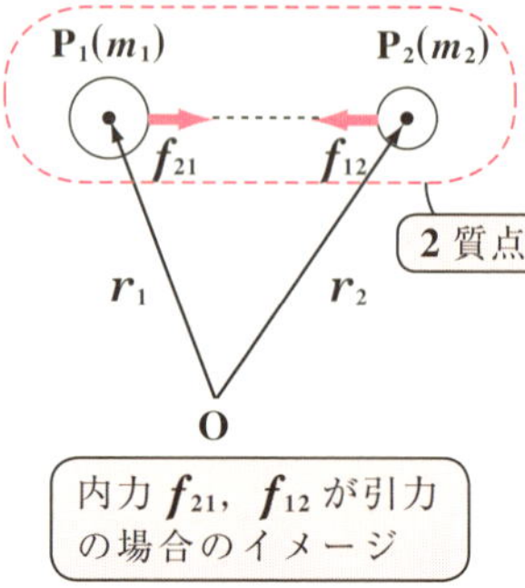

P_1 と P_2 の2質点系の**質量中心(重心)** G の位置ベクトル $\boldsymbol{r}_G$ は，次式で定義される。

$$\boldsymbol{r}_G = \frac{m_1 \boldsymbol{r}_1 + m_2 \boldsymbol{r}_2}{M} \quad \cdots\cdots ①$$

（ただし，$M = m_1 + m_2$）

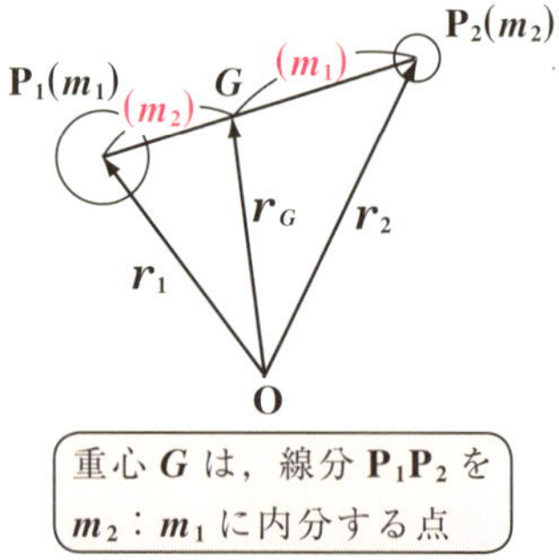

P_1, P_2 が内力のみを受けて運動するとき，$\ddot{\boldsymbol{r}}_G = 0$ となるので，重心 G は等速度運動を行う。

次に，P_1, P_2 に内力以外に，それぞれ外力 $\boldsymbol{f}_1$, $\boldsymbol{f}_2$ が働く場合，P_1, P_2 の運動方程式は，

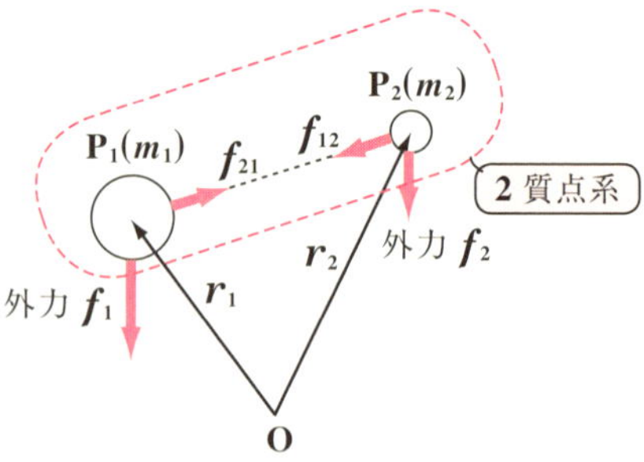

$$\begin{cases} m_1 \ddot{\boldsymbol{r}}_1 = \boldsymbol{f}_1 + \boxed{\boldsymbol{f}_{21}} \quad \cdots\cdots ② \\ m_2 \ddot{\boldsymbol{r}}_2 = \boldsymbol{f}_2 + \boldsymbol{f}_{12} \quad \cdots\cdots ③ \end{cases}$$

（$-\boldsymbol{f}_{12}$）

作用・反作用の法則より，

$$\boldsymbol{f}_{21} = -\boldsymbol{f}_{12} \quad \cdots\cdots ④$$

②＋③より，④を用いて，

$$\frac{d^2}{dt^2}\underbrace{(m_1 \boldsymbol{r}_1 + m_2 \boldsymbol{r}_2)}_{M\boldsymbol{r}_G（①より）} = \boldsymbol{f}_1 + \boldsymbol{f}_2 \quad (\because ④)$$

$$\therefore M\ddot{\boldsymbol{r}}_G = \boldsymbol{f} \quad \cdots\cdots ⑤ \quad （ただし，\boldsymbol{f} = \boldsymbol{f}_1 + \boldsymbol{f}_2）$$

図1 相互作用のみの2質点系

内力 $\boldsymbol{f}_{21}$, $\boldsymbol{f}_{12}$ が引力の場合のイメージ

図2 質量中心 G

重心 G は，線分 $P_1 P_2$ を $m_2 : m_1$ に内分する点

図3 外力が働く場合の2質点系

⑤より,「重心は,その点に全質量が集中しそこに外力 f が作用するかのように運動する」ことが分かる。

次に,2質点 P_1, P_2 が外力を受けることなく,相互作用のみで運動するとき,P_1 からみたときの P_2 の運動は,質量 $\mu = \dfrac{m_1 m_2}{m_1 + m_2}$ の質点が f_{12} を受けて行う運動と等しい。
この μ を**換算質量**と呼ぶ。

(ex1) $m_1 = m_2 = m$ のとき,
$$\mu = \frac{m_1 m_2}{m_1 + m_2} = \frac{m^2}{m+m} = \frac{m}{2}$$

(ex2) $m_1 \gg m_2$ のとき,
$$\mu = \frac{m_1 m_2}{m_1 + m_2} = \frac{m_2}{1 + \boxed{\dfrac{m_2}{m_1}}} \fallingdotseq m_2$$
$\boxed{0 \;(\because m_1 \gg m_2)}$

図4 P_1 に対する P_2 の相対運動
(外力は働いていない。)
$r = r_2 - r_1$
固定点と考える。

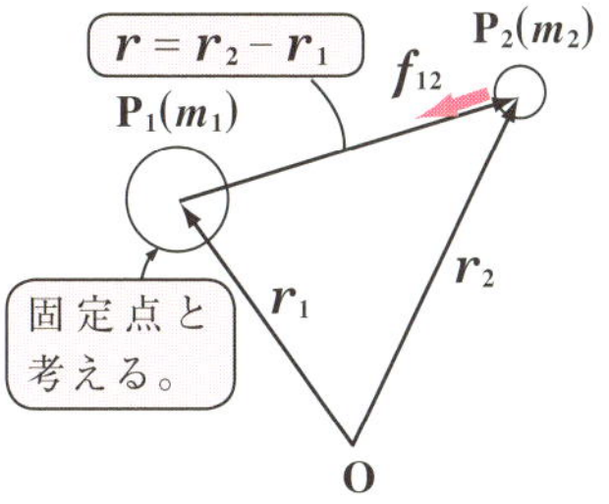

内力のみで運動する2質点系 P_1, P_2 の重心 G に関する位置ベクトルをそれぞれ $r_1{}'$, $r_2{}'$ とし,P_1 から P_2 に向かうベクトルを r とおくと,

$$\begin{cases} r_1{}' = -\dfrac{m_2}{m_1 + m_2} r \\ r_2{}' = \dfrac{m_1}{m_1 + m_2} r \end{cases} \quad \text{となる。(図5)}$$

図5 r_1, r_2 と r_G の関係

ここで,P_2 が P_1 に及ぼす内力 f_{21} と,P_1 が P_2 に及ぼす内力 $f_{12}(=-f_{21})$ が,$f(r)$ を符号も含めた f_{12} の大きさとして,
$$f_{21} = -f(r) \frac{r}{r}, \quad f_{12} = f(r) \frac{r}{r}$$
$(r = \|r\|)$ と表されるとき,次式が成り立つ。

$$\begin{cases} m_1 \ddot{r}_1{}' = f\!\left(\dfrac{m_1 + m_2}{m_2} r_1{}'\right) \cdot \dfrac{r_1{}'}{r_1{}'} \cdots (*1) \\ m_2 \ddot{r}_2{}' = f\!\left(\dfrac{m_1 + m_2}{m_1} r_2{}'\right) \cdot \dfrac{r_2{}'}{r_2{}'} \cdots (*2) \end{cases}$$

(ただし,$r_1{}' = \|r_1{}'\|$, $r_2{}' = \|r_2{}'\|$)

図6 $f_{21} = -f(r)\dfrac{r}{r}$, $f_{12} = f(r)\dfrac{r}{r}$

単位ベクトル $e = \dfrac{r}{r}$

内力が万有引力のときは,
$f(r) = -G\dfrac{m_1 m_2}{r^2} \;(<0)$

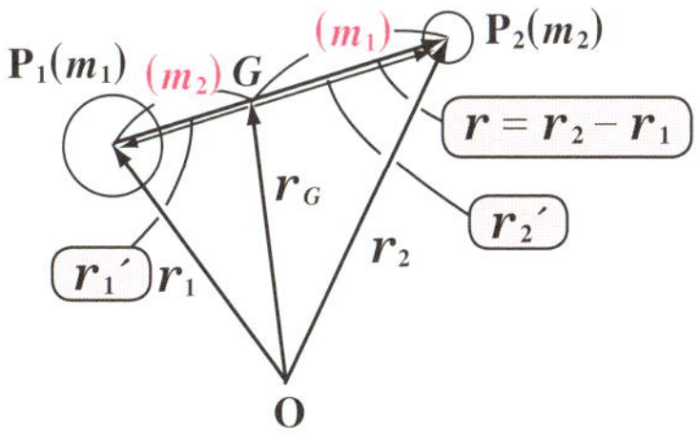

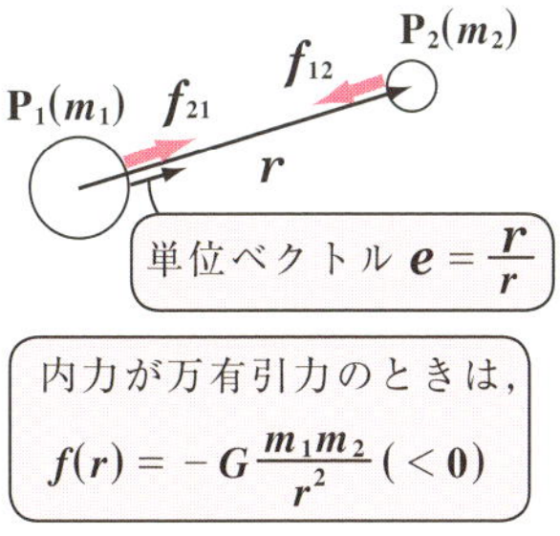

$(*1)(*2)$ はそれぞれ,P_1, P_2 の重心 G に対する運動方程式を表す。
(演習問題91)

次に，質量がそれぞれ m_1，m_2 の質点 P_1，P_2 から成る2質点系の全運動量を $\boldsymbol{P}$，2質点系の全質量 $(M=m_1+m_2)$ が集中したと考えたときの重心 G の運動量を $\boldsymbol{P}_G=M\boldsymbol{v}_G$ とおくと，$\boldsymbol{P}=\boldsymbol{P}_G$ …(＊) が成り立つ。

また，2質点系の全運動エネルギーを K，全質量が集中したと考えたときの重心の運動エネルギーを K_G，G に対する各質点の相対運動による運動エネルギーを K' とおくと，

$K=K_G+K'$ ……(＊＊) が成り立つ。（演習問題 93, 94）

全運動量の公式(＊)と，全運動エネルギーの公式(＊＊)は，P_1，P_2 に外力が働いているか否かに関わらず成り立つ。

角運動量 $\boldsymbol{L}$ は，質量 m の質点 P がもつ運動量 $\boldsymbol{p}=m\boldsymbol{v}$ のモーメントのことで，これは外積を用いて，

$\boldsymbol{L}=\boldsymbol{r}\times\boldsymbol{p}$ と表される。

相互作用 $(\boldsymbol{f}_{21}, \boldsymbol{f}_{12})$ 以外に，2質点 P_1，P_2 にそれぞれ外力 $\boldsymbol{f}_1$，$\boldsymbol{f}_2$ が働く場合，この2質点系の全角運動量 $\boldsymbol{L}$ は P_1 と P_2 の角運動量の和：

$\boldsymbol{L}=\boldsymbol{r}_1\times\boldsymbol{p}_1+\boldsymbol{r}_2\times\boldsymbol{p}_2$ となる。

この両辺を時刻 t で微分して，

$\dfrac{d\boldsymbol{L}}{dt}=\boldsymbol{N}$ ……(＊1) が導かれる。

（ただし，P_1，P_2 に働く外力のモーメント：$\boldsymbol{N}=\boldsymbol{r}_1\times\boldsymbol{f}_1+\boldsymbol{r}_2\times\boldsymbol{f}_2$）

(＊1)は，「2質点系の全角運動量 $\boldsymbol{L}$ の時間的変化率は，外力のモーメント $\boldsymbol{N}$ に等しい」ことを表す。

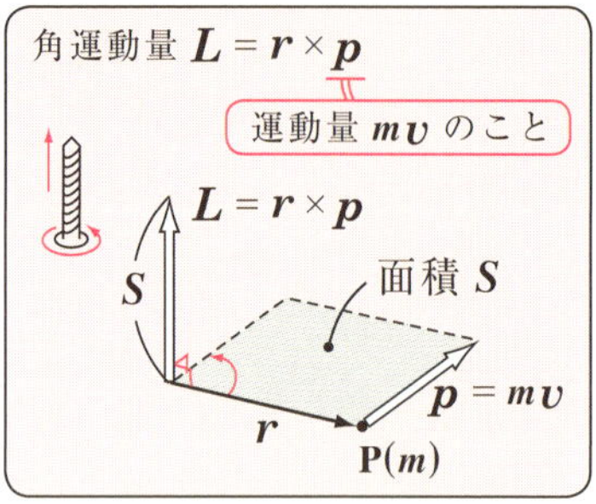

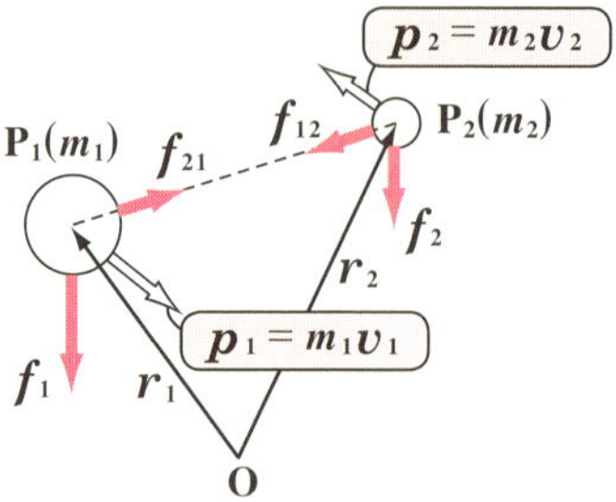

図7　全角運動量 $\boldsymbol{L}$

$\boldsymbol{L}$ は，さらに次式に変形される。

$\boldsymbol{L}=\boldsymbol{L}_G+\boldsymbol{L}'$ ……(＊2)

（ただし，$\boldsymbol{L}_G=\boldsymbol{r}_G\times M\dot{\boldsymbol{r}}_G$，$\boldsymbol{L}'=\boldsymbol{r}_1'\times m_1\dot{\boldsymbol{r}}_1'+\boldsymbol{r}_2'\times m_2\dot{\boldsymbol{r}}_2'$）

$\boldsymbol{L}_G$ は，全質量が G に集中したと考えたときの原点 O のまわりの G の回転による角運動量を表し，$\boldsymbol{L}'$ は，P_1 と P_2 の G のまわりの回転による角運動量の和を表す。　さらに，次式が成り立つ。

$\frac{d\boldsymbol{L}_G}{dt}=\boldsymbol{N}_G$ ……(＊3)　　　$\frac{d\boldsymbol{L}'}{dt}=\boldsymbol{N}'$ ……(＊4)

（ただし，$\boldsymbol{N}_G=\boldsymbol{r}_G\times(\boldsymbol{f}_1+\boldsymbol{f}_2)$，$\boldsymbol{N}'=\boldsymbol{r}_1'\times\boldsymbol{f}_1+\boldsymbol{r}_2'\times\boldsymbol{f}_2$）

$\boldsymbol{N}_G$ は，外力が重心 G に集中したと考えたときの原点 O のまわりの外力のモーメントを表し，$\boldsymbol{N}'$ は G のまわりの外力のモーメントの和を表す。（演習問題 95）

§2. 多質点系の力学

3 質点以上の多質点系でも，2 質点系の力学で導いた $\boldsymbol{P}=\boldsymbol{P}_G$ や $K=K_G+K'$ などの公式が，同様に成り立つ。多質点系の公式を以下にまとめて示す。

1. 相互作用のみが働く場合の多質点系の運動

運動量 $\boldsymbol{P}=\sum_{k=1}^{n}\boldsymbol{p}_k(t)=$（定ベクトル）　←運動量は保存される。

重心 G の位置ベクトル $\boldsymbol{r}_G=\frac{\sum_{k=1}^{n}m_k\boldsymbol{r}_k}{M}$　$\left(M=\sum_{k=1}^{n}m_k\right)$ について，

$M\ddot{\boldsymbol{r}}_G=\boldsymbol{0}$ より，$\ddot{\boldsymbol{r}}_G=\boldsymbol{a}_G=\boldsymbol{0}$　←重心 G は等速度運動をする。

2. 相互作用以外に外力 $\boldsymbol{f}$ も働く場合の多質点系の運動

$M\ddot{\boldsymbol{r}}_G=\boldsymbol{f}$　←重心 G は，この運動方程式に従って運動する。

3. 多質点系の全運動量 $\boldsymbol{P}$

$\boldsymbol{P}=\boldsymbol{P}_G$　（$\boldsymbol{P}_G$：全質量が集中したと考えたときの重心 G の運動量）

4. 多質点系の全運動エネルギー K

$K=K_G+K'$　（K_G：全質量が集中したと考えたときの重心 G の運動エネルギー，K'：G に対する各質点の相対運動による運動エネルギー）

5. 多質点系の全角運動量 $\boldsymbol{L}$

(i) $\frac{d\boldsymbol{L}}{dt}=\boldsymbol{N}$　（$\boldsymbol{N}$：各質点に働く外力の原点 O のまわりのモーメントの総和）

(ii) $\boldsymbol{L}=\boldsymbol{L}_G+\boldsymbol{L}'$　（$\boldsymbol{L}_G$：全質量が集中したと考えたときの重心 G の原点 O のまわりの回転による角運動量，$\boldsymbol{L}'$：重心 G のまわりの各質点の回転による角運動量の総和）

(iii) $\frac{d\boldsymbol{L}_G}{dt}=\boldsymbol{N}_G$，$\frac{d\boldsymbol{L}'}{dt}=\boldsymbol{N}'$　（$\boldsymbol{N}_G$：重心 G に集中したと考えたときの外力の O のまわりのモーメント，$\boldsymbol{N}'$：G のまわりの外力のモーメントの総和）

演習問題 87　●相互作用のみで運動する 2 質点系 (I)●

質量がそれぞれ m_1, m_2 の 2 つの質点 P_1, P_2 が，外力を受けることなく，相互作用 (内力) のみで運動するとき，P_1, P_2 の運動量をそれぞれ $\boldsymbol{p}_1(t)$, $\boldsymbol{p}_2(t)$ とすれば，この 2 つの質点系全体の全運動量 $\boldsymbol{P}$ は，時刻 t によらず一定に保存されることを示せ。

ヒント！ P_1 と P_2 の位置ベクトルをそれぞれ $\boldsymbol{r}_1$, $\boldsymbol{r}_2$ として，それぞれの運動方程式を立てる。P_1 が P_2 に及ぼす内力は，作用・反作用の法則より，P_2 が P_1 に及ぼす内力の逆ベクトルとなる。

解答＆解説

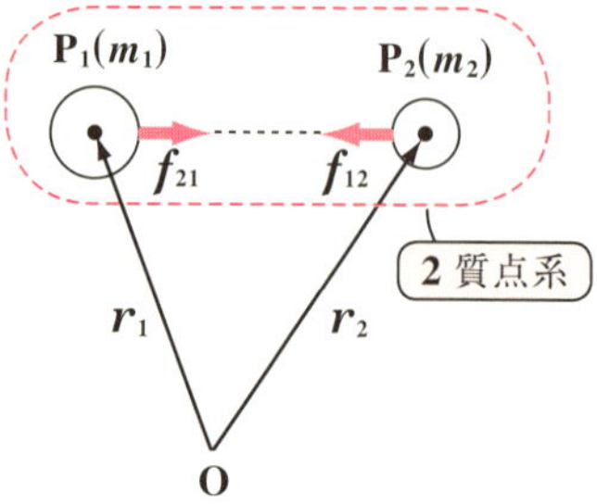

内力 $\boldsymbol{f}_{21}$, $\boldsymbol{f}_{12}$ が引力のときのイメージ

質量がそれぞれ m_1, m_2 の質点 P_1, P_2 が，外力を受けず相互作用のみで運動するとき，運動方程式は，次のようになる。

$$\begin{cases} m_1\ddot{\boldsymbol{r}}_1 = \boldsymbol{f}_{21} & \cdots\cdots① \\ m_2\ddot{\boldsymbol{r}}_2 = \boldsymbol{f}_{12} & \cdots\cdots② \end{cases}$$

$$\left(\begin{array}{l} \boldsymbol{r}_1, \boldsymbol{r}_2 : P_1, P_2 \text{の位置ベクトル} \\ \boldsymbol{f}_{21} : P_2 \text{が} P_1 \text{に及ぼす力} \\ \boldsymbol{f}_{12} : P_1 \text{が} P_2 \text{に及ぼす力} \end{array}\right)$$

作用・反作用の法則により，内力 $\boldsymbol{f}_{21}$, $\boldsymbol{f}_{12}$ について，

$\boldsymbol{f}_{12} = -\boldsymbol{f}_{21}$ ……③　が成り立つ。　①＋②に③を用いると，

$$m_1\ddot{\boldsymbol{r}}_1 + m_2\ddot{\boldsymbol{r}}_2 = \underbrace{\boldsymbol{f}_{21} + \boxed{\boldsymbol{f}_{12}}}_{\boldsymbol{0}} \quad \left(\boldsymbol{f}_{12} = -\boldsymbol{f}_{21} \ (③\text{より})\right)$$

$$\frac{d^2}{dt^2}(m_1\boldsymbol{r}_1 + m_2\boldsymbol{r}_2) = \boldsymbol{0} \quad \cdots\cdots④ \quad (\because ③)$$

$$\frac{d}{dt}(\underbrace{m_1\dot{\boldsymbol{r}}_1}_{\boldsymbol{p}_1(t) = m_1\boldsymbol{v}_1} + \underbrace{m_2\dot{\boldsymbol{r}}_2}_{\boldsymbol{p}_2(t) = m_2\boldsymbol{v}_2}) = \boldsymbol{0} \quad \cdots\cdots⑤ \qquad \therefore \frac{d}{dt}\{\boldsymbol{p}_1(t) + \boldsymbol{p}_2(t)\} = \boldsymbol{0} \quad \cdots\cdots⑥$$

ここで，2 質点系全体の運動量は $\boldsymbol{P} = \boldsymbol{p}_1(t) + \boldsymbol{p}_2(t)$ ……⑦より，⑦を⑥に代入すると，$\dfrac{d\boldsymbol{P}}{dt} = \boldsymbol{0}$

よって，$\boldsymbol{P} = \boldsymbol{p}_1(t) + \boldsymbol{p}_2(t) = $ (定ベクトル) となって，相互作用のみで運動する 2 質点系の全運動量は保存される。……………………………………(終)

演習問題 88 ● 相互作用のみで運動する 2 質点系（Ⅱ）●

質量がそれぞれ m_1，m_2 の 2 つの質点 $\mathbf{P}_1$，$\mathbf{P}_2$ から成る 2 質点系の重心 G は，$\mathbf{P}_1$，$\mathbf{P}_2$ が相互作用（内力）のみで運動するとき，等速度運動を行うことを示せ。

ヒント！ 重心 G の位置ベクトル $\boldsymbol{r}_G$ は，$\boldsymbol{r}_G = \dfrac{m_1\boldsymbol{r}_1 + m_2\boldsymbol{r}_2}{m_1 + m_2}$ で定義される。相互作用のみで $\mathbf{P}_1$，$\mathbf{P}_2$ は運動するので，その全運動量 $\boldsymbol{P}$ は保存される。

解答＆解説

右図に示すように，基準点 O から重心 G に向かう位置ベクトルを $\boldsymbol{r}_G$ とおくと，

$$\boldsymbol{r}_G = \frac{m_1\boldsymbol{r}_1 + m_2\boldsymbol{r}_2}{M} \quad \cdots\cdots① \quad (M = m_1 + m_2)$$

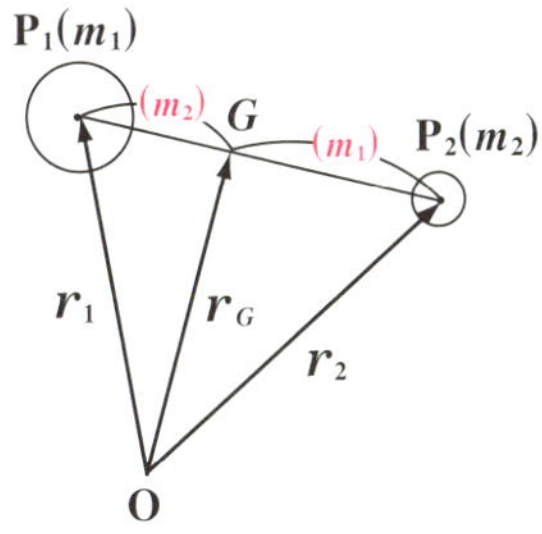

となる。①の両辺を M 倍して，

$$M\boldsymbol{r}_G = m_1\boldsymbol{r}_1 + m_2\boldsymbol{r}_2 \quad \cdots\cdots②$$

ここで，$\mathbf{P}_1$ と $\mathbf{P}_2$ は内力のみで運動するので，この 2 質点系の全運動量 $\boldsymbol{P} = \boldsymbol{p}_1(t) + \boldsymbol{p}_2(t)$ は時刻 t によらず [(ア)] される。

$$\therefore \frac{d\boldsymbol{P}}{dt} = \frac{d}{dt}(\underbrace{m_1\dot{\boldsymbol{r}}_1}_{\boldsymbol{p}_1(t)} + \underbrace{m_2\dot{\boldsymbol{r}}_2}_{\boldsymbol{p}_2(t)}) = m_1\ddot{\boldsymbol{r}}_1 + m_2\ddot{\boldsymbol{r}}_2 = \boxed{(イ)}$$

$$\therefore m_1\ddot{\boldsymbol{r}}_1 + m_2\ddot{\boldsymbol{r}}_2 = \boldsymbol{0} \quad \cdots\cdots③$$

②の両辺を時刻 t で 2 階微分して，

$$M\ddot{\boldsymbol{r}}_G = m_1\ddot{\boldsymbol{r}}_1 + m_2\ddot{\boldsymbol{r}}_2 \quad \cdots\cdots④$$

③を④に代入して，$M\ddot{\boldsymbol{r}}_G = \boldsymbol{0}$　　$\therefore \ddot{\boldsymbol{r}}_G = \boxed{(ウ)}$

よって，$\boldsymbol{v}_G = \dot{\boldsymbol{r}}_G =$（定ベクトル）となるので，重心 G は等速度運動をする。

………（終）

$\boldsymbol{P} = m_1\dot{\boldsymbol{r}}_1 + m_2\dot{\boldsymbol{r}}_2 = \dfrac{d}{dt}(m_1\boldsymbol{r}_1 + m_2\boldsymbol{r}_2) = \dfrac{d}{dt}(M\boldsymbol{r}_G) = M\dot{\boldsymbol{r}}_G$ であるから，$\boldsymbol{P} = M\dot{\boldsymbol{r}}_G$ となって，「重心 G に全質量 M が集中した質点を考えたとき，この質点の運動量 $M\dot{\boldsymbol{r}}_G$ は，2 質点系の全運動量 $\boldsymbol{P}$ に等しい」ことが分かる。

解答　(ア) 保存　(イ) $\boldsymbol{0}$　(ウ) $\boldsymbol{0}$

演習問題 89　● 相互作用のみが働く 2 質点の相対運動 (Ⅰ) ●

質量がそれぞれ m_1, m_2 の 2 つの質点 $\mathbf{P}_1$, $\mathbf{P}_2$ が，相互作用のみで運動するとき，$\mathbf{P}_1$ を固定点とみなしたときの $\mathbf{P}_2$ の運動は，質量 $\mu = \dfrac{m_1 m_2}{m_1 + m_2}$ の質点が力 $\boldsymbol{f}_{12}$ を受けて行う運動と等しいことを示せ。
（ただし，$\boldsymbol{f}_{12}$：$\mathbf{P}_1$ が $\mathbf{P}_2$ に及ぼす力）

ヒント！ $\mathbf{P}_1$ を固定点と考えた場合の $\mathbf{P}_2$ の相対運動を調べるために，$\boldsymbol{r}_1$, $\boldsymbol{r}_2$ をそれぞれ $\mathbf{P}_1$, $\mathbf{P}_2$ の位置ベクトルとして，$\mathbf{P}_1$ から $\mathbf{P}_2$ に向かうベクトル $\boldsymbol{r} = \boldsymbol{r}_2 - \boldsymbol{r}_1$ の運動方程式を導く。

解答＆解説

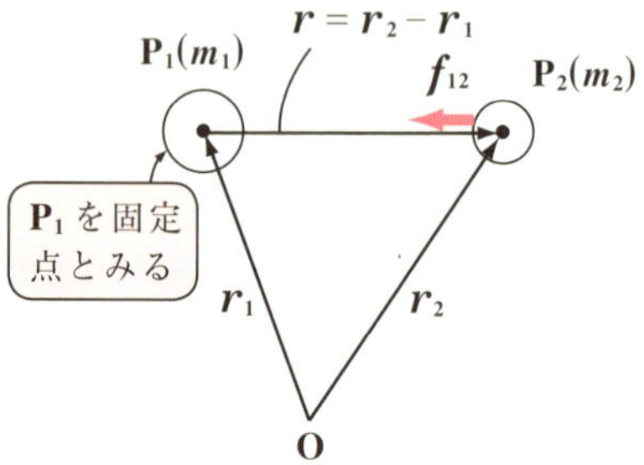

$\mathbf{P}_1$, $\mathbf{P}_2$ が内力のみで運動するので，それらの運動方程式は，次のようになる。

$$\begin{cases} m_1 \ddot{\boldsymbol{r}}_1 = \boldsymbol{f}_{21} & \cdots\cdots ① \\ m_2 \ddot{\boldsymbol{r}}_2 = \boldsymbol{f}_{12} & \cdots\cdots ② \\ \boldsymbol{f}_{21} = -\boldsymbol{f}_{12} & \cdots\cdots ③ \\ (\boldsymbol{f}_{12} : \mathbf{P}_2 \text{ が } \mathbf{P}_1 \text{ から受ける力}) \end{cases}$$

図に示すように，$\mathbf{P}_1$ を基準とする $\mathbf{P}_2$ の位置ベクトルを $\boldsymbol{r}$ とおくと，

$\boldsymbol{r} = \boldsymbol{r}_2 - \boldsymbol{r}_1$ ……④

① ÷ m_1 より，$\ddot{\boldsymbol{r}}_1 = \dfrac{1}{m_1}\boldsymbol{f}_{21}$ ……①′

② ÷ m_2 より，$\ddot{\boldsymbol{r}}_2 = \dfrac{1}{m_2}\boldsymbol{f}_{12}$ ……②′

②′ − ①′ より，

$$\ddot{\boldsymbol{r}}_2 - \ddot{\boldsymbol{r}}_1 = \frac{1}{m_2}\boldsymbol{f}_{12} - \frac{1}{m_1}\boldsymbol{f}_{21}, \qquad \ddot{\boldsymbol{r}} = \left(\frac{1}{m_2} + \frac{1}{m_1}\right)\boldsymbol{f}_{12} \quad (\because ③,\ ④ \text{ より})$$

（$\boldsymbol{f}_{21}$ は $-\boldsymbol{f}_{12}$）

$$\frac{d^2}{dt^2}(\boldsymbol{r}_2 - \boldsymbol{r}_1) = \frac{d^2\boldsymbol{r}}{dt^2} = \ddot{\boldsymbol{r}} \quad (\because \boldsymbol{r} = \boldsymbol{r}_2 - \boldsymbol{r}_1 \cdots ④)$$

$\ddot{\boldsymbol{r}} = \dfrac{m_1 + m_2}{m_1 m_2}\boldsymbol{f}_{12}$　$\therefore \dfrac{m_1 m_2}{m_1 + m_2}\ddot{\boldsymbol{r}} = \boldsymbol{f}_{12}$ より，換算質量 $\mu = \dfrac{m_1 m_2}{m_1 + m_2}$ を使って，

$\mu\ddot{\boldsymbol{r}} = \boldsymbol{f}_{12}$ が成り立つ。　よって，「$\mathbf{P}_1$から見て，$\mathbf{P}_2$は，質量 $\mu = \dfrac{m_1 m_2}{m_1 + m_2}$ の質点が力 $\boldsymbol{f}_{12}$を受けて行う運動と同様の運動を行う」ことが分かる。 ………(終)

演習問題 90 ● 相互作用のみが働く2質点の相対運動(Ⅱ)●

質量がそれぞれ m_1, m_2 の質点 P_1, P_2 が，万有引力の相互作用のみで，互いに他の周りを，半径 r の等速円運動をしているとき，その角速度 ω と，周期 T を求めよ。

ヒント！ 相互作用のみの運動より，P_1 に対する P_2 の運動は，P_1 が固定されていて，P_2 の質量が $\mu=\dfrac{m_1m_2}{m_1+m_2}$ になったと考えたときの運動になる。

解答&解説

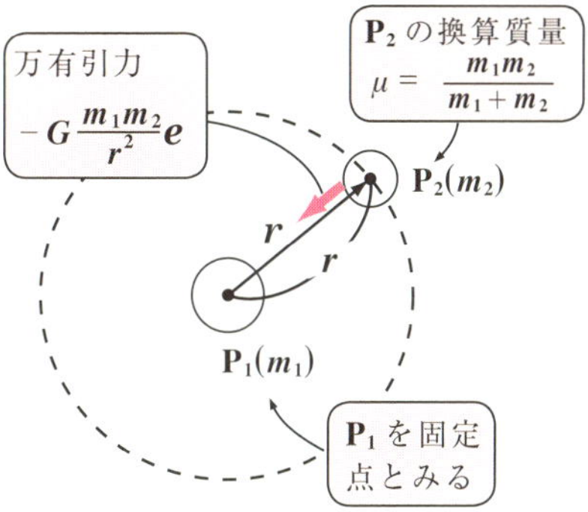

互いに万有引力のみを受けて円運動を行うので，P_1 から見た P_2 の運動方程式は，P_1 から P_2 に向かうベクトルを $\boldsymbol{r}$ $(\|\boldsymbol{r}\|=r)$ として，

$$\mu\ddot{\boldsymbol{r}}=\underbrace{-G\frac{m_1m_2}{r^2}\boldsymbol{e}}_{f_{12}}\quad\cdots\cdots①$$ とおける。

$\left(換算質量\ \mu=\boxed{(ア)}\ ,\quad \boldsymbol{e}=\dfrac{\boldsymbol{r}}{r}\right)$

ここで，角速度 ω の等速円運動より，加速度 $\boldsymbol{a}=\ddot{\boldsymbol{r}}$ は，

$\boldsymbol{a}=\ddot{\boldsymbol{r}}=\boxed{(イ)}$ ……② ← 角速度 ω の等速円運動の加速度 (P72)

②を①に代入して，

$$\mu(-\omega^2\boldsymbol{r})=-G\frac{m_1m_2}{r^2}\boldsymbol{e}$$ この両辺の大きさをとって，

$$\mu\omega^2r=G\frac{m_1m_2}{r^2},\qquad \frac{m_1m_2}{m_1+m_2}r\omega^2=G\frac{m_1m_2}{r^2}$$

$\left(\mu=\dfrac{m_1m_2}{m_1+m_2}\right)$

$$\omega^2=G\frac{m_1+m_2}{r^3}\qquad \therefore 角速度\ \omega=\sqrt{\boxed{(ウ)}}\ \cdots\cdots(答)$$

$$周期\ T=\frac{2\pi}{\omega}=2\pi\sqrt{\boxed{(エ)}}\ \cdots\cdots(答)$$

解答 (ア) $\dfrac{m_1m_2}{m_1+m_2}$ (イ) $-\omega^2\boldsymbol{r}$ (ウ) $\dfrac{G(m_1+m_2)}{r^3}$ (エ) $\dfrac{r^3}{G(m_1+m_2)}$

演習問題 91 ● 重心に対する相対運動 (I) ●

外力を受けることなく，相互作用（内力）のみで運動する，質量がそれぞれ m_1，m_2 の質点 P_1，P_2 から成る 2 質点系がある。$\boldsymbol{r}$ を P_1 から P_2 に向かうベクトルとして，

(1) この質点系の重心 G に関する P_1，P_2 の位置ベクトルを，それぞれ $\boldsymbol{r}_1'$，$\boldsymbol{r}_2'$ とおくとき，次の (a)，(b) が成り立つことを示せ。

$$\boldsymbol{r}_1' = -\frac{m_2}{m_1+m_2}\boldsymbol{r} \quad \cdots\cdots(a), \qquad \boldsymbol{r}_2' = \frac{m_1}{m_1+m_2}\boldsymbol{r} \quad \cdots\cdots(b)$$

(2) P_2 が P_1 に及ぼす内力 $\boldsymbol{f}_{21}$ と，P_1 が P_2 に及ぼす内力 $\boldsymbol{f}_{12}(=-\boldsymbol{f}_{21})$ が、$f(r)$ を符号も含めた $\boldsymbol{f}_{12}$ の大きさとして，

$$\boldsymbol{f}_{21} = -f(r)\frac{\boldsymbol{r}}{r} \quad \cdots\cdots(c), \qquad \boldsymbol{f}_{12} = f(r)\frac{\boldsymbol{r}}{r} \quad \cdots\cdots(d) \quad (\text{ただし，} r=\|\boldsymbol{r}\|)$$

と表されるとき，次の (＊1)，(＊2) が成り立つことを示せ。

$$\begin{cases} \cdot\ m_1\ddot{\boldsymbol{r}}_1' = f\left(\dfrac{m_1+m_2}{m_2}r_1'\right)\cdot\dfrac{\boldsymbol{r}_1'}{r_1'} & \cdots\cdots(*1) \\ \cdot\ m_2\ddot{\boldsymbol{r}}_2' = f\left(\dfrac{m_1+m_2}{m_1}r_2'\right)\cdot\dfrac{\boldsymbol{r}_2'}{r_2'} & \cdots\cdots(*2) \end{cases}$$

（ただし，$r_1' = \|\boldsymbol{r}_1'\|$、$r_2' = \|\boldsymbol{r}_2'\|$）

ヒント！ (1) 重心 G は線分 P_1P_2 を $m_2 : m_1$ に内分する点であることを使う。(2)(＊1) は，P_1 の運動方程式 $m_1\ddot{\boldsymbol{r}}_1 = -f(r)\dfrac{\boldsymbol{r}}{r}$ について，r を r_1' で表し，$f(r)$ に代入する。また，$\dfrac{\boldsymbol{r}}{r} = -\dfrac{\boldsymbol{r}_1'}{r_1}$ となる。さらに，P_1 の位置ベクトル $\boldsymbol{r}_1 = \boldsymbol{r}_G + \boldsymbol{r}_1'$ について，$\ddot{\boldsymbol{r}}_1 = \ddot{\boldsymbol{r}}_G + \ddot{\boldsymbol{r}}_1' = \ddot{\boldsymbol{r}}_1'$ となる。（∵内力のみより，$\ddot{\boldsymbol{r}}_G = \boldsymbol{0}$）(＊2) も同様に導かれる。

解答＆解説

(1) 基準点 O に関する P_1，P_2，重心 G の位置ベクトルをそれぞれ $\boldsymbol{r}_1$，$\boldsymbol{r}_2$，$\boldsymbol{r}_G$ とおくと，$\boldsymbol{r}_G$ は次式で表される。

$\boldsymbol{r}_G =$ (ア) ……①

①より，G は線分 P_1P_2 を $m_2 : m_1$ に内分するので，図 1(ⅰ)より，P_1，P_2 の G に関する位置ベクトル $\boldsymbol{r}_1'$，$\boldsymbol{r}_2'$ は，

図 1 (ⅰ)

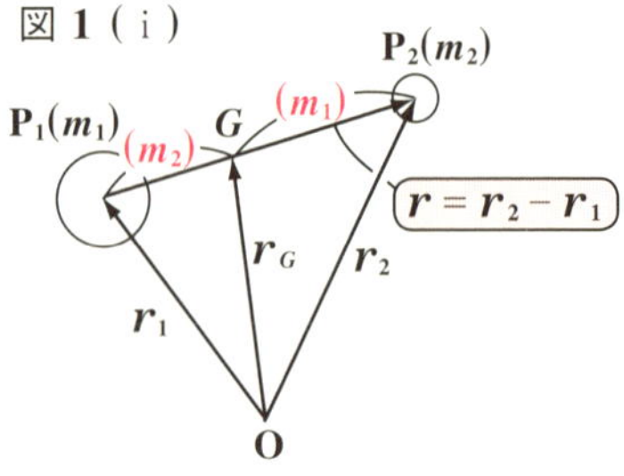

$\boldsymbol{r}_1{}' = -\dfrac{m_2}{m_1+m_2}\boldsymbol{r}$ ……(a), $\boldsymbol{r}_2{}' = \dfrac{m_1}{m_1+m_2}\boldsymbol{r}$ ……(b) と表せる。

………(終)

(2) $\mathbf{P}_1$, $\mathbf{P}_2$ の位置ベクトル $\boldsymbol{r}_1$, $\boldsymbol{r}_2$ は，図 **1**(ii) より，

$$\begin{cases} \boldsymbol{r}_1 = \boldsymbol{r}_G + \boldsymbol{r}_1{}' & \cdots\cdots② \\ \boldsymbol{r}_2 = \boldsymbol{r}_G + \boldsymbol{r}_2{}' & \cdots\cdots③ \end{cases}$$

図 **1** (ii)

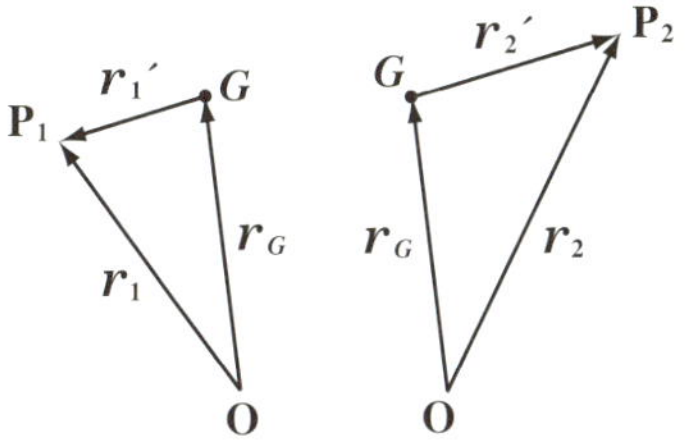

$\mathbf{P}_1$ と $\mathbf{P}_2$ の運動方程式は，それぞれ，

$m_1\ddot{\boldsymbol{r}}_1 = \boldsymbol{f}_{21}$ …④, $m_2\ddot{\boldsymbol{r}}_2 = \boldsymbol{f}_{12}$ …⑤

ここで，内力 $\boldsymbol{f}_{21}$ と $\boldsymbol{f}_{12}(=-\boldsymbol{f}_{21})$ が，

$$\begin{cases} \boldsymbol{f}_{21} = -f(r)\cdot\dfrac{\boldsymbol{r}}{r} & \cdots(\mathrm{c}) \\ \boldsymbol{f}_{12} = f(r)\cdot\dfrac{\boldsymbol{r}}{r} & \cdots(\mathrm{d}) \quad (r = \|\boldsymbol{r}\|) \end{cases}$$

内力が引力のときは⊖，斥力のときは⊕となる。

図 **2**

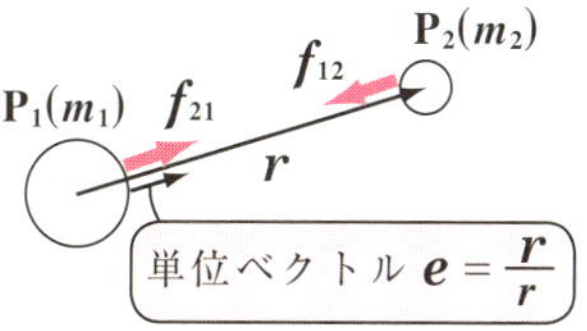

内力が万有引力のときは，$f(r) = -G\dfrac{m_1m_2}{r^2}$ となる。

で表されるとき，(c)，(d) を④，⑤に代入して，

$$\begin{cases} m_1\ddot{\boldsymbol{r}}_1 = -f(r)\cdot\dfrac{\boldsymbol{r}}{r} & \cdots\cdots④' \\ m_2\ddot{\boldsymbol{r}}_2 = f(r)\cdot\dfrac{\boldsymbol{r}}{r} & \cdots\cdots⑤' \end{cases}$$

・④′について，図 **1**(i)(ii) より，

$\boldsymbol{r}_1 = \boldsymbol{r}_G + \boldsymbol{r}_1{}'$ ……②

$\dfrac{\boldsymbol{r}}{r} = -\dfrac{\boxed{(イ)}}{r_1{}'}$ ……⑥

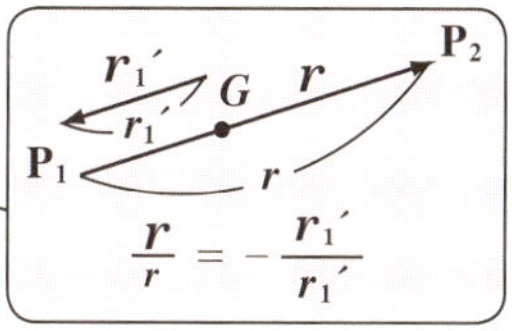

(a) の両辺の大きさをとって，

$r_1{}' = \dfrac{m_2}{m_1+m_2}r$ $\therefore\ r = \dfrac{m_1+m_2}{m_2}r_1{}'$ ……⑦

②，⑥，⑦を④′に代入して，

$$m_1(\ddot{\boldsymbol{r}}_G + \ddot{\boldsymbol{r}}_1{}') = -f\left(\frac{m_1+m_2}{m_2}r_1{}'\right)\cdot\left(-\frac{\boldsymbol{r}_1{}'}{r_1{}'}\right)$$

$m_1\ddot{\boldsymbol{r}}_G + m_1\ddot{\boldsymbol{r}}_1{}' = m_1\ddot{\boldsymbol{r}}_1{}'$

$m_1\ddot{\boldsymbol{r}}_G$ は **0** （∵内力のみ）（演習問題 **88**）

$$\therefore\ m_1\ddot{\boldsymbol{r}}_1{}' = f\left(\frac{m_1+m_2}{m_2}r_1{}'\right)\cdot\frac{\boldsymbol{r}_1{}'}{r_1{}'} \quad\cdots\cdots(*1)$$

となる。……………(終)

$$m_2\ddot{\boldsymbol{r}}_2 = f(r)\cdot\frac{\boldsymbol{r}}{r} \quad \cdots\cdots ⑤'$$
$$r_2' = \frac{m_1}{m_1+m_2}\,r \quad \cdots\cdots (\mathrm{b})$$

・⑤′ について，同様に図 1(i)(ii) より，

$$\boldsymbol{r}_2 = \boldsymbol{r}_G + \boldsymbol{r}_2' \quad \cdots\cdots ③$$

$$\frac{\boldsymbol{r}}{r} = \frac{\boxed{(ウ)}}{r_2'} \quad \cdots\cdots ⑧$$

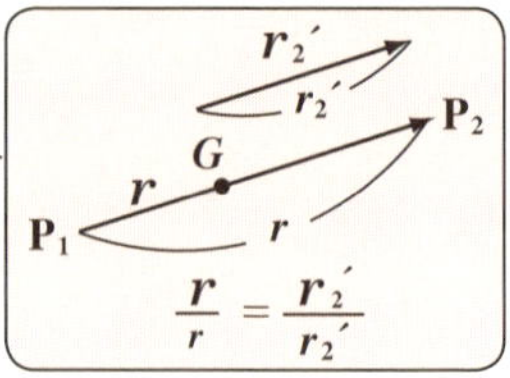

(b) の両辺の大きさをとって，

$$r_2' = \frac{m_1}{m_1+m_2}\,r$$

$$\therefore\ r = \frac{m_1+m_2}{m_1}\,r_2' \quad \cdots\cdots ⑨$$

③，⑧，⑨を⑤′に代入して，

$$m_2(\ddot{\boldsymbol{r}}_G + \ddot{\boldsymbol{r}}_2') = f\left(\frac{m_1+m_2}{m_1}\,r_2'\right)\cdot\frac{\boldsymbol{r}_2'}{r_2'}$$

$\ddot{\boldsymbol{r}}_G = \mathbf{0}$ (∵外力は働かず，内力のみ)

$$\therefore\ m_2\ddot{\boldsymbol{r}}_2' = f\left(\frac{m_1+m_2}{m_1}\,r_2'\right)\cdot\frac{\boldsymbol{r}_2'}{r_2'} \quad \cdots\cdots (*2)$$ が導かれる。………(終)

$$m_1\ddot{\boldsymbol{r}}_1' = f\left(\frac{m_1+m_2}{m_2}\,r_1'\right)\cdot\frac{\boldsymbol{r}_1'}{r_1'} \quad \cdots\cdots (*1)$$

は，質点 P_1 の G に対する相対運動の運動方程式を表し，

$$m_2\ddot{\boldsymbol{r}}_2' = f\left(\frac{m_1+m_2}{m_1}\,r_2'\right)\cdot\frac{\boldsymbol{r}_2'}{r_2'} \quad \cdots\cdots (*2)$$

は，質点 P_2 の重心 G に対する相対運動の運動方程式を表す。

また，
$$\begin{cases} \boldsymbol{f}_{21} = -f(r)\cdot\dfrac{\boldsymbol{r}}{r} & \cdots\cdots (\mathrm{c}) \\ \boldsymbol{f}_{12} = \quad f(r)\cdot\dfrac{\boldsymbol{r}}{r} & \cdots\cdots (\mathrm{d}) \end{cases}$$

のように，その力が 1 点に向かい，その大きさが 2 点間の距離 r の関数として表される力のことを，“**中心力**”という。

解答　(ア) $\dfrac{m_1\boldsymbol{r}_1 + m_2\boldsymbol{r}_2}{m_1+m_2}$　　(イ) $\boldsymbol{r}_1'$　　(ウ) $\boldsymbol{r}_2'$

演習問題 92　● 重心に対する相対運動 (Ⅱ) ●

外力の働かない空間で r だけ離れた，質量がそれぞれ m_1，m_2 の物体 P_1 と P_2 の間に，万有引力 $f(r)=-G\dfrac{m_1m_2}{r^2}$ のみが働いているものとする。このとき，この 2 質点系の重心 G_0 に対する物体 P_1 の相対運動の運動方程式を求めよ。

ヒント！ 重心 G_0 に対する P_1 の運動方程式を公式通り求める。

解答&解説

質点 P_1 の重心 G_0 に対する相対運動の運動方程式は，

r_1' を，G_0 から P_1 に向かうベクトルとして，

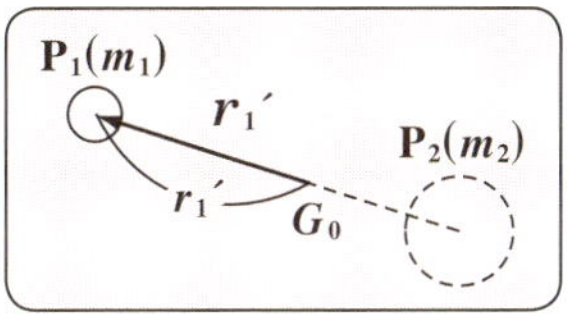

$$m_1\ddot{\boldsymbol{r}}_1'=f\left(\boxed{(ア)\qquad}\right)\cdot\frac{\boldsymbol{r}_1'}{r_1'}\quad\cdots\cdots①$$

となる。ここで，万有引力は，

$f(r)=-G\dfrac{m_1m_2}{r^2}$ より，

$$f\left(\frac{m_1+m_2}{m_2}r_1'\right)=\boxed{(イ)\qquad}$$

$$=-G\cdot\frac{m_1m_2^{\ 3}}{(m_1+m_2)^2r_1'^{\,2}}\quad\cdots\cdots②\quad となる。$$

②を①に代入して，求める G_0 に対する P_1 の相対運動の運動方程式は，

$$m_1\ddot{\boldsymbol{r}}_1'=-G\cdot\frac{m_2^{\ 3}\cdot m_1}{(m_1+m_2)^2\cdot r_1'^{\,2}}\cdot\frac{\boldsymbol{r}_1'}{r_1'}\quad\cdots\cdots\cdots\cdots(答)$$

これは，点 G_0 に質量 $\boxed{(ウ)\qquad}$ の質点があると考えたとき，質量 m_1 の質点 P_1 の運動を表す。

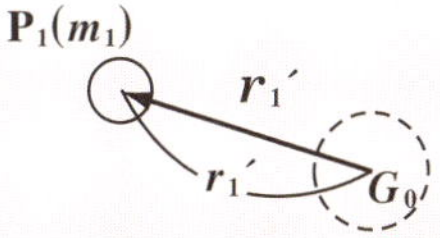

$$\left(\frac{m_2^{\ 3}}{(m_1+m_2)^2}\right)$$

解答　(ア) $\dfrac{m_1+m_2}{m_2}r_1'$　(イ) $-G\cdot\dfrac{m_1m_2}{\left(\dfrac{m_1+m_2}{m_2}r_1'\right)^2}$　(ウ) $\dfrac{m_2^{\ 3}}{(m_1+m_2)^2}$

演習問題 93　●2 質点系の運動量●

質量がそれぞれ m_1, m_2 の質点 P_1, P_2 から成る 2 質点系の全運動量を P，全質量 $M = m_1 + m_2$ が集中したと考えたときの重心 G の運動量を $P_G = Mv_G$ とおくと，$P = P_G$ となることを示せ。

ヒント！ 全運動量 P を，(i) 重心 G の運動によるもの $P_G = Mv_G$ と，(ii) 重心に対する P_1，P_2 の相対運動によるもの $P' = m_1v_1' + m_2v_2'$ に分解する。

解答&解説

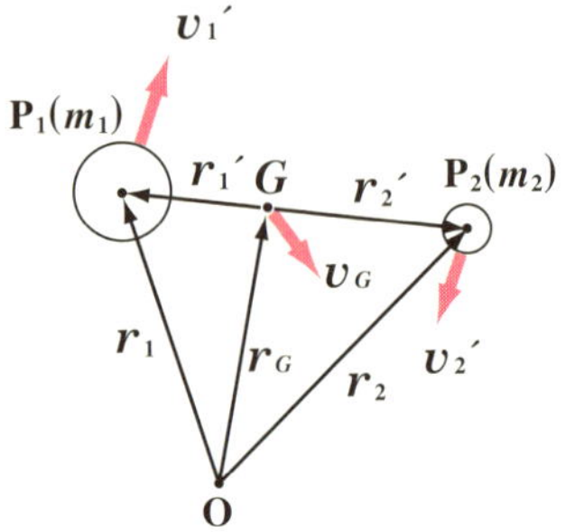

右図に示すように，P_1，P_2 の重心 G に対する相対速度をそれぞれ，

$v_1' = \dot{r}_1'$，$v_2' = \dot{r}_2'$ とおく。

重心 G には全質量 M $(= m_1 + m_2)$ が集中していると考え，その速度を $v_G = \dot{r}_G$ で表す。

P_1，P_2 の速度を v_1，v_2 とおくと，

$$\begin{cases} v_1 = \dot{r}_1 = \dfrac{dr_1}{dt} = \dfrac{d}{dt}(r_G + r_1') = \dot{r}_G + \dot{r}_1' = v_G + v_1' \\ v_2 = \dot{r}_2 = \dfrac{dr_2}{dt} = \dfrac{d}{dt}(r_G + r_2') = \dot{r}_G + \dot{r}_2' = v_G + v_2' \end{cases} \quad \cdots\cdots①$$

2 質点系 P_1，P_2 の全運動量 P は，

$$P = m_1v_1 + m_2v_2 = m_1(v_G + v_1') + m_2(v_G + v_2') \quad (\because ①)$$

$$= (m_1 + m_2)v_G + (m_1v_1' + m_2v_2') = Mv_G + (m_1v_1' + m_2v_2')$$

$\therefore P = P_G + P'$ ……②

$\left(\text{ただし，} P_G = Mv_G,\quad P' = m_1v_1' + m_2v_2' \cdots\cdots ③\right)$

ここで，r_G の定義より，

$$Mr_G = m_1r_1 + m_2r_2 = m_1(r_G + r_1') + m_2(r_G + r_2')$$

$$= (m_1 + m_2)r_G + (m_1r_1' + m_2r_2') = Mr_G + (m_1r_1' + m_2r_2')$$

$\therefore m_1r_1' + m_2r_2' = 0$ ……④　　④の両辺を t で微分して，

$m_1\dot{r}_1' + m_2\dot{r}_2' = m_1v_1' + m_2v_2' = 0$　　$\therefore P' = 0$ ……⑤　（③より）

⑤を②に代入して，$P = P_G$ が導かれる。……………………………………(終)

演習問題 94 ● 2 質点系の運動エネルギー ●

質量がそれぞれ m_1, m_2 の質点 P_1, P_2 から成る 2 質点系の全運動エネルギーを K, 全質量 $M = m_1 + m_2$ が集中したと考えたときの重心 G の運動エネルギーを K_G, 重心に対する P_1, P_2 の相対運動による運動エネルギーを K' とおくと, $K = K_G + K'$ となることを示せ。

ヒント! 2 質点系の全運動エネルギー K を, (i) 重心 G の運動によるもの K_G と, (ii) 重心に対する P_1, P_2 の相対運動によるもの K' とに分解して表す。

解答&解説

P_1, P_2, G の速度を $\boldsymbol{v}_1$, $\boldsymbol{v}_2$, $\boldsymbol{v}_G$ とし, $v_1 = \|\boldsymbol{v}_1\|$, $v_2 = \|\boldsymbol{v}_2\|$, $v_G = \|\boldsymbol{v}_G\|$ とおく。また, 重心 G に対する P_1, P_2 の相対速度を $\boldsymbol{v}_1'$, $\boldsymbol{v}_2'$ とし, $v_1' = \|\boldsymbol{v}_1'\|$, $v_2' = \|\boldsymbol{v}_2'\|$ とおく。

$\boldsymbol{r}_1$, $\boldsymbol{r}_2$, $\boldsymbol{r}_G$ を, 基準点 O に関する P_1, P_2, G の位置ベクトル, $\boldsymbol{r}_1'$, $\boldsymbol{r}_2'$ を重心 G に関する P_1, P_2 の位置ベクトルとすると,

$$\begin{cases} \boldsymbol{v}_1 = \dot{\boldsymbol{r}}_1 = \dfrac{d\boldsymbol{r}_1}{dt} = \dfrac{d}{dt}(\boldsymbol{r}_G + \boldsymbol{r}_1') = \dot{\boldsymbol{r}}_G + \dot{\boldsymbol{r}}_1' = \boldsymbol{v}_G + \boldsymbol{v}_1' \\ \boldsymbol{v}_2 = \dot{\boldsymbol{r}}_2 = \dfrac{d\boldsymbol{r}_2}{dt} = \dfrac{d}{dt}\left(\boxed{(ア)\qquad}\right) = \dot{\boldsymbol{r}}_G + \dot{\boldsymbol{r}}_2' = \boxed{(イ)\qquad} \end{cases}$$

よって, 2 質点系の全運動エネルギー K は,

$$K = \frac{1}{2}m_1 v_1^2 + \frac{1}{2}m_2 v_2^2 = \frac{1}{2}m_1\|\boldsymbol{v}_1\|^2 + \frac{1}{2}m_2\|\boldsymbol{v}_2\|^2$$

$$= \frac{1}{2}m_1\|\boldsymbol{v}_G + \boldsymbol{v}_1'\|^2 + \frac{1}{2}m_2\ \boxed{(ウ)\qquad}$$

$$= \frac{1}{2}m_1(v_G^2 + v_1'^2 + 2\boldsymbol{v}_G\cdot\boldsymbol{v}_1') + \frac{1}{2}m_2\left(\boxed{(エ)\qquad}\right)$$

$$= \underbrace{\frac{1}{2}(m_1 + m_2)v_G^2}_{\frac{1}{2}Mv_G^2 = K_G} + \underbrace{\left(\frac{1}{2}m_1 v_1'^2 + \frac{1}{2}m_2 v_2'^2\right)}_{K'} + \underbrace{(m_1\boldsymbol{v}_G\cdot\boldsymbol{v}_1' + m_2\boldsymbol{v}_G\cdot\boldsymbol{v}_2')}_{\boldsymbol{v}_G\cdot(m_1\boldsymbol{v}_1' + m_2\boldsymbol{v}_2') = 0}$$

$m_1\boldsymbol{v}_1' + m_2\boldsymbol{v}_2' = \boldsymbol{0}$ (演習問題 93 より)

$\therefore K = K_G + K'$ が成り立つ。……………(終)

解答 (ア) $\boldsymbol{r}_G + \boldsymbol{r}_2'$　(イ) $\boldsymbol{v}_G + \boldsymbol{v}_2'$　(ウ) $\|\boldsymbol{v}_G + \boldsymbol{v}_2'\|^2$　(エ) $v_G^2 + v_2'^2 + 2\boldsymbol{v}_G\cdot\boldsymbol{v}_2'$

演習問題 95　● 2 質点系の角運動量 ●

質量がそれぞれ m_1，m_2 の質点 P_1，P_2 から成る 2 質点系について，P_1，P_2 にそれぞれ内力 $\boldsymbol{f}_{21}$，$\boldsymbol{f}_{12}$，及び外力 $\boldsymbol{f}_1$，$\boldsymbol{f}_2$が働くとき，次の (＊1) ～ (＊4) が成り立つことを示せ。（ただし，G：重心，O：基準点）

(ⅰ) $\dfrac{d\boldsymbol{L}}{dt}=\boldsymbol{N}$ ……(＊1)　　(ⅱ) $\boldsymbol{L}=\boldsymbol{L}_G+\boldsymbol{L}'$ ……(＊2)

(ⅲ) $\dfrac{d\boldsymbol{L}_G}{dt}=\boldsymbol{N}_G$ ……(＊3)　　(ⅳ) $\dfrac{d\boldsymbol{L}'}{dt}=\boldsymbol{N}'$ ……(＊4)

$\boldsymbol{L}$：O のまわりの角運動量
$\boldsymbol{L}_G$：全質量が G に集中したと考えたときの O のまわりの G の角運動量
$\boldsymbol{L}'$：G のまわりの角運動量
$\boldsymbol{N}$：O のまわりの外力のモーメント
$\boldsymbol{N}_G$：外力が G に働いたと考えたときの O のまわりの外力のモーメント
$\boldsymbol{N}'$：G のまわりの外力のモーメント

ヒント！ (ⅰ) $\boldsymbol{L}=\boldsymbol{r}_1\times\boldsymbol{p}_1+\boldsymbol{r}_2\times\boldsymbol{p}_2$ …㋐を t で微分する。(ⅱ) $\boldsymbol{r}_1=\boldsymbol{r}_G+\boldsymbol{r}_1'$，$\boldsymbol{r}_2=\boldsymbol{r}_G+\boldsymbol{r}_2'$ …㋑を㋐に代入する。(ⅲ) $\boldsymbol{N}=\boldsymbol{r}_1\times\boldsymbol{f}_1+\boldsymbol{r}_2\times\boldsymbol{f}_2$ に㋑を代入し，$\boldsymbol{N}=\boldsymbol{N}_G+\boldsymbol{N}'$ を導く。(ⅳ) (＊3) を利用する。

解答＆解説

(ⅰ) P_1，P_2 のもつ運動量をそれぞれ

$$\begin{cases}\boldsymbol{p}_1=m_1\boldsymbol{v}_1=m_1\dot{\boldsymbol{r}}_1\\ \boldsymbol{p}_2=m_2\boldsymbol{v}_2=m_2\dot{\boldsymbol{r}}_2\end{cases}$$

とおくと，

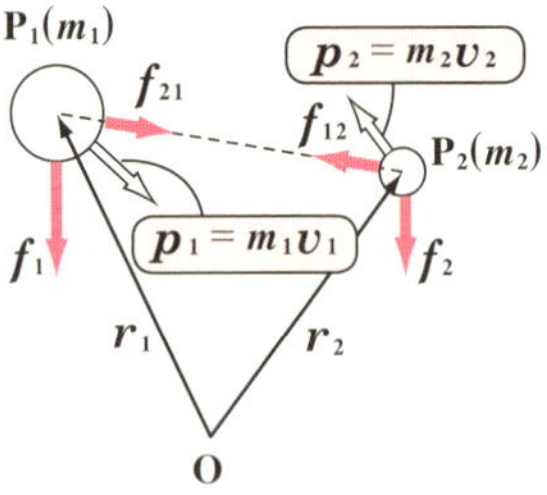

P_1，P_2 の運動方程式は，

$$\begin{cases}\dot{\boldsymbol{p}}_1=m_1\ddot{\boldsymbol{r}}_1=\boldsymbol{f}_1+\boldsymbol{f}_{21}\ \cdots\cdots①\\ \dot{\boldsymbol{p}}_2=m_2\ddot{\boldsymbol{r}}_2=\boldsymbol{f}_2+\boldsymbol{f}_{12}\ \cdots\cdots②\end{cases}$$

2 質点系の全角運動量 $\boldsymbol{L}$ は，

$$\boldsymbol{L}=\boldsymbol{r}_1\times\boldsymbol{p}_1+\boldsymbol{r}_2\times\boldsymbol{p}_2\ \cdots\cdots③$$

③の両辺を t で微分して，

公式：$\dfrac{d}{dt}(\boldsymbol{a}\times\boldsymbol{b})=\dot{\boldsymbol{a}}\times\boldsymbol{b}+\boldsymbol{a}\times\dot{\boldsymbol{b}}$

$$\frac{d\boldsymbol{L}}{dt}=\dot{\boldsymbol{r}}_1\times\boldsymbol{p}_1+\boldsymbol{r}_1\times\dot{\boldsymbol{p}}_1+\dot{\boldsymbol{r}}_2\times\boldsymbol{p}_2+\boldsymbol{r}_2\times\dot{\boldsymbol{p}}_2$$

$\boldsymbol{v}_1\times m_1\boldsymbol{v}_1=\boldsymbol{0}$　$\boldsymbol{v}_2\times m_2\boldsymbol{v}_2=\boldsymbol{0}$ ← $\boldsymbol{v}_1/\!/m_1\boldsymbol{v}_1$，$\boldsymbol{v}_2/\!/m_2\boldsymbol{v}_2$ より

$$\frac{d\boldsymbol{L}}{dt} = \boldsymbol{r}_1 \times \underbrace{\dot{\boldsymbol{p}}_1}_{\boldsymbol{f}_1+\boldsymbol{f}_{21}} + \boldsymbol{r}_2 \times \underbrace{\dot{\boldsymbol{p}}_2}_{\boldsymbol{f}_2+\boldsymbol{f}_{12}} = \boldsymbol{r}_1 \times (\boldsymbol{f}_1 + \boldsymbol{f}_{21}) + \boldsymbol{r}_2 \times (\boldsymbol{f}_2 + \underbrace{\boldsymbol{f}_{12}}_{-\boldsymbol{f}_{21}}) \quad (\because ①, ②)$$

$$= \underbrace{\boldsymbol{r}_1 \times \boldsymbol{f}_1 + \boldsymbol{r}_2 \times \boldsymbol{f}_2}_{} + \underbrace{(\boldsymbol{r}_1 - \boldsymbol{r}_2) \times \boldsymbol{f}_{21}}_{0} = \boldsymbol{N}$$

P_1，P_2 に働く外力の O のまわりのモーメント $\boldsymbol{N}$

0 ← $\boldsymbol{r}_1 - \boldsymbol{r}_2 // \boldsymbol{f}_{21}$ より

$\therefore \dfrac{d\boldsymbol{L}}{dt} = \boldsymbol{N}$ ……(＊1) となる。 ……(終)

← 2 質点系の全角運動量 $\boldsymbol{L}$ の時間的変化率は，O のまわりの外力のモーメントに等しい。

(ii) $\boldsymbol{L} = \boldsymbol{r}_1 \times \underbrace{\boldsymbol{p}_1}_{m_1\dot{\boldsymbol{r}}_1} + \boldsymbol{r}_2 \times \underbrace{\boldsymbol{p}_2}_{m_2\dot{\boldsymbol{r}}_2} = m_1\boldsymbol{r}_1 \times \dot{\boldsymbol{r}}_1 + m_2\boldsymbol{r}_2 \times \dot{\boldsymbol{r}}_2$

これに $\boldsymbol{r}_1 = \boldsymbol{r}_G + \boldsymbol{r}_1'$, $\boldsymbol{r}_2 = \boldsymbol{r}_G + \boldsymbol{r}_2'$ を代入して,($\boldsymbol{r}_G$: 重心の位置ベクトル)

$$\boldsymbol{L} = m_1(\boldsymbol{r}_G + \boldsymbol{r}_1') \times (\dot{\boldsymbol{r}}_G + \dot{\boldsymbol{r}}_1') + m_2(\boldsymbol{r}_G + \boldsymbol{r}_2') \times (\dot{\boldsymbol{r}}_G + \dot{\boldsymbol{r}}_2')$$

$$= m_1(\boldsymbol{r}_G \times \dot{\boldsymbol{r}}_G + \boldsymbol{r}_G \times \dot{\boldsymbol{r}}_1' + \boldsymbol{r}_1' \times \dot{\boldsymbol{r}}_G + \boldsymbol{r}_1' \times \dot{\boldsymbol{r}}_1')$$

$$+ m_2(\boldsymbol{r}_G \times \dot{\boldsymbol{r}}_G + \boldsymbol{r}_G \times \dot{\boldsymbol{r}}_2' + \boldsymbol{r}_2' \times \dot{\boldsymbol{r}}_G + \boldsymbol{r}_2' \times \dot{\boldsymbol{r}}_2')$$

$$= \underbrace{(m_1 + m_2)}_{M}\boldsymbol{r}_G \times \dot{\boldsymbol{r}}_G + \boldsymbol{r}_G \times \underbrace{(m_1\dot{\boldsymbol{r}}_1' + m_2\dot{\boldsymbol{r}}_2')}_{0} + \underbrace{(m_1\boldsymbol{r}_1' + m_2\boldsymbol{r}_2')}_{0} \times \dot{\boldsymbol{r}}_G$$

0 ← 演習問題 93 より → 0

$$+ \underbrace{(\boldsymbol{r}_1' \times m_1\dot{\boldsymbol{r}}_1' + \boldsymbol{r}_2' \times m_2\dot{\boldsymbol{r}}_2')}_{\boldsymbol{r}_1' \times \boldsymbol{p}_1' + \boldsymbol{r}_2' \times \boldsymbol{p}_2' = (\text{G のまわりの角運動量 } \boldsymbol{L}')}$$

$$= \underbrace{\boldsymbol{r}_G \times M\dot{\boldsymbol{r}}_G}_{\boldsymbol{r}_G \times \boldsymbol{P}_G = \boldsymbol{L}_G (\text{G の O のまわりの角運動量})} + \boldsymbol{L}' = \boldsymbol{L}_G + \boldsymbol{L}'$$

$\therefore \boldsymbol{L} = \boldsymbol{L}_G + \boldsymbol{L}'$ ……(＊2) が成り立つ。 ……………………………………(終)

(iii) $\boldsymbol{N} = \boldsymbol{r}_1 \times \boldsymbol{f}_1 + \boldsymbol{r}_2 \times \boldsymbol{f}_2 = (\boldsymbol{r}_G + \boldsymbol{r}_1') \times \boldsymbol{f}_1 + (\boldsymbol{r}_G + \boldsymbol{r}_2') \times \boldsymbol{f}_2$

$$= \boldsymbol{r}_G \times (\boldsymbol{f}_1 + \boldsymbol{f}_2) + (\boldsymbol{r}_1' \times \boldsymbol{f}_1 + \boldsymbol{r}_2' \times \boldsymbol{f}_2) = \boldsymbol{N}_G + \boldsymbol{N}' \quad \cdots\cdots ④$$

$\dfrac{d\boldsymbol{L}}{dt} = \boldsymbol{N}$ …(＊1) に，(＊2) と④を代入して，

$$\frac{d\boldsymbol{L}_G}{dt} + \frac{d\boldsymbol{L}'}{dt} = \boldsymbol{N}_G + \boldsymbol{N}' \quad \cdots\cdots ⑤$$

$m_1\ddot{\boldsymbol{r}}_1 + m_2\ddot{\boldsymbol{r}}_2 = \boldsymbol{f}_1 + \boldsymbol{f}_{21} + \boldsymbol{f}_2 + \boldsymbol{f}_{12}$ （$\boldsymbol{f}_{12} = -\boldsymbol{f}_{21}$）

ここで，$\dfrac{d\boldsymbol{L}_G}{dt} = \dfrac{d}{dt}(\boldsymbol{r}_G \times M\dot{\boldsymbol{r}}_G) = \underbrace{\dot{\boldsymbol{r}}_G \times M\dot{\boldsymbol{r}}_G}_{0} + \boldsymbol{r}_G \times M\ddot{\boldsymbol{r}}_G$

$= \boldsymbol{r}_G \times (\boldsymbol{f}_1 + \boldsymbol{f}_2) = \boldsymbol{N}_G$ 　 0 ← $\because \dot{\boldsymbol{r}}_G // M\dot{\boldsymbol{r}}_G$ より

$\therefore \dfrac{d\boldsymbol{L}_G}{dt} = \boldsymbol{N}_G$ ……(＊3) を得る。 ………………………………………(終)

(iv) (＊3) を⑤に代入して，

$\cancel{\boldsymbol{N}_G} + \dfrac{d\boldsymbol{L}'}{dt} = \cancel{\boldsymbol{N}_G} + \boldsymbol{N}'$ 　 $\therefore \dfrac{d\boldsymbol{L}'}{dt} = \boldsymbol{N}'$ ……(＊4) となる。 ………(終)

演習問題 96　●2質点系の運動（Ⅰ）●

右図のように xyz 座標をとる。長さ $3r_0$ の質量の無視できる棒の両端に，それぞれ質量 $2m$，m の質点を取り付けたものが，その重心 G のまわりを一定の角速度 ω_0 で回転している。重力は y 軸の負の向きに働くものとし，この2質点系の重心 G を，原点から，時刻 $t=0$ のときに仰角 $\theta\left(0<\theta<\dfrac{\pi}{2}\right)$，初速度 $\boldsymbol{v}_0=[v_{0x},\ v_{0y},\ 0]$，$(v_0=\|\boldsymbol{v}_0\|)$ で投げ上げるものとする。

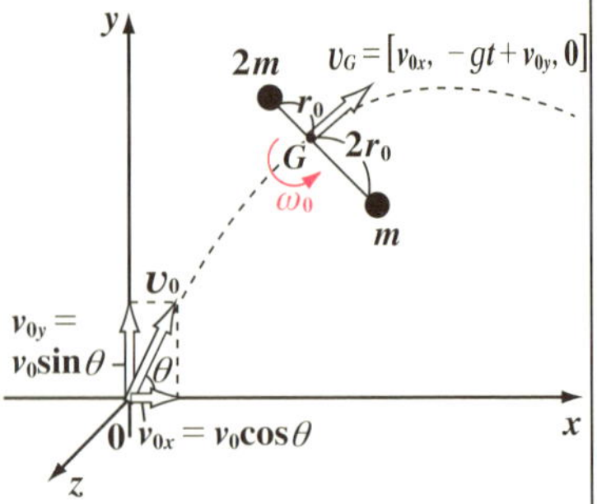

このとき，この回転しながら運動する2質点系について，時刻 t における（ⅰ）全運動量 $\boldsymbol{P}$，（ⅱ）全運動エネルギー K，（ⅲ）全角運動量 $\boldsymbol{L}$ を求めよ。また，（ⅳ）この2質点系の位置エネルギーを求め，力学的エネルギーが保存されることを示せ。ただし，2質点系の回転は xy 平面内で起こるものとし，空気抵抗は無視する。

ヒント！（ⅰ）全運動量 $\boldsymbol{P}=\boldsymbol{P}_G$，（ⅱ）全運動エネルギー $K=K_G+K'$，（ⅲ）全角運動量 $\boldsymbol{L}=\boldsymbol{L}_G+\boldsymbol{L}'$ の公式通りに求める。（ⅳ）位置エネルギーの基準を zx 平面にとる。

解答＆解説

（ⅰ）2質点系の全運動量 $\boldsymbol{P}$ は，全質量 $3m$ が集中したと考えたときの重心 G の運動量 $\boldsymbol{P}_G$ に等しい。重心 G には，重力による加速度 $\boldsymbol{g}=[0,\ -g,\ 0]$ が生じるので，その速度 $\boldsymbol{v}_G$ の x 成分は，$v_{0x}=v_0\cos\theta$（一定），y 成分は，

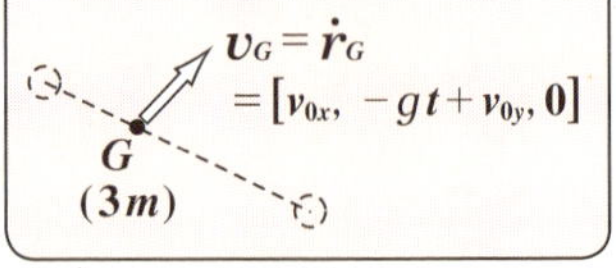

$v_{0y}=-gt+\underline{v_0\sin\theta}$　となる。

（$t=0$ のとき $v_{0y}=v_0\sin\theta$ より）

$\therefore\ \boldsymbol{v}_G=\dot{\boldsymbol{r}}_G=[v_0\cos\theta,\ -gt+v_0\sin\theta,\ 0]$ ……①　より，

$\boldsymbol{P}=\boldsymbol{P}_G=3m\boldsymbol{v}_G=3m[v_0\cos\theta,\ -gt+v_0\sin\theta,\ 0]$　となる。……（答）

(ⅱ) 2 質点系の全運動エネルギー K は，

$K = K_G + K'$ ……② となる。

(K_G：重心 G の運動によるもの，K'：重心 G に対する相対運動によるもの)

ここで，$K_G = \frac{1}{2}\cdot 3m\cdot v_G{}^2$ より，

$$\|\boldsymbol{v}_G\|^2 = (v_0\cos\theta)^2 + (-gt + v_0\sin\theta)^2 + 0^2 = g^2t^2 - 2gv_0\sin\theta\cdot t + v_0{}^2$$

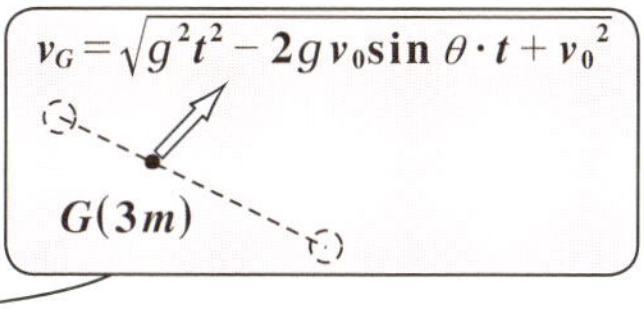

$K_G = \frac{3}{2}m(g^2t^2 - 2gv_0\sin\theta\cdot t + v_0{}^2)$ …③

質量 $2m$，m の 2 つの質点を結ぶ棒を，重心 G は $m：2m = 1：2$ に内分する。

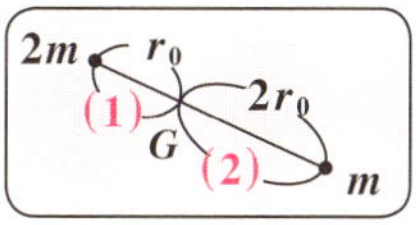

G から質量 $2m$ の質点に向かう相対位置ベクトル $\boldsymbol{r}_{01}'$ が，$\boldsymbol{r}_{01}' = [r_0\cos\omega_0 t,\ r_0\sin\omega_0 t,\ 0]$ …④

この問題では，初期位相を 0 として解いてもかまわない。

で表されるものとすると，この質点の G に対する相対速度 $\boldsymbol{v}_{01}'$ は，④を t で微分して，

$\boldsymbol{v}_{01}' = [-r_0\omega_0\sin\omega_0 t,\ r_0\omega_0\cos\omega_0 t,\ 0]$ ……⑤ となり，この大きさ(速さ)v_{01}' の 2 乗は，

$v_{01}'^2 = \|\boldsymbol{v}_{01}'\|^2 = r_0{}^2\omega_0{}^2(\sin^2\omega_0 t + \cos^2\omega_0 t) = r_0{}^2\omega_0{}^2$ となる。

G から質量 m の質点に向かう相対位置ベクトル $\boldsymbol{r}_{02}'$ は，$\boldsymbol{r}_{02}' = -2\boldsymbol{r}_{01}'$ より，

$\boldsymbol{r}_{02}' = -2\boldsymbol{r}_{01}' = [-2r_0\cos\omega_0 t,\ -2r_0\sin\omega_0 t,\ 0]$ ……⑥

この質点の G に対する相対速度 $\boldsymbol{v}_{02}'$ は，⑥を t で微分して，

$\boldsymbol{v}_{02}' = [2r_0\omega_0\sin\omega_0 t,\ -2r_0\omega_0\cos\omega_0 t,\ 0]$ ……⑦ となり，この大きさ(速さ)v_{02}' の 2 乗は，

$v_{02}'^2 = 4r_0{}^2\omega_0{}^2(\sin^2\omega_0 t + \cos^2\omega_0 t) = 4r_0{}^2\omega_0{}^2$

以上より，K' は，

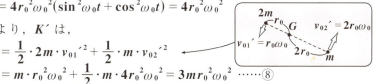

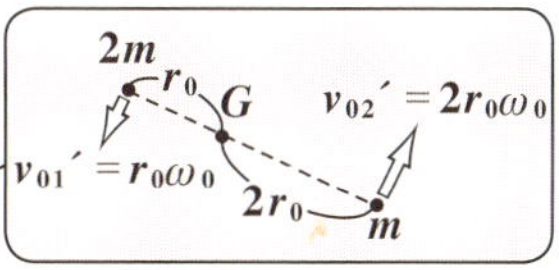

$$K' = \frac{1}{2}\cdot 2m\cdot v_{01}'^2 + \frac{1}{2}\cdot m\cdot v_{02}'^2 = m\cdot r_0{}^2\omega_0{}^2 + \frac{1}{2}\cdot m\cdot 4r_0{}^2\omega_0{}^2 = 3mr_0{}^2\omega_0{}^2 \quad \text{……⑧}$$

③，⑧を②に代入して，

$$K = \frac{3}{2}m(g^2t^2 - 2gv_0\sin\theta\cdot t + v_0{}^2) + 3mr_0{}^2\omega_0{}^2 = \frac{3}{2}m(g^2t^2 - 2gv_0\sin\theta\cdot t + v_0{}^2 + 2r_0{}^2\omega_0{}^2) \quad \text{……⑨}$$ ……………………(答)

(iii) 2 質点系の全角運動量 $\boldsymbol{L}$ は，

$\boldsymbol{L}=\boldsymbol{L}_G+\boldsymbol{L}'$ ……⑩　と表される。

$\left(\begin{array}{l}\boldsymbol{L}_G\text{：重心 }G\text{ の }O\text{ のまわりの回転運動によるもの}\\ \boldsymbol{L}'\text{：重心 }G\text{ のまわりの相対的な回転運動によるもの}\end{array}\right)$

$\boldsymbol{v}_G=[v_0\cos\theta,\ -gt+v_0\sin\theta,\ 0]$ ……①

ここで，重心 G の O に関する位置ベクトル $\boldsymbol{r}_G$ は，①を t で積分して，

$$\boldsymbol{r}_G=\int\boldsymbol{v}_G\,dt=\int[v_0\cos\theta,\ -gt+v_0\sin\theta,\ 0]\,dt$$

$$=\left[\int v_0\cos\theta\,dt,\ \int(-gt+v_0\sin\theta)\,dt,\ 0\right]$$

$$=\left[v_0\cos\theta\cdot t,\ -\frac{1}{2}gt^2+v_0\sin\theta\cdot t,\ 0\right]\ \cdots\cdots ⑪$$

$t=0$ のとき，$\boldsymbol{r}_G=[0,\ 0,\ 0]$ より

ここで，⑪と①より，

$$\boldsymbol{L}_G=\boldsymbol{r}_G\times 3m\boldsymbol{v}_G$$

$$=3m\boldsymbol{r}_G\times\boldsymbol{v}_G$$

$$=3m\left[0,\ 0,\ -\frac{1}{2}v_0g\cos\theta\cdot t^2\right]\ \cdots\cdots ⑫$$

外積 $\boldsymbol{r}_G\times\boldsymbol{v}_G$ の計算

$v_0\cos\theta\cdot t$　$-\frac{1}{2}gt^2+v_0\sin\theta\cdot t$　0　$v_0\cos\theta\cdot t$

$v_0\cos\theta$　$-gt+v_0\sin\theta$　0　$v_0\cos\theta$

$[0,\ 0,\ -\frac{1}{2}v_0g\cos\theta\cdot t^2]$

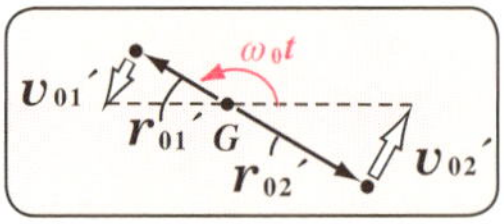

また，④，⑤より，

$$\boldsymbol{L}'=\boldsymbol{r}_{01}'\times 2m\boldsymbol{v}_{01}'+\underbrace{\boldsymbol{r}_{02}'}_{-2\boldsymbol{r}_{01}'}\times m\underbrace{\boldsymbol{v}_{02}'}_{-2\boldsymbol{v}_{01}'}$$

$\boldsymbol{r}_{01}'=[r_0\cos\omega_0t,\ r_0\sin\omega_0t,\ 0]$ ……④

$\boldsymbol{v}_{01}'=[-r_0\omega_0\sin\omega_0t,\ r_0\omega_0\cos\omega_0t,\ 0]$ ……⑤

$$=2m\boldsymbol{r}_{01}'\times\boldsymbol{v}_{01}'+4m\boldsymbol{r}_{01}'\times\boldsymbol{v}_{01}'$$

$$=6m\boldsymbol{r}_{01}'\times\boldsymbol{v}_{01}'$$

$$=6m[0,\ 0,\ r_0^2\omega_0]\ \cdots\cdots ⑬$$

外積 $\boldsymbol{r}_{01}'\times\boldsymbol{v}_{01}'$ の計算

$r_0\cos\omega_0t$　$r_0\sin\omega_0t$　0　$r_0\cos\omega_0t$

$-r_0\omega_0\sin\omega_0t$　$r_0\omega_0\cos\omega_0t$　0　$-r_0\omega_0\sin\omega_0t$

$[0,\ 0,\ r_0^2\omega_0]$

以上⑫，⑬を⑩に代入して，

$$\boldsymbol{L}=3m\left[0,\ 0,\ -\frac{1}{2}v_0g\cos\theta\cdot t^2\right]+6m[0,\ 0,\ r_0^2\omega_0]$$

$$=3m\left[0,\ 0,\ -\frac{1}{2}v_0g\cos\theta\cdot t^2+2r_0^2\omega_0\right]$$ となる。 ………………(答)

(iv) 重心 G の zx 平面からの高さ h は，その位置ベクトル $\boldsymbol{r}_G$ の y 成分であるから，⑪より，

$$h = -\frac{1}{2}gt^2 + v_0\sin\theta\cdot t \quad \cdots\cdots ⑭$$

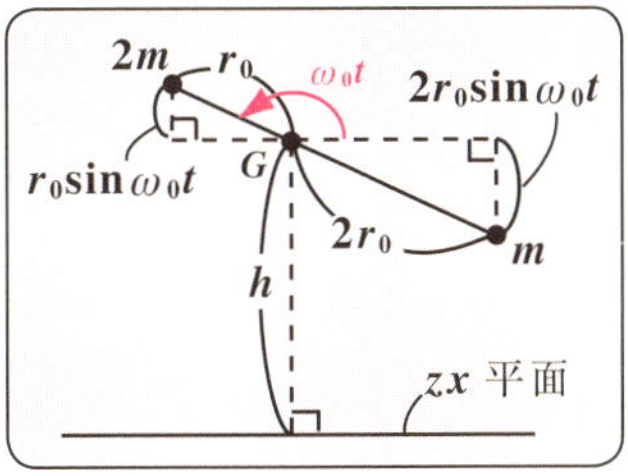

右図より，G に対して，質量 $2m$ の質点の相対的な高さは $r_0\sin\omega_0 t$ であり，質量 m の質点の相対的な高さは，$-2r_0\sin\omega_0 t$ となる。

よって，この 2 質点の位置エネルギーの和 U は，zx 平面を基準として，

$$U = \underbrace{2mg(h + r_0\sin\omega_0 t)}_{\text{質量 }2m\text{ の質点の位置エネルギー}} + \underbrace{mg(h - 2r_0\sin\omega_0 t)}_{\text{質量 }m\text{ の質点の位置エネルギー}}$$

$$= mg(2h + 2r_0\sin\omega_0 t + h - 2r_0\sin\omega_0 t)$$

$$= 3mgh \quad \cdots\cdots ⑮$$

結局，これは，全質量 $3m$ が G に集中したと考えたときの G の位置エネルギーに等しい。

⑭を⑮に代入して，

$$U = 3mg\left(-\frac{1}{2}gt^2 + v_0\sin\theta\cdot t\right)$$

$$= \frac{3}{2}m(-g^2t^2 + 2gv_0\sin\theta\cdot t) \quad \cdots\cdots ⑮'$$ ……………………………(答)

ここで，(ii) より，この 2 質点系のもつ運動エネルギー K は，

$$K = \frac{3}{2}m(g^2t^2 - 2gv_0\sin\theta\cdot t + v_0^2 + 2r_0^2\omega_0^2) \quad \cdots\cdots ⑨$$

⑨と⑮′の和をとって，2 質点系の全力学的エネルギー $E = K + U$ は，

$$E = \frac{3}{2}m(g^2t^2 - 2gv_0\sin\theta\cdot t + v_0^2 + 2r_0^2\omega_0^2) + \frac{3}{2}m(-g^2t^2 + 2gv_0\sin\theta\cdot t)$$

$$= \frac{3}{2}m(v_0^2 + 2r_0^2\omega_0^2) \text{（一定）}$$

となって，全力学的エネルギー K は時刻 t によらず保存されることが分かる。 ……………………………(終)

この 2 質点系には，保存力である重力のみが作用するので，力学的エネルギーは保存される。

演習問題 97　● 2 質点系の運動 (II) ●

右図のように，xyz 座標をとる。長さ $3r_0$ の質量の無視できる棒の両端に，質量 $2m$ の質点 P_1 と質量 m の質点 P_2 を取り付けたものが，その重心 G のまわりを一定の角速度 ω_0 で回転している。さらに，O，G も質量の無視できる長さ l の棒で結ばれ，これも原点 O のまわりを一定の角速度 ω で回転するものとする。

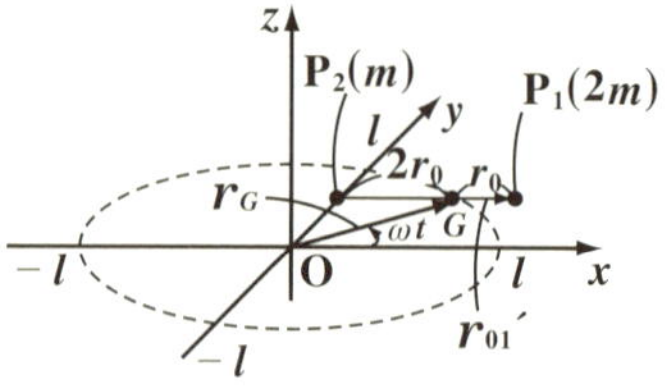

この 2 質点系の重心 G の O に関する位置ベクトル $\boldsymbol{r}_G$ と，G から P_1，P_2 に向かう相対位置ベクトル $\boldsymbol{r}_{01}'$，$\boldsymbol{r}_{02}'$ が，それぞれ時刻 t により，

$\boldsymbol{r}_G = [l\cos\omega t,\ l\sin\omega t,\ 0]$ …………①

$\boldsymbol{r}_{01}' = [r_0\cos\omega_0 t,\ r_0\sin\omega_0 t,\ 0]$ ……②，　$\boldsymbol{r}_{02}' = -2\boldsymbol{r}_{01}'$ ……③

で表されるものとして，この 2 質点系の運動について，

(i) 全運動量 $\boldsymbol{P}$，(ii) 全運動エネルギー K，(iii) 全角運動量 $\boldsymbol{L}$ を求めよ。

ヒント！ (i) 全運動量 $\boldsymbol{P} = \boldsymbol{P}_G$，(ii) 全運動エネルギー $K = K_G + K'$，(iii) 全角運動量 $\boldsymbol{L} = \boldsymbol{L}_G + \boldsymbol{L}'$ の各公式を使って，順次求める。

解答＆解説

(i) 2 質点系の全運動量 $\boldsymbol{P}$ は，全質量 (ア) が集中したと考えたときの重心 G の運動量 $\boldsymbol{P}_G$ に等しい。①を時刻 t で微分して，

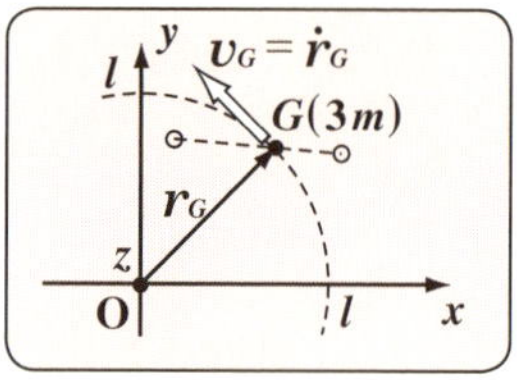

$\boldsymbol{v}_G = \dot{\boldsymbol{r}}_G = [-l\omega\sin\omega t,\ l\omega\cos\omega t,\ 0]$ ……④

$\therefore\ \boldsymbol{P} =$ (イ) $= 3m\boldsymbol{v}_G = 3m[-l\omega\sin\omega t,\ l\omega\cos\omega t,\ 0]$ ………………(答)

(ii) 2 質点系の全運動エネルギー K は，

$K =$ (ウ) ……⑤　と表される。

(K_G：重心 G の運動によるもの，K'：重心 G に対する相対運動によるもの)

ここで，$K_G = \dfrac{1}{2}\cdot 3m\cdot v_G{}^2 = \dfrac{3}{2}ml^2\omega^2$ ……⑥

$\|\boldsymbol{v}_G\|^2 = l^2\omega^2(\sin^2\omega t + \cos^2\omega t) = l^2\omega^2$

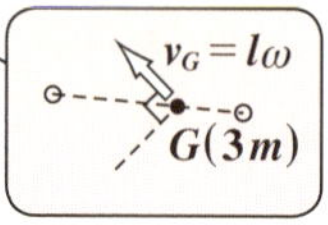

また，②を t で微分して，G に対する $\mathbf{P}_1$ の相対運動の速度 $\boldsymbol{v}_{01}'$ は，

$$\boldsymbol{v}_{01}' = \dot{\boldsymbol{r}}_{01}' = [-r_0\omega_0\sin\omega_0 t,\ r_0\omega_0\cos\omega_0 t,\ 0] \quad \cdots\cdots ⑦$$

③を t で微分して，G に対する $\mathbf{P}_2$ の相対運動の速度 $\boldsymbol{v}_{02}'$ は，

$$\boldsymbol{v}_{02}' = \dot{\boldsymbol{r}}_{02}' = -2\dot{\boldsymbol{r}}_{01}' = -2[-r_0\omega_0\sin\omega_0 t,\ r_0\omega_0\cos\omega_0 t,\ 0] \quad \cdots\cdots ⑧$$

となり，これらの大きさ（速さ）v_{01}'，v_{02}' の 2 乗は，

$$\begin{cases} v_{01}'^2 = \|\boldsymbol{v}_{01}'\|^2 = r_0^2\omega_0^2(\sin^2\omega_0 t + \cos^2\omega_0 t) = r_0^2\omega_0^2 \\ v_{02}'^2 = \|\boldsymbol{v}_{02}'\|^2 = 4r_0^2\omega_0^2(\sin^2\omega_0 t + \cos^2\omega_0 t) = 4r_0^2\omega_0^2 \end{cases}$$

$$\therefore K' = \frac{1}{2}\cdot 2mv_{01}'^2 + \frac{1}{2}\cdot mv_{02}'^2$$

$$= mr_0^2\omega_0^2 + \frac{1}{2}m\cdot 4r_0^2\omega_0^2 = 3mr_0^2\omega_0^2 \quad \cdots ⑨$$

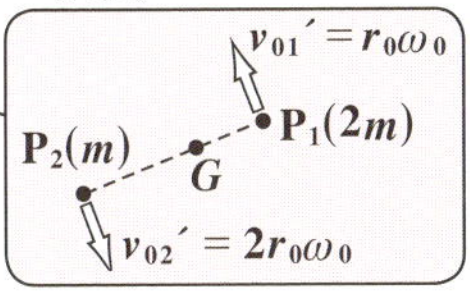

以上⑥，⑨を⑤に代入して，

$$K = \frac{3}{2}ml^2\omega^2 + 3mr_0^2\omega_0^2 = \frac{3}{2}m(l^2\omega^2 + 2r_0^2\omega_0^2) \quad となる。 \cdots\cdots\cdots(答)$$

(iii) 2 質点系の全角運動量 $\boldsymbol{L}$ は，

$\boldsymbol{L} =$ [(エ)] ……⑩ と表される。（$\boldsymbol{L}_G$：重心 G の $\mathbf{O}$ のまわりの回転運動によるもの，$\boldsymbol{L}'$：重心 G のまわりの回転運動によるもの）

ここで，①，④より，

$$\boldsymbol{L}_G = \boldsymbol{r}_G \times \boxed{(オ)}\ \boldsymbol{v}_G = 3m\boldsymbol{r}_G \times \boldsymbol{v}_G$$

$$= 3m[0,\ 0,\ l^2\omega] \quad \cdots\cdots ⑪$$

外積 $\boldsymbol{r}_G \times \boldsymbol{v}_G$ の計算

$l\cos\omega t \quad l\sin\omega t \quad 0 \quad l\cos\omega t$

$-l\omega\sin\omega t \quad l\omega\cos\omega t \quad 0 \quad -l\omega\sin\omega t$

$[0,\ 0,\ l^2\omega]$

②，③，⑦より，

$$\boldsymbol{L}' = \boldsymbol{r}_{01}' \times 2m\boldsymbol{v}_{01}' + \underset{-2\boldsymbol{r}_{01}'}{\boldsymbol{r}_{02}'} \times m\underset{\dot{\boldsymbol{r}}_{02}' = -2\dot{\boldsymbol{r}}_{01}' = -2\boldsymbol{v}_{01}'}{\boldsymbol{v}_{02}'}$$

$$= 2m\boldsymbol{r}_{01}' \times \boldsymbol{v}_{01}' + m\cdot(-2\boldsymbol{r}_{01}') \times (-2\boldsymbol{v}_{01}')$$

$$= 6m\boldsymbol{r}_{01}' \times \boldsymbol{v}_{01}'$$

$$= 6m[0,\ 0,\ r_0^2\omega_0] \quad \cdots ⑫$$

外積 $\boldsymbol{r}_{01}' \times \boldsymbol{v}_{01}'$ の計算

$r_0\cos\omega_0 t \quad r_0\sin\omega_0 t \quad 0 \quad r_0\cos\omega_0 t$

$-r_0\omega_0\sin\omega_0 t \quad r_0\omega_0\cos\omega_0 t \quad 0 \quad -r_0\omega_0\sin\omega_0 t$

$[0,\ 0,\ r_0^2\omega_0]$

以上⑪，⑫を⑩に代入して，

$$\boldsymbol{L} = 3m[0,\ 0,\ l^2\omega] + 6m[0,\ 0,\ r_0^2\omega_0] = 3m[0,\ 0,\ l^2\omega + 2r_0^2\omega_0] \quad \cdots\cdots(答)$$

解答 (ア) $3m$ (イ) $\boldsymbol{P}_G$ (ウ) $K_G + K'$ (エ) $\boldsymbol{L}_G + \boldsymbol{L}'$ (オ) $3m$

演習問題 98　● 2 質点系の連成振動（Ⅰ）●

右図に示すように，質量 m の 2 つの質点 P_1，P_2 と，自然長 l，バネ定数 k，k'，k の質量を無視できる 3 本のバネとを連結して，滑らかな水平面上におき，両端点を $3l$ だけ隔てた壁面に固定する。ここで，P_1 と P_2 をつり合いの位置からずらして振動させる。質点 P_1 と P_2 のつり合いの位置からの変位をそれぞれ x_1，x_2 とおいて，P_1 と P_2 の運動方程式を立て，これを解いて P_1 と P_2 の振動の様子を調べよ。

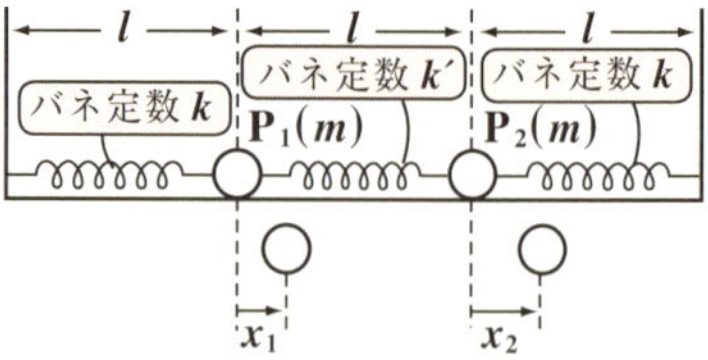

ヒント！ $x_2 > x_1 > 0$ として，P_1 と P_2 について運動方程式を作る。

解答＆解説

2 つの質点 P_1，P_2 のつり合いの位置からの変位をそれぞれ x_1，x_2 とおくと，P_1，P_2 の運動方程式は次のようになる。

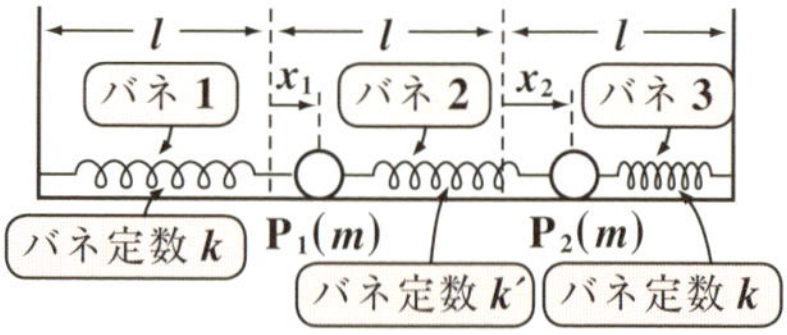

$$m\ddot{x}_1 = -kx_1 + k'(x_2 - x_1) \quad \cdots\cdots ① \quad \cdots(答)$$

バネ 1 は，x_1 伸びている分縮もうとして，P_1 に ⊖ の向きの力を及ぼす。

$x_2 - x_1 > 0$ とすると，バネ 2 は $x_2 - x_1$ 伸びている分縮もうとして，P_1 に ⊕ の向きの力を及ぼす。

$x_2 - x_1 < 0$ であれば，$|x_2 - x_1|$ 縮んだ分伸びようとして，P_1 に ⊖ の向きの力を及ぼすが，この場合でも，$k'(x_2 - x_1)$ は負より，成り立つ。

$$m\ddot{x}_2 = -k'(x_2 - x_1) - kx_2 \quad \cdots\cdots ② \quad \cdots(答)$$

$x_2 - x_1 > 0$ とすると，バネ 2 は $x_2 - x_1$ 伸びている分縮もうとして，P_2 に ⊖ の向きの力を及ぼす。

バネ 3 は，x_2 縮んでいる分伸びようとして，P_2 に ⊖ の向きの力を及ぼす。

①，②より，

$$\begin{cases} \ddot{x}_1 = -\omega^2 x_1 + \omega'^2(x_2 - x_1) \\ \ddot{x}_2 = -\omega'^2(x_2 - x_1) - \omega^2 x_2 \end{cases} \qquad \left(ただし，\omega = \sqrt{\frac{k}{m}}\ ，\ \omega' = \sqrt{\frac{k'}{m}} \right)$$

これをまとめて，

$$\begin{cases} \ddot{x}_1 = -(\omega^2 + \omega'^2)x_1 + \omega'^2 x_2 & \cdots\cdots ①' \\ \ddot{x}_2 = \omega'^2 x_1 - (\omega^2 + \omega'^2)x_2 & \cdots\cdots ②' \end{cases}$$

となる。

①′，②′より，$\ddot{x} = -\omega^2 x$ の形にもち込んで，解 $x = A\cos(\omega t + \phi)$ を求める。

・①´＋②´より，

$$\ddot{x}_1 + \ddot{x}_2 = -\omega^2 x_1 - \omega^2 x_2$$

$$\frac{d^2x_1}{dt^2} + \frac{d^2x_2}{dt^2} = \frac{d^2}{dt^2}(x_1 + x_2)$$

$$\frac{d^2}{dt^2}(x_1 + x_2) = -\omega^2(x_1 + x_2)$$

$x_1 + x_2 = \xi$ とおくと，
$\ddot{\xi} = -\omega^2 \xi$ より，
$\xi = A_1 \cos(\omega t + \phi_1)$

$$\therefore\ x_1 + x_2 = A_1 \cos(\omega t + \phi_1) \quad \cdots\cdots ③$$

・①´－②´より，

$$\ddot{x}_1 - \ddot{x}_2 = -(\omega^2 + 2\omega'^2)x_1 + (\omega^2 + 2\omega'^2)x_2$$

$$\frac{d^2}{dt^2}(x_1 - x_2) = -(\omega^2 + 2\omega'^2)(x_1 - x_2)$$

$x_1 - x_2 = \zeta$ とおくと，
$\ddot{\zeta} = -(\omega^2 + 2\omega'^2)\zeta$ より，
$\zeta = A_2 \cos(\sqrt{\omega^2 + 2\omega'^2}\, t + \phi_2)$

$$\therefore\ x_1 - x_2 = A_2 \cos(\sqrt{\omega^2 + 2\omega'^2}\, t + \phi_2) \quad \cdots ④$$

$\frac{③ + ④}{2}$ から，$x_1 = \frac{A_1}{2}\cos(\omega t + \phi_1) + \frac{A_2}{2}\cos(\sqrt{\omega^2 + 2\omega'^2}\, t + \phi_2)$ ……⑤

$\frac{③ - ④}{2}$ から，$x_2 = \frac{A_1}{2}\cos(\omega t + \phi_1) - \frac{A_2}{2}\cos(\sqrt{\omega^2 + 2\omega'^2}\, t + \phi_2)$ ……⑥

⑤，⑥をまとめて，①，②の一般解 x_1，x_2は，

$$\begin{cases} x_1 = C_1 \cos(\omega_1 t + \phi_1) + C_2 \cos(\omega_2 t + \phi_2) & \cdots\cdots ⑤' \\ x_2 = C_1 \cos(\omega_1 t + \phi_1) - C_2 \cos(\omega_2 t + \phi_2) & \cdots\cdots ⑥' \end{cases}$$ となる。

$$\left(C_1 = \frac{A_1}{2},\ C_2 = \frac{A_2}{2},\ \omega_1 = \omega = \sqrt{\frac{k}{m}},\ \omega_2 = \sqrt{\omega^2 + 2\omega'^2} = \sqrt{\frac{k + 2k'}{m}} \right)$$

ここで，C_1 と C_2 の一方が 0 である場合について調べる。

(ⅰ) $C_1 \neq 0$，$C_2 = 0$ のとき⑤´，⑥´は，

$$\begin{cases} x_1 = C_1 \cos(\omega_1 t + \phi_1) \\ x_2 = C_1 \cos(\omega_1 t + \phi_1) \end{cases} \quad \cdots\cdots ⑦$$

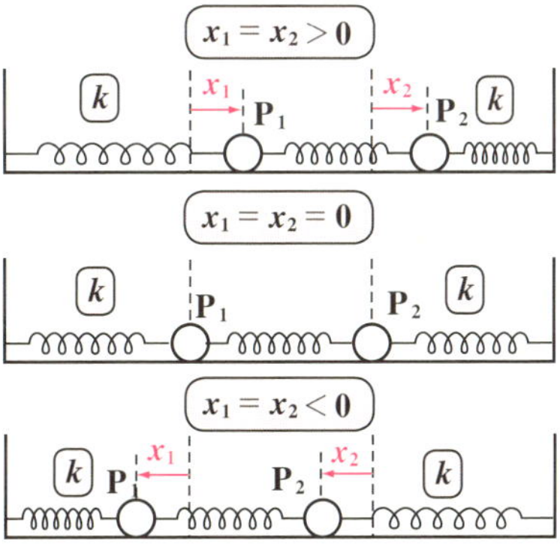

これより，P_1と P_2 は同じ振幅，同じ角振動数の全く等しい振動をするので，真中のバネ2は伸び縮みせず，P_1 はバネ1から，P_2 はバネ3からのみ復元力を受ける。同じ角振動数 $\omega_1 = \sqrt{\frac{k}{m}}$ をもつので，P_1と P_2 は同位相の振動を行う。……………………………(答)

(ii) $C_1 = 0$, $C_2 \neq 0$のとき⑤´, ⑥´は,

$$\begin{cases} x_1 = \quad C_2\cos(\omega_2 t + \phi_2) \\ x_2 = -C_2\cos(\omega_2 t + \phi_2) \end{cases} \quad \cdots\cdots⑧$$

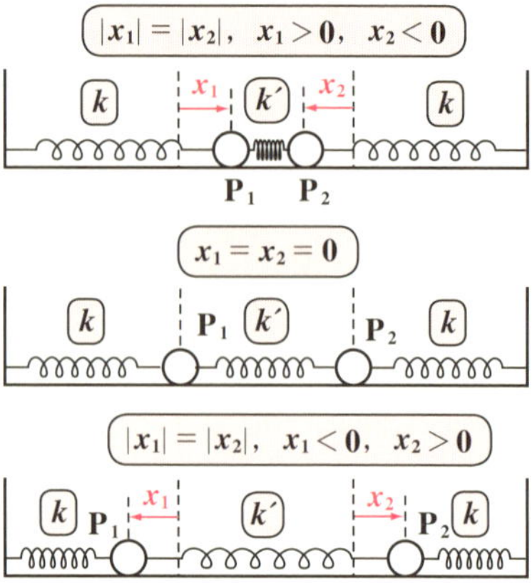

これより，角振動数は同じでも，振幅の符号が異なるので，P_1とP_2は常に逆向きに動く。つまり，P_1とP_2は逆位相の振動を行う。このとき，バネ1, 2, 3のいずれも伸び縮みし，P_1はバネ1と2から，P_2はバネ2と3から復元力を受ける。同じ角振動数 $\omega_2 = \sqrt{\dfrac{k+2k'}{m}}$ をもつので，P_1とP_2は，共にバネ定数 $k+2k'$ の強いバネによる振動を行うと考えられる。 ……………………………………(答)

参考

(i) $\begin{cases} x_1 = C_1\cos(\omega_1 t + \phi_1) \\ x_2 = C_1\cos(\omega_1 t + \phi_1) \end{cases}$ …⑦や，(ii) $\begin{cases} x_1 = \quad C_2\cos(\omega_2 t + \phi_2) \\ x_2 = -C_2\cos(\omega_2 t + \phi_2) \end{cases}$ …⑧

のように，各質点が同じ角振動数をもつ運動を**規準振動**と呼ぶ。一般には，

$$\begin{cases} x_1 = C_1\cos(\omega_1 t + \phi_1) + C_2\cos(\omega_2 t + \phi_2) \quad \cdots\cdots⑤´ \\ x_2 = C_1\cos(\omega_1 t + \phi_1) - C_2\cos(\omega_2 t + \phi_2) \quad \cdots\cdots⑥´ \end{cases}$$

で表される一般解の振動が現れるが，これは⑦，⑧の規準振動の重ね合せである。この規準振動⑦，⑧を別の方法で求めてみよう。

規準振動では，変位 x_1, x_2 が同じ角振動数 $\omega\,(>0)$ をもつので，

$$\begin{cases} x_1 = B_1\cos(\omega t + \phi) \\ x_2 = B_2\cos(\omega t + \phi) \end{cases} \quad \cdots\cdots⑨$$

$$\begin{aligned} m\ddot{x}_1 &= -kx_1 + k'(x_2 - x_1) \quad \cdots\cdots① \\ m\ddot{x}_2 &= -k'(x_2 - x_1) - kx_2 \quad \cdots\cdots② \end{aligned}$$

$(B_1 \neq 0$ かつ $B_2 \neq 0)$

で表されるとする。⑨を①，②に代入して，

$$\begin{cases} -m\omega^2 B_1\cos(\omega t + \phi) = -kB_1\cos(\omega t + \phi) + k'\{B_2\cos(\omega t + \phi) - B_1\cos(\omega t + \phi)\} \\ -m\omega^2 B_2\cos(\omega t + \phi) = -k'\{B_2\cos(\omega t + \phi) - B_1\cos(\omega t + \phi)\} - kB_2\cos(\omega t + \phi) \end{cases}$$

……⑩

⑩の各両辺を $\cos(\omega t + \phi)$ で割って，B_1, B_2 についてまとめると，

$$\begin{cases} (m\omega^2 - k - k')B_1 + k'B_2 = 0 \\ k'B_1 + (m\omega^2 - k - k')B_2 = 0 \end{cases}$$

$$\begin{bmatrix} m\omega^2 - k - k' & k' \\ k' & m\omega^2 - k - k' \end{bmatrix}\begin{bmatrix} B_1 \\ B_2 \end{bmatrix} = \begin{bmatrix} 0 \\ 0 \end{bmatrix}$$

$$\therefore A\begin{bmatrix} B_1 \\ B_2 \end{bmatrix} = \begin{bmatrix} 0 \\ 0 \end{bmatrix} \quad \cdots\cdots⑬ \quad \left(ただし,\ A = \begin{bmatrix} m\omega^2 - k - k' & k' \\ k' & m\omega^2 - k - k' \end{bmatrix} \right)$$

ここで，A^{-1} が存在すると仮定すると，A^{-1} を⑬の両辺に左からかけて，$B_1 = B_2 = 0$ となり，$B_1 \neq 0$ かつ $B_2 \neq 0$ に反する。

$\therefore A^{-1}$ は存在しないので，　$\det A = (m\omega^2 - k - k')^2 - k'^2 = 0$

$\therefore \{(m\omega^2 - k - k') + k'\} \cdot \{(m\omega^2 - k - k') - k'\} = 0$ より，

(ア) $\omega^2 = \dfrac{k}{m}$，または，(イ) $\omega^2 = \dfrac{k + 2k'}{m}$　　$(\omega > 0)$

(ア) $\omega_1 = \sqrt{\dfrac{k}{m}}$ のとき，$m\omega_1{}^2 - k = 0$ から，

$$A = \begin{bmatrix} \underbrace{m\omega_1{}^2 - k}_{0} - k' & k' \\ k' & \underbrace{m\omega_1{}^2 - k}_{0} - k' \end{bmatrix} = k'\begin{bmatrix} -1 & 1 \\ 1 & -1 \end{bmatrix} \qquad \therefore ⑬より，$$

$$k'\begin{bmatrix} -1 & 1 \\ 1 & -1 \end{bmatrix}\begin{bmatrix} B_1 \\ B_2 \end{bmatrix} = \underbrace{k'}_{\neq 0}\begin{bmatrix} \underbrace{-B_1 + B_2}_{0} \\ \underbrace{B_1 - B_2}_{0} \end{bmatrix} = \begin{bmatrix} 0 \\ 0 \end{bmatrix} \qquad \therefore B_2 = B_1 \text{ となって，}$$

⑨から⑦を得る。

(イ) $\omega_2 = \sqrt{\dfrac{k + 2k'}{m}}$ のとき，$m\omega_2{}^2 - k = 2k'$ から，

$$A = \begin{bmatrix} \underbrace{m\omega_2{}^2 - k}_{2k'} - k' & k' \\ k' & \underbrace{m\omega_2{}^2 - k}_{2k'} - k' \end{bmatrix} = k'\begin{bmatrix} 1 & 1 \\ 1 & 1 \end{bmatrix} \qquad \therefore ⑬より，$$

$$k'\begin{bmatrix} 1 & 1 \\ 1 & 1 \end{bmatrix}\begin{bmatrix} B_1 \\ B_2 \end{bmatrix} = k'\begin{bmatrix} \underbrace{B_1 + B_2}_{0} \\ \underbrace{B_1 + B_2}_{0} \end{bmatrix} = \begin{bmatrix} 0 \\ 0 \end{bmatrix} \qquad \therefore B_2 = -B_1 \text{ となって，}$$

⑨から⑧が導かれる。

演習問題 99　● 2 質点系の連成振動 (Ⅱ) ●

右図に示すように，質量 m の質点 P_1，P_2 と，長さ l の糸でできた 2 つの単振り子を作り，P_1 と P_2 を，質量の無視できるバネ定数 k のバネに連結させる。静止状態では，これらの振り子は鉛直につり下げられていた。ここで，質点 P_1 と P_2 を鉛直面内で微小振動させる。P_1，P_2 の鉛直方向からの変位をそれぞれ x_1，x_2 とおいて，P_1 と P_2 の運動方程式を立て，これを解いて P_1 と P_2 の運動の様子を調べよ。

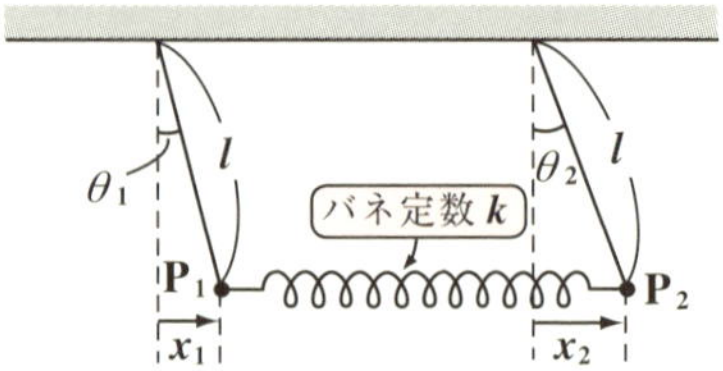

ヒント！ P_1，P_2 は，単振り子の復元力とバネの伸びによる復元力を受けて振動する。

解答&解説

単振り子において，質点 P_1 を最下点へ戻そうとする力は，θ_1 を振れ角として，重力の接線方向成分 $mg\sin\theta_1$ となる。右図に示すように，$\sin\theta_1 = \dfrac{x_1}{l}$ より，この力は $mg\dfrac{x_1}{l}$ となる。

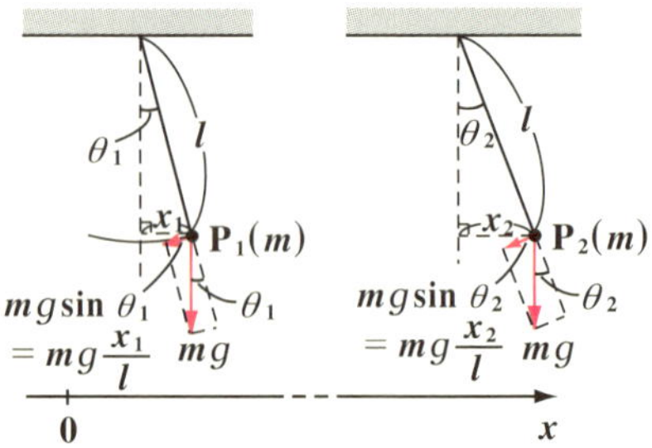

同様に，単振り子について，P_2 を最下点へ戻そうとする力は $mg\dfrac{x_2}{l}$ となる。
また，バネの伸びは，$x_2 - x_1$ とおけるので，P_1，P_2 の運動方程式は，水平右向きを正として，

$$\begin{cases} m\ddot{x}_1 = -mg\cdot\dfrac{x_1}{l} + \underline{k(x_2 - x_1)} \quad \cdots\cdots(答) \\ m\ddot{x}_2 = -mg\cdot\dfrac{x_2}{l} \underline{- k(x_2 - x_1)} \quad \cdots\cdots(答) \end{cases}$$

$x_2 - x_1 > 0$ とすると，バネは P_1 には⊕の向きに，P_2 には⊖の向きに力を及ぼす。

$$\begin{cases} m\ddot{x}_1 = -\left(m\cdot\dfrac{g}{l} + k\right)x_1 + kx_2 \\ m\ddot{x}_2 = kx_1 - \left(m\cdot\dfrac{g}{l} + k\right)x_2 \end{cases}$$

両辺を m で割って，

$$\begin{cases} \ddot{x}_1 = -\left(\dfrac{g}{l}+\dfrac{k}{m}\right)x_1 + \dfrac{k}{m}x_2 & \cdots\cdots① \\ \ddot{x}_2 = \dfrac{k}{m}x_1 - \left(\dfrac{g}{l}+\dfrac{k}{m}\right)x_2 & \cdots\cdots② \end{cases}$$

・①＋②より，

$$\ddot{x}_1 + \ddot{x}_2 = -\frac{g}{l}(x_1+x_2)$$

$$\frac{d^2}{dt^2}(x_1+x_2) = -\omega^2(x_1+x_2) \qquad \left(ただし，\omega = \sqrt{\frac{g}{l}}\right)$$

$$\therefore\ x_1 + x_2 = A_1\cos(\omega t+\phi_1) \cdots\cdots③$$

・①－②より，

$$\ddot{x}_1 - \ddot{x}_2 = -\left(\frac{g}{l}+2\cdot\frac{k}{m}\right)(x_1-x_2)$$

$$\frac{d^2}{dt^2}(x_1-x_2) = -\omega'^2(x_1-x_2) \qquad \left(ただし，\omega' = \sqrt{\frac{g}{l}+2\cdot\frac{k}{m}}\right)$$

$$\therefore\ x_1 - x_2 = A_2\cos(\omega' t+\phi_2) \cdots\cdots④$$

（③＋④）÷2 より，　$x_1 = C_1\cos(\omega t+\phi_1) + C_2\cos(\omega' t+\phi_2)$ ……⑤

（③－④）÷2 より，　$x_2 = C_1\cos(\omega t+\phi_1) - C_2\cos(\omega' t+\phi_2)$ ……⑥

$$\left(ただし，C_1 = \frac{A_1}{2}，C_2 = \frac{A_2}{2}\right)$$

この⑤，⑥が，①，②の一般解となる。規準振動は，⑤，⑥より，

（ⅰ）$C_1 \neq 0$，$C_2 = 0$のとき，

$$\begin{cases} x_1 = C_1\cos(\omega t+\phi_1) \\ x_2 = C_1\cos(\omega t+\phi_1) \end{cases}$$

となる。 ………………(答)

$$\left(角振動数\ \omega = \sqrt{\frac{g}{l}}\right)$$

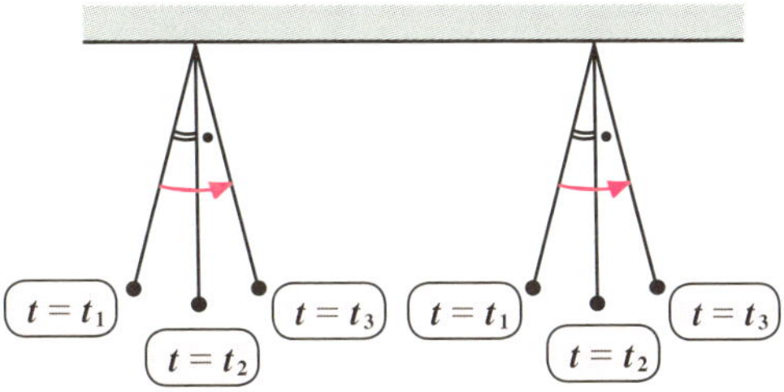

（ⅱ）$C_1 = 0$，$C_2 \neq 0$のとき，

$$\begin{cases} x_1 = \quad C_2\cos(\omega' t+\phi_2) \\ x_2 = -C_2\cos(\omega' t+\phi_2) \end{cases}$$

となる。 ………………(答)

$$\left(角振動数\ \omega' = \sqrt{\frac{g}{l}+2\cdot\frac{k}{m}}\right)$$

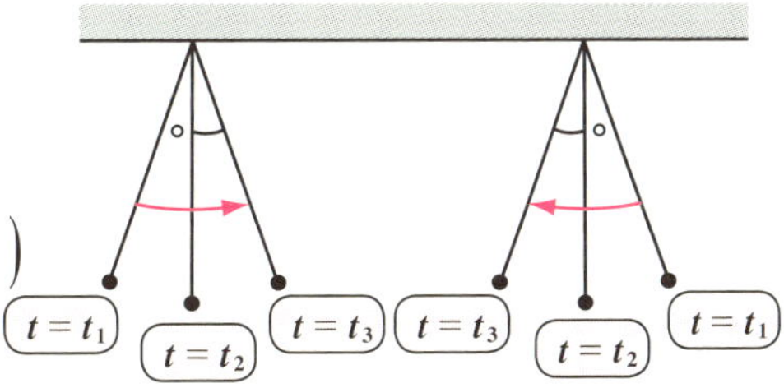

演習問題 100　● 3 質点系の連成振動 ●

右図に示すように，質量 m の 3 つの質点 P_1，P_2，P_3 と，自然長 l，バネ定数 k の質量を無視できる 4 本のバネを連結して，滑らかな水平面上に置き，両端点を $4l$ だけ隔てた壁面に固定する。ここで，P_1，P_2，P_3 を平衡点からずらして振動させる。質点 P_1，P_2，P_3 の平衡点からの変位をそれぞれ x_1，x_2，x_3 とおいて，P_1，P_2，P_3 の運動方程式を立て，これを解いて P_1，P_2，P_3 の振動の様子を調べよ。

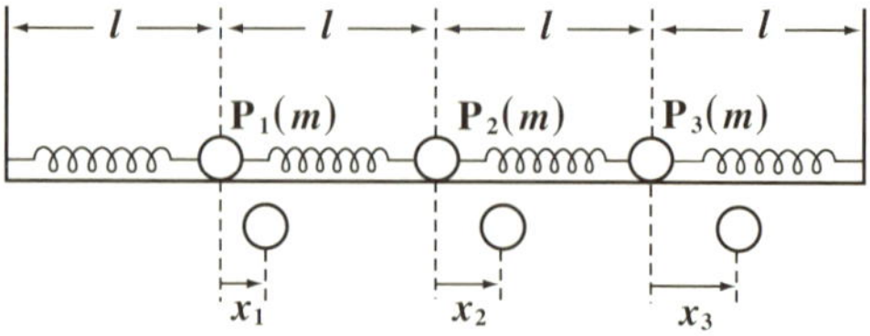

ヒント！　$x_3 > x_2 > x_1 > 0$ として，P_1，P_2，P_3 の運動方程式を作る。

解答＆解説

3 つの質点 P_1，P_2，P_3 の平衡点からの変位をそれぞれ x_1，x_2，x_3 とおくと，P_1，P_2，P_3 の運動方程式は次のようになる。

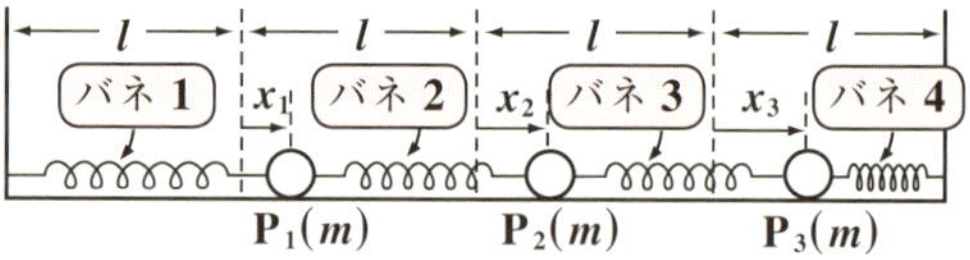

$m\ddot{x}_1 = -kx_1 + k(x_2 - x_1)$ ……① ……………………(答)

バネ 1 は x_1 伸びている分縮もうとして，P_1 に ⊖ の向きの力を及ぼす。

$x_2 - x_1 > 0$ とすると，バネ 2 は $x_2 - x_1$ 伸びている分縮もうとして，P_1 に ⊕ の向きの力を及ぼす。

$x_2 - x_1 < 0$ であれば，$|x_2 - x_1|$ 縮んだ分伸びようとして，P_1 に ⊖ の向きの力を及ぼすが，この場合でも，$k(x_2 - x_1)$ は負より成り立つ。

$m\ddot{x}_2 = -k(x_2 - x_1) + k(x_3 - x_2)$ ……② ……(答)

$x_2 - x_1 > 0$ とすると，バネ 2 は $x_2 - x_1$ 伸びている分縮もうとして，P_2 に ⊖ の向きの力を及ぼす。

$x_3 - x_2 > 0$ とすると，バネ 3 は $x_3 - x_2$ 伸びている分縮もうとして，P_2 に ⊕ の向きの力を及ぼす。

$m\ddot{x}_3 = -k(x_3 - x_2) - kx_3$ ……③

$x_3 - x_2 > 0$ とすると，バネ3は $x_3 - x_2$ 伸びている分縮もうとして，P_3 に ⊖ の向きの力を及ぼす。

$x_3 > 0$ とすると，バネ4は x_3 縮んでいる分伸びようとして，P_3 に ⊖ の向きの力を及ぼす。

①，②，③をまとめると，

$$\begin{cases} \ddot{x}_1 = -\omega^2(2x_1 - x_2) & \cdots\cdots ①' \\ \ddot{x}_2 = -\omega^2(2x_2 - x_3 - x_1) & \cdots\cdots ②' \\ \ddot{x}_3 = -\omega^2(2x_3 - x_2) & \cdots\cdots ③' \end{cases}$$

$\left(\text{ただし，}\omega = \sqrt{\frac{k}{m}}\right)$ となる。

①$'$ $+\alpha\times$ ②$'$ $+\beta\times$ ③$'$ を求めると，

$$\ddot{x}_1 + \alpha\ddot{x}_2 + \beta\ddot{x}_3 = -\omega^2(2x_1 - x_2) - \alpha\omega^2(2x_2 - x_3 - x_1) - \beta\omega^2(2x_3 - x_2)$$

$$\frac{d^2x_1}{dt^2} + \alpha\frac{d^2x_2}{dt^2} + \beta\frac{d^2x_3}{dt^2} = \frac{d^2}{dt^2}(x_1 + \alpha x_2 + \beta x_3)$$

$$\frac{d^2}{dt^2}(x_1 + \alpha x_2 + \beta x_3) = -\omega^2\{(2-\alpha)x_1 + (2\alpha - \beta - 1)x_2 + (2\beta - \alpha)x_3\} \quad \cdots ④$$

となる。この両辺の x_1，x_2，x_3 の係数の比が等しくなるように α，β を定めると，

$$1 : \alpha : \beta = (2-\alpha) : (2\alpha - \beta - 1) : (2\beta - \alpha)$$

（ア）（イ）　（ア）　（イ）

（ア）$1 : \alpha = (2-\alpha) : (2\alpha - \beta - 1)$ より，

$$1\cdot(2\alpha - \beta - 1) = \alpha(2 - \alpha)$$

$$2\alpha - \beta - 1 = 2\alpha - \alpha^2 \qquad \therefore \alpha^2 = \beta + 1 \quad \cdots\cdots ⑤$$

（イ）$\alpha : \beta = (2\alpha - \beta - 1) : (2\beta - \alpha)$ より，

$$\alpha(2\beta - \alpha) = \beta(2\alpha - \beta - 1)$$

$$2\alpha\beta - \alpha^2 = 2\alpha\beta - \beta^2 - \beta \qquad \therefore \alpha^2 = \beta^2 + \beta \quad \cdots\cdots ⑥$$

⑤，⑥より α^2 を消去して，$\beta^2 + \beta = \beta + 1$　$\therefore \beta = \pm 1$

・$\beta = 1$ のとき，⑤より，$\alpha^2 = 2$　$\therefore \alpha = \pm\sqrt{2}$

・$\beta = -1$ のとき，⑤より，$\alpha^2 = 0$　$\therefore \alpha = 0$

以上より，$(\alpha, \beta) = (\sqrt{2}, 1), (-\sqrt{2}, 1), (0, -1)$ となる。

$$\boxed{\frac{d^2}{dt^2}(x_1+\alpha x_2+\beta x_3)=-\omega^2\{(2-\alpha)x_1+(2\alpha-\beta-1)x_2+(2\beta-\alpha)x_3\} \quad \cdots\cdots④}$$

(ⅰ) $(\alpha,\ \beta)=(\sqrt{2},\ 1)$ のとき，④は，

$$\frac{d^2}{dt^2}(x_1+\sqrt{2}x_2+x_3)=-\omega^2\{(2-\sqrt{2})x_1+(2\sqrt{2}-2)x_2+(2-\sqrt{2})x_3\}$$

$$\frac{d^2}{dt^2}(x_1+\sqrt{2}x_2+x_3)=-\omega_1{}^2(x_1+\sqrt{2}x_2+x_3)$$

(ただし，$\omega_1=\sqrt{2-\sqrt{2}}\,\omega$ とする。)

$$\therefore\ x_1+\sqrt{2}x_2+x_3=A_1\cos(\omega_1 t+\phi_1) \quad \cdots\cdots⑦$$

$x_1+\sqrt{2}x_2+x_3=\xi$ とおくと，$\ddot{\xi}=-\omega_1{}^2\xi$ より，$\xi=A_1\cos(\omega_1 t+\phi_1)$

(ⅱ) $(\alpha,\ \beta)=(-\sqrt{2},\ 1)$ のとき，④は，

$$\frac{d^2}{dt^2}(x_1-\sqrt{2}x_2+x_3)=-\omega^2\{(2+\sqrt{2})x_1+(-2\sqrt{2}-2)x_2+(2+\sqrt{2})x_3\}$$

$$\frac{d^2}{dt^2}(x_1-\sqrt{2}x_2+x_3)=-\omega_2{}^2(x_1-\sqrt{2}x_2+x_3)$$

(ただし，$\omega_2=\sqrt{2+\sqrt{2}}\,\omega$ とする。)

$$\therefore\ x_1-\sqrt{2}x_2+x_3=A_2\cos(\omega_2 t+\phi_2) \quad \cdots\cdots⑧$$

$x_1-\sqrt{2}x_2+x_3=\zeta$ とおくと，$\ddot{\zeta}=-\omega_2{}^2\zeta$ より，$\zeta=A_2\cos(\omega_2 t+\phi_2)$

(ⅲ) $(\alpha,\ \beta)=(0,\ -1)$ のとき，④は，

$$\frac{d^2}{dt^2}(x_1-x_3)=-\omega^2(2x_1-2x_3)$$

$$\frac{d^2}{dt^2}(x_1-x_3)=-\omega_3{}^2(x_1-x_3)$$

(ただし，$\omega_3=\sqrt{2}\,\omega$ とする。)

$$\therefore\ x_1-x_3=A_3\cos(\omega_3 t+\phi_3) \quad \cdots\cdots⑨$$

$x_1-x_3=\eta$ とおくと，$\ddot{\eta}=-\omega_3{}^2\eta$ より，$\eta=A_3\cos(\omega_3 t+\phi_3)$

(ⅰ)(ⅱ)(ⅲ) より，

$$\begin{cases} x_1+\sqrt{2}x_2+x_3=A_1\cos(\omega_1 t+\phi_1) & \cdots\cdots⑦ \\ x_1-\sqrt{2}x_2+x_3=A_2\cos(\omega_2 t+\phi_2) & \cdots\cdots⑧ \\ x_1 \qquad\quad -x_3=A_3\cos(\omega_3 t+\phi_3) & \cdots\cdots⑨ \end{cases}$$

(⑦＋⑧)÷2 より，$x_1+x_3=\dfrac{1}{2}\{A_1\cos(\omega_1 t+\phi_1)+A_2\cos(\omega_2 t+\phi_2)\}$ …⑩

以上の結果を用いて，

$\dfrac{⑩+⑨}{2}$ より，　$x_1 = \dfrac{1}{4}A_1\cos(\omega_1 t + \phi_1) + \dfrac{1}{4}A_2\cos(\omega_2 t + \phi_2) + \dfrac{1}{2}A_3\cos(\omega_3 t + \phi_3)$ ……⑪

$\dfrac{⑦-⑧}{2\sqrt{2}}$ より，　$x_2 = \dfrac{1}{2\sqrt{2}}A_1\cos(\omega_1 t + \phi_1) - \dfrac{1}{2\sqrt{2}}A_2\cos(\omega_2 t + \phi_2)$ …………⑫

$\dfrac{⑩-⑨}{2}$ より，　$x_3 = \dfrac{1}{4}A_1\cos(\omega_1 t + \phi_1) + \dfrac{1}{4}A_2\cos(\omega_2 t + \phi_2) - \dfrac{1}{2}A_3\cos(\omega_3 t + \phi_3)$ ……⑬

(A_1，A_2，A_3，ϕ_1，ϕ_2，ϕ_3：任意定数)

⑪，⑫，⑬より，この連成振動は，次の(ⅰ)，(ⅱ)，(ⅲ)の3つの規準振動の重ね合わせとして表される。

(ⅰ) $A_1 \neq 0$，$A_2 = A_3 = 0$のとき，

$$\begin{cases} x_1 = \dfrac{1}{4}A_1\cos(\omega_1 t + \phi_1) \\ x_2 = \dfrac{\sqrt{2}}{4}A_1\cos(\omega_1 t + \phi_1) \\ x_3 = \dfrac{1}{4}A_1\cos(\omega_1 t + \phi_1) \end{cases}$$

………(答)

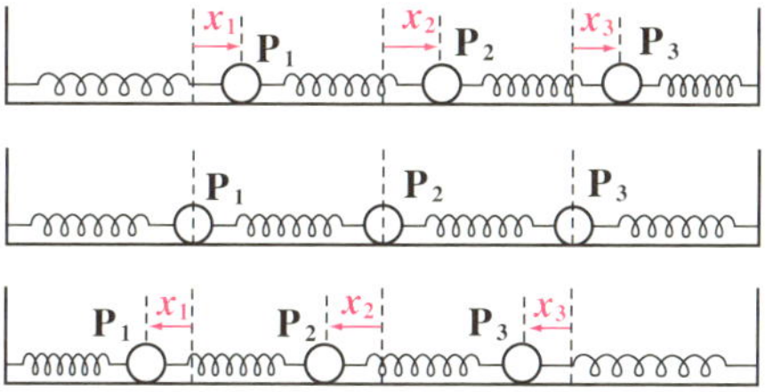

(ⅱ) $A_1 = 0$，$A_2 \neq 0$，$A_3 = 0$のとき，

$$\begin{cases} x_1 = \dfrac{1}{4}A_2\cos(\omega_2 t + \phi_2) \\ x_2 = -\dfrac{\sqrt{2}}{4}A_2\cos(\omega_2 t + \phi_2) \\ x_3 = \dfrac{1}{4}A_2\cos(\omega_2 t + \phi_2) \end{cases}$$

………(答)

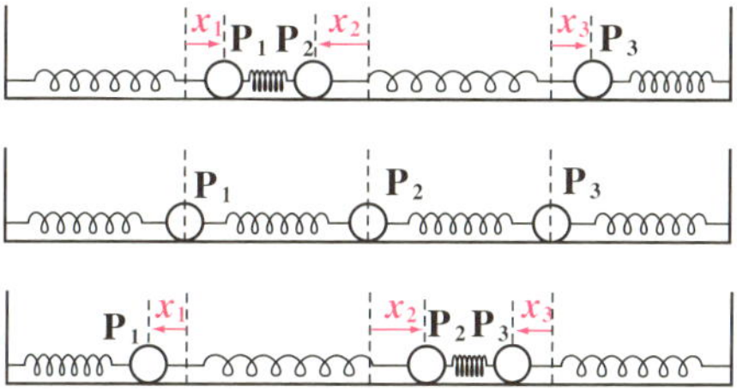

(ⅲ) $A_1 = A_2 = 0$，$A_3 \neq 0$のとき，

$$\begin{cases} x_1 = \dfrac{1}{2}A_3\cos(\omega_3 t + \phi_3) \\ x_2 = 0 \\ x_3 = -\dfrac{1}{2}A_3\cos(\omega_3 t + \phi_3) \end{cases}$$

………(答)

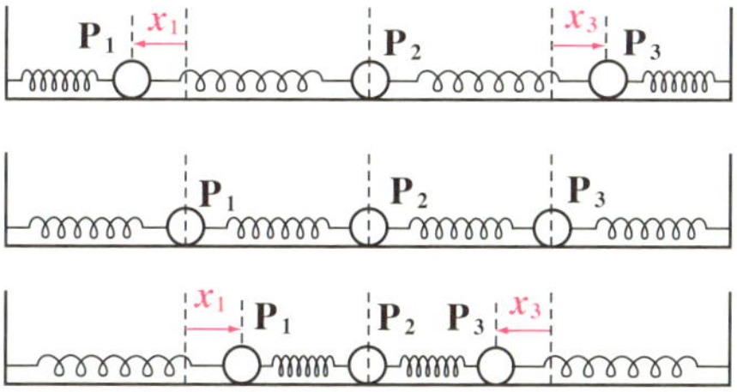

講義 Lecture 7 剛体の力学 methods & formulae

§1. 固定軸のある剛体の運動

剛体とは，形が全く変わらない物体のことで，正確には「全体を構成する各質点間の距離がすべて常に一定に保たれている質点系」である。

剛体の運動を記述するのに必要な変数の個数は6となる。これを，剛体の**自由度**は6であるという。剛体の中に固定された同一直線上にない異なる3点A，B，Cの位置が決まれば，剛体の位置も定まる。

(ⅰ) まず点Aの位置はその3つの座標x, y, zが決まれば決定できる。(自由度3)

(ⅱ) 次に点Bの位置は，線分ABの長さが一定なので，Aを中心とする球座標の天頂角θと，方位角φの2つが決まれば決定できる。(自由度2)

(ⅲ) 最後に点Cは，軸ABのまわりの回転角ψが決まれば決定できる。(自由度1)

図1 剛体の自由度は6

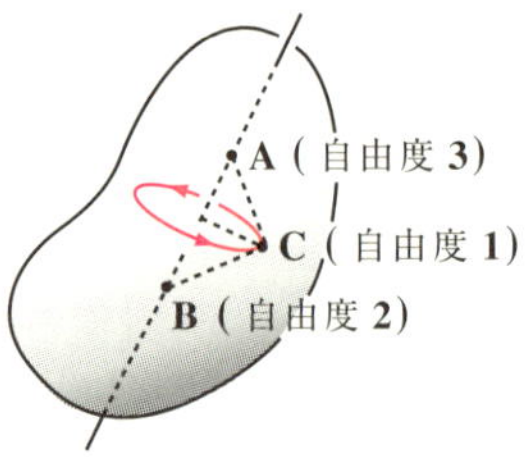

以上(ⅰ)(ⅱ)(ⅲ)より，$3+2+1=6$個の変数が分かれば，A，B，Cの位置が決まるので，剛体の自由度は6となる。

剛体の運動を記述するのに必要な運動方程式を下に示す。

剛体の運動方程式

剛体の運動は次の運動方程式により記述できる。

(Ⅰ) 固定点の運動方程式

$$\frac{d\boldsymbol{P}}{dt}=\boldsymbol{f} \quad \cdots\cdots(*1) \quad (\boldsymbol{P}:\text{剛体の運動量},\ \boldsymbol{f}:\text{外力の総和})$$

(Ⅱ) 回転の運動方程式

$$\frac{d\boldsymbol{L}}{dt}=\boldsymbol{N} \quad \cdots\cdots(*2)$$

($\boldsymbol{L}$：剛体の角運動量，$\boldsymbol{N}$：力のモーメント(**トルク**)の総和)

剛体は多質点系の1種より，多質点系の力学の公式がそのまま使える。

(Ⅰ) 剛体の全質量 M が集中したと考えたときの重心 G の運動量 $\boldsymbol{P}_G = M\dot{\boldsymbol{r}}_G$ は剛体の運動量 $\boldsymbol{P}$ と等しいので，

$$\frac{d\boldsymbol{P}}{dt} = \frac{d\boldsymbol{P}_G}{dt} = \frac{d}{dt}(M\dot{\boldsymbol{r}}_G) = M\ddot{\boldsymbol{r}}_G$$

よって，(＊1) は $M\ddot{\boldsymbol{r}}_G = \boldsymbol{f}$ ……(＊1)′ と表すことができる。

(Ⅱ) 剛体の全角運動量 $\boldsymbol{L}$ は，$\boldsymbol{L} = \boldsymbol{L}_G + \boldsymbol{L}'$ と分解され，さらに (＊2) の公式は，

$$\frac{d\boldsymbol{L}_G}{dt} = \boldsymbol{N}_G \quad \cdots\cdots(*2)', \qquad \frac{d\boldsymbol{L}'}{dt} = \boldsymbol{N}' \quad \cdots\cdots(*2)''$$ と分解できる。

（$\boldsymbol{N}_G$：外力 $\boldsymbol{f}$ が G に集中して作用したと考えたときの O に対する力のモーメント）
（$\boldsymbol{N}'$：G に対する相対的な力のモーメント）

剛体が静止しているとき，その剛体はつり合いの状態にあると定める。剛体が静止しているとき，重心 G も静止しているので，(＊1)′ より，$\boldsymbol{f} = \boldsymbol{0}$
また，重心 G のまわりの角運動量 $\boldsymbol{L}' = \boldsymbol{0}$ であり，G は動かないので，原点 O のまわりの G の角運動量 $\boldsymbol{L}_G$ も，$\boldsymbol{L}_G = \boldsymbol{0}$ となる。
よって，$\boldsymbol{L} = \boldsymbol{L}_G + \boldsymbol{L}' = \boldsymbol{0} + \boldsymbol{0} = \boldsymbol{0}$ より，(＊2) から，$\boldsymbol{N} = \boldsymbol{0}$ となる。
以上より，剛体のつり合いの条件は，$\boldsymbol{f} = \boldsymbol{0}$ かつ $\boldsymbol{N} = \boldsymbol{0}$ である。

固定軸がある剛体の運動について考える。図2(ⅰ) に示すように固定軸を z 軸にとる。z 軸のまわりの剛体の回転角 $\theta(t)$ が定まれば，この剛体の運動が記述できる。(自由度1)
$\theta(t)$ がみたす運動方程式は，

$$\frac{d\boldsymbol{L}}{dt} = \boldsymbol{N} \quad \cdots\cdots(*2)$$ から導かれる。

図2(ⅱ) に示すように，剛体を小片に細分し各小片に1，2，…，n の番号を付け，k 番目の小片の質量を m_k，O に関する位置ベクトルを $\boldsymbol{r}_k = [x_k, y_k, 0]$，$x$ 軸の正の向きと $\boldsymbol{r}_k$ のなす角を θ_k，$r_k = \|\boldsymbol{r}_k\| = \sqrt{x_k^2 + y_k^2}$，角速度を ω とおけば，

図2 固定軸がある剛体の運動
(自由度1)

(ⅰ)

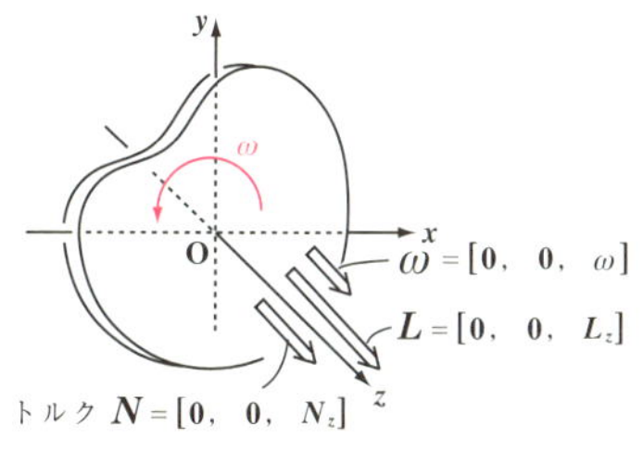

(ⅱ)

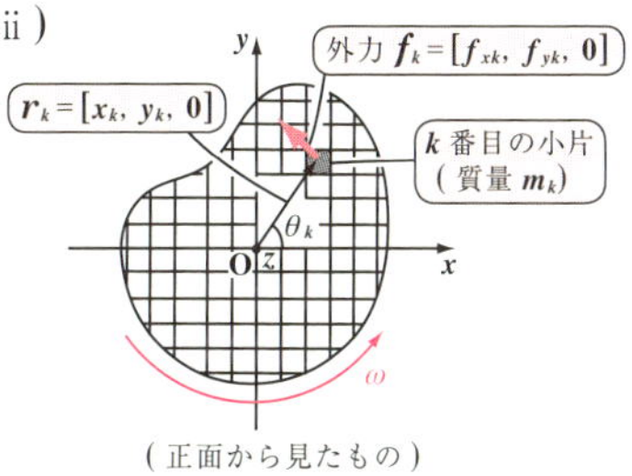

(正面から見たもの)

$\dot{\theta}_k=\omega$, $\boldsymbol{r}_k=[r_k\cos\theta_k,\ r_k\sin\theta_k,\ 0]$ より,

$\dot{\boldsymbol{r}}_k=[-\omega r_k\sin\theta_k,\ \omega r_k\cos\theta_k,\ 0]$

∴ 角運動量 $\boldsymbol{L}=[L_x,\ L_y,\ L_z]$

$$=\sum_{k=1}^{n}\boldsymbol{r}_k\times m_k\dot{\boldsymbol{r}}_k$$

$$=\sum_{k=1}^{n}m_k(\boldsymbol{r}_k\times\dot{\boldsymbol{r}}_k)$$

$$=\sum_{k=1}^{n}m_k[0,\ 0,\ \omega r_k^2]$$

$$=\left[0,\ 0,\ \sum_{k=1}^{n}\omega m_k r_k^2\right]=\left[0,\ 0,\ \omega\sum_{k=1}^{n}m_k r_k^2\right]$$

外積 $\boldsymbol{r}_k\times\dot{\boldsymbol{r}}_k$ の計算

$r_k\cos\theta_k$　$r_k\sin\theta_k$　0　$r_k\cos\theta_k$

$-\omega r_k\sin\theta_k$　$\omega r_k\cos\theta_k$　0　$-\omega r_k\sin\theta_k$

$[0,\ 0,\ \omega r_k^2]$

$\sum_{k=1}^{n}m_k r_k^2$ = z 軸まわりの**慣性モーメント** I_z

∴ $\boldsymbol{L}=[0,\ 0,\ I_z\omega]$ ……①

$\left(z \text{ 軸のまわりの}\textbf{慣性モーメント}\ I_z=\sum_{k=1}^{n}m_k r_k^2=\sum_{k=1}^{n}m_k(x_k^2+y_k^2)\right)$

ここで，**角速度ベクトル** $\boldsymbol{\omega}=[0,\ 0,\ \omega]$ を導入すると，これは，

$\boldsymbol{L}=I_z\boldsymbol{\omega}$ ……①′　と表すことができる。← $[L_x,\ L_y,\ L_z]=[0,\ 0,\ I_z\omega]$

この z 成分を取り出すと，

$$L_z=I_z\omega\quad\left(I_z=\sum_{k=1}^{n}m_k(x_k^2+y_k^2)\right)$$

また，k 番目の小片に働く外力を，$\boldsymbol{f}_k=[f_{xk},\ f_{yk},\ 0]$ とおくと，力のモーメント $\boldsymbol{N}$ は，

$\boldsymbol{N}=[N_x,\ N_y,\ N_z]$

$$=\sum_{k=1}^{n}\boldsymbol{r}_k\times\boldsymbol{f}_k$$

$$=\left[0,\ 0,\ \sum_{k=1}^{n}(x_k f_{yk}-y_k f_{xk})\right]\ \cdots\cdots②$$

外積 $\boldsymbol{r}_k\times\boldsymbol{f}_k$ の計算

x_k　y_k　0　x_k

f_{xk}　f_{yk}　0　f_{xk}

$[0,\ 0,\ x_k f_{yk}-y_k f_{xk}]$

この z 成分のみ取り出すと，

$N_z=\sum_{k=1}^{n}(x_k f_{yk}-y_k f_{xk})$ となる。①，②より，$\boldsymbol{L}$，$\boldsymbol{\omega}$，$\boldsymbol{N}$ の各ベクトルは，図 2(i) に示すように，z 軸と同じ向きをとる。

$\boldsymbol{L}=[0,\ 0,\ I_z\omega]$，$\boldsymbol{N}=[0,\ 0,\ N_z]$ を $\dfrac{d\boldsymbol{L}}{dt}=\boldsymbol{N}$ ……(＊2) に代入して，z 成分を取れば，

$$\frac{d}{dt}(I_z\omega)=N_z\qquad\therefore\ I_z\dot{\omega}=N_z\ \cdots\cdots③$$

ここで，剛体を構成する質点はすべて同じ角速度 ω をもつので，剛体の中の O と異なるある固定点 A を定め，$\overrightarrow{\mathrm{OA}}$ と x 軸の正の向きとがなす角を θ とおいて，$\omega=\dot{\theta}$ とおける。これを③に代入して，次式が導かれる。

$$I\ddot{\theta} = N \quad \cdots\cdots ④ \quad \left(N = \sum_{k=1}^{n} (x_k f_{yk} - y_k f_{xk}) \right)$$

←（下付き添字 z を省略した。）

（剛体に働く力のモーメントの内，実際に回転に寄与する成分で，**トルク**と呼ぶ。）

慣性モーメント I は，回転軸を定めれば，剛体に固有の量となる。この④式を積分して，初期条件 $\dot{\theta}(0)$，$\theta(0)$ を代入すれば，$\theta(t)$ が求まる。慣性モーメントは，(微小部分の質量)×(回転軸からの距離)^2 の Σ 和(または積分)と覚えよう。重心 G を通る回転軸のまわりの慣性モーメント I の例をいくつか次に示す。

- 厚さも密度も一様な円板：$I = \frac{1}{2}Ma^2$　(a：半径，M：質量)
- 密度が一様な球：$I = \frac{2}{5}Ma^2$　(a：半径，M：質量)
- 薄い厚さの密度一様な球殻：$I = \frac{2}{3}Ma^2$　(a：半径，M：質量)

慣性モーメントの 2 つの定理を下に示す。

慣性モーメントの定理

(1) 薄板の直交軸の定理

薄い板状の剛体について，直交座標 Oxyz を，x 軸，y 軸が剛体内にあり，z 軸はそれと直交するようにとる。このとき，各軸のまわりの慣性モーメント I_x，I_y，I_z について，$I_z = I_x + I_y$ が成り立つ。

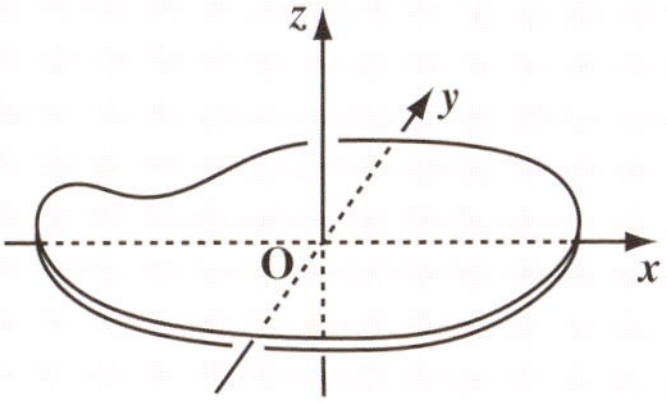

(2) 平行軸の定理

重心 G を通る軸のまわりの慣性モーメントを I_G，この軸と平行でこれと r_G の距離にある軸のまわりの慣性モーメント I は，

$I = I_G + Mr_G^2$　(M：剛体の質量)

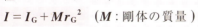

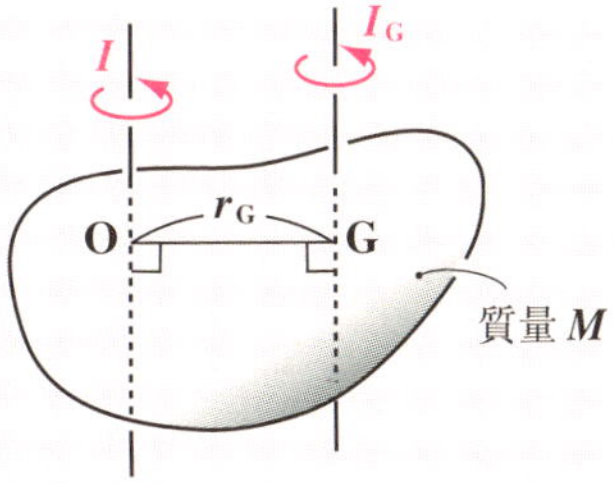

また，固定軸のまわりを角速度 ω で回転する剛体の運動エネルギー K は，

$$K = \sum_{k=1}^{n} \frac{1}{2} m_k v_k^2 = \frac{1}{2}\omega^2 \sum_{k=1}^{n} m_k r_k^2 = \frac{1}{2}I\omega^2 \qquad \therefore K = \frac{1}{2}I\omega^2 \quad \text{となる。}$$

（$v_k^2 = (r_k\omega)^2$，$\sum_{k=1}^{n} m_k r_k^2 = I$（慣性モーメント））

§2. 回転軸が移動する剛体の運動

軸に関して形と質量分布が対称であるコマを，軸のまわりに高速で回転させると，床上に直立させればそのままの状態で回転を続けるが，回転軸を少し傾けると，一定の角度を保ちながら，一定の角速度でゆっくりと**歳差運動**をする。ここで，質量 M のコマが大きな角速度 ω で自転しながら，小さな角速度 Ω でゆっくりと歳差運動をしているものとする。このコマの回転軸のまわりの慣性モーメントを I，コマの下端 O からコマの重心 G までの距離を l とおく。また，先端 O は動かず，さらに空気抵抗や先端部でのまさつは考えないとすれば，この歳差運動の角速度 Ω は，$\Omega = \dfrac{Mgl}{I\omega}$ となる。(演習問題 **109** 参照)

斜面上を転がる球や円柱など，「剛体の重心 G が移動しながら，G を通る回転軸のまわりを角速度 ω で回転する剛体」の運動エネルギー K は，剛体を n 個の小片に分けて，各小片の運動エネルギーの総和をとれば求まるので，$K = \sum_{k=1}^{n} \frac{1}{2} m_k v_k^2$ ……④となる。

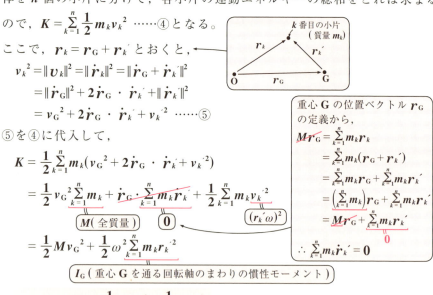

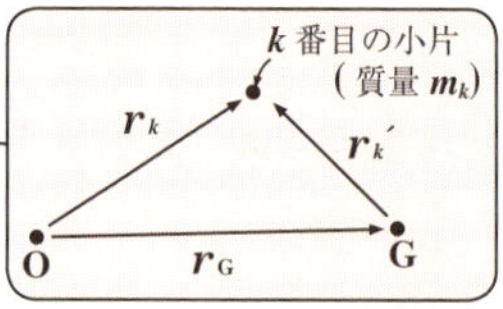

ここで，$\boldsymbol{r}_k = \boldsymbol{r}_\mathrm{G} + \boldsymbol{r}_k{}'$ とおくと，

$$v_k{}^2 = \|\boldsymbol{v}_k\|^2 = \|\dot{\boldsymbol{r}}_k\|^2 = \|\dot{\boldsymbol{r}}_\mathrm{G} + \dot{\boldsymbol{r}}_k{}'\|^2$$
$$= \|\dot{\boldsymbol{r}}_\mathrm{G}\|^2 + 2\dot{\boldsymbol{r}}_\mathrm{G} \cdot \dot{\boldsymbol{r}}_k{}' + \|\dot{\boldsymbol{r}}_k{}'\|^2$$
$$= v_\mathrm{G}{}^2 + 2\dot{\boldsymbol{r}}_\mathrm{G} \cdot \dot{\boldsymbol{r}}_k{}' + v_k{}'^2 \quad \cdots\cdots ⑤$$

⑤を④に代入して，

$$K = \frac{1}{2}\sum_{k=1}^{n} m_k (v_\mathrm{G}{}^2 + 2\dot{\boldsymbol{r}}_\mathrm{G} \cdot \dot{\boldsymbol{r}}_k{}' + v_k{}'^2)$$
$$= \frac{1}{2} v_\mathrm{G}{}^2 \underbrace{\sum_{k=1}^{n} m_k}_{M(\text{全質量})} + \dot{\boldsymbol{r}}_\mathrm{G} \cdot \underbrace{\sum_{k=1}^{n} m_k \dot{\boldsymbol{r}}_k{}'}_{0} + \frac{1}{2}\sum_{k=1}^{n} m_k \underbrace{v_k{}'^2}_{(r_k{}'\omega)^2}$$
$$= \frac{1}{2} M v_\mathrm{G}{}^2 + \frac{1}{2}\omega^2 \underbrace{\sum_{k=1}^{n} m_k r_k{}'^2}_{I_\mathrm{G}(\text{重心 G を通る回転軸のまわりの慣性モーメント})}$$

重心 G の位置ベクトル $\boldsymbol{r}_\mathrm{G}$ の定義から，

$$M\boldsymbol{r}_\mathrm{G} = \sum_{k=1}^{n} m_k \boldsymbol{r}_k$$
$$= \sum_{k=1}^{n} m_k (\boldsymbol{r}_\mathrm{G} + \boldsymbol{r}_k{}')$$
$$= \sum_{k=1}^{n} m_k \boldsymbol{r}_\mathrm{G} + \sum_{k=1}^{n} m_k \boldsymbol{r}_k{}'$$
$$= \left(\sum_{k=1}^{n} m_k\right) \boldsymbol{r}_\mathrm{G} + \sum_{k=1}^{n} m_k \boldsymbol{r}_k{}'$$
$$= M\boldsymbol{r}_\mathrm{G} + \underbrace{\sum_{k=1}^{n} m_k \boldsymbol{r}_k{}'}_{0}$$
$$\therefore \sum_{k=1}^{n} m_k \dot{\boldsymbol{r}}_k{}' = 0$$

$$\therefore K = K_\mathrm{G} + K' = \underbrace{\frac{1}{2} M v_\mathrm{G}{}^2}_{\text{G の運動による運動エネルギー}} + \underbrace{\frac{1}{2} I_\mathrm{G} \omega^2}_{\text{G を通る回転軸のまわりの回転による運動エネルギー}}$$

§3. 固定軸のない剛体の運動

図1に示すように，剛体内に固定された直交座標系 $\mathbf{O}xyz$ をとる。固定点 $\mathbf{O}$ のまわりの剛体の運動は，瞬間的には，$\mathbf{O}$ を通るある軸のまわりの回転となる。この回転の角速度を ω とおく。この**瞬間回転軸**を角速度ベクトル $\boldsymbol{\omega}$ で表し，また固定点 $\mathbf{O}$ のまわりの剛体の角運動量を $\boldsymbol{L}$ とおくと，

$\boldsymbol{L}=A\boldsymbol{\omega}$ ……(＊)(A：**慣性テンソル**)

が導かれる。(演習問題 110)

図1　固定点のまわりの剛体の運動

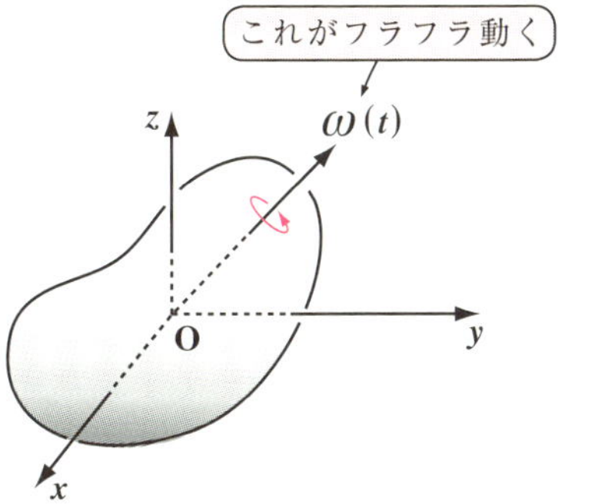

この A は対称行列より，大きさ1の互いに直交する固有ベクトル $\boldsymbol{x}_1$，$\boldsymbol{x}_2$，$\boldsymbol{x}_3$ をもち，この $\boldsymbol{x}_1$，$\boldsymbol{x}_2$，$\boldsymbol{x}_3$ によって定まる新たな直交座標系 $\mathbf{O}x_0y_0z_0$ で $\boldsymbol{L}$，$\boldsymbol{\omega}$ を成分表示したものを $\boldsymbol{L}_0$，$\boldsymbol{\omega}_0$ とおけば，　$\boldsymbol{L}_0=A_0\boldsymbol{\omega}_0$，すなわち

$$\boldsymbol{L}_0=\underbrace{\begin{bmatrix} I_{x_0} & 0 & 0 \\ 0 & I_{y_0} & 0 \\ 0 & 0 & I_{z_0} \end{bmatrix}}_{A_0}\boldsymbol{\omega}_0 \quad \cdots\cdots(＊＊)$$

(I_{x_0}，I_{y_0}，I_{z_0} は，座標系 $\mathbf{O}x_0y_0z_0$ の各軸(**慣性主軸**)のまわりの慣性モーメントで，**主慣性モーメント**と呼ぶ。)

が導ける。(演習問題 111)　　ここで，(＊＊)の下付き添字“$_0$”を省略し，$\boldsymbol{\omega}_0=\boldsymbol{\omega}=[\omega_x,\ \omega_y,\ \omega_z]$ で表し，さらに慣性主軸を定める単位ベクトルを新たに $\boldsymbol{i}$，$\boldsymbol{j}$，$\boldsymbol{k}$ で表すと，(＊＊)は，$\boldsymbol{L}=I_x\omega_x\boldsymbol{i}+I_y\omega_y\boldsymbol{j}+I_z\omega_z\boldsymbol{k}$ ……⑥ となる。⑥を回転の運動方程式 $\dfrac{d\boldsymbol{L}}{dt}=\boldsymbol{N}$ ……(＊2)　($\boldsymbol{N}=N_x\boldsymbol{i}+N_y\boldsymbol{j}+N_z\boldsymbol{k}$)に代入して，次の**オイラーの方程式**が導かれる。(演習問題 112)

オイラーの方程式

$$\begin{cases} I_x\dfrac{d\omega_x}{dt}-(I_y-I_z)\,\omega_y\omega_z=N_x & \cdots\cdots\cdots\cdots\cdots(＊1) \\ I_y\dfrac{d\omega_y}{dt}-(I_z-I_x)\,\omega_z\omega_x=N_y & \cdots\cdots\cdots\cdots\cdots(＊2) \\ I_z\dfrac{d\omega_z}{dt}-(I_x-I_y)\,\omega_x\omega_y=N_z & \cdots\cdots\cdots\cdots\cdots(＊3) \end{cases}$$

演習問題 101　● 輪の慣性モーメント ●

右図に示すように，半径a，線密度ρ，質量Mの輪がある。重心Gを通り輪に垂直な軸のまわりの慣性モーメントIを，Mとaで表せ。

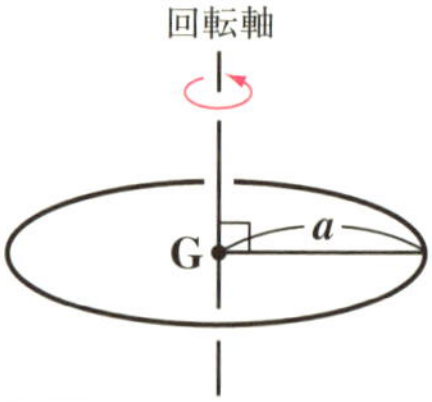

ヒント！ (微小質量)×(軸からの距離)^{2}を，円周に沿って積分して，Iを求める。

解答＆解説

輪の線密度をρとおくと，質量Mは，

$M = \underline{2\pi a} \cdot \rho$ ……①
（輪の長さ(円周)）

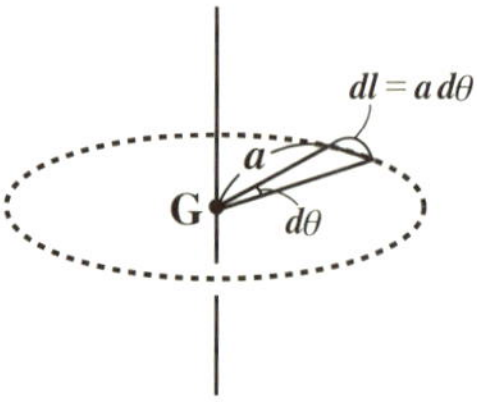

この輪の重心G(中心)を通り輪を含む平面に垂直な軸のまわりの慣性モーメントIを，Mとaで表す。

右図に示すように，輪の微小長さ$dl = a\,d\theta$の質量をdmとおくと，

$dm = \rho \cdot a\,d\theta$　となる。$(0 \leqq \theta < 2\pi)$

ここで，

$$(\text{微小質量}) \times (\text{軸からの距離})^2 = dm \times a^2 = \rho \cdot a\,d\theta \cdot a^2 = \rho a^3\,d\theta$$

これを，$\theta = 0$から$\theta = 2\pi$までθで積分したものが，慣性モーメントIなので，

$$I = \int_0^{2\pi} \rho a^3\,d\theta = \rho a^3 \int_0^{2\pi} d\theta = \rho a^3 [\theta]_0^{2\pi}$$

$= \rho a^3 \cdot 2\pi = \boxed{2\pi a \rho} \cdot a^2 = Ma^2$　となる。 ……………………………(答)
（M（①より））

演習問題 102　● 円環の慣性モーメント ●

右図に示すように，外半径 a，内半径 b，厚さ δ，密度 ρ，質量 M の円環がある。重心 G を通り，円環に垂直な軸のまわりの慣性モーメント I を，M と a で表せ。

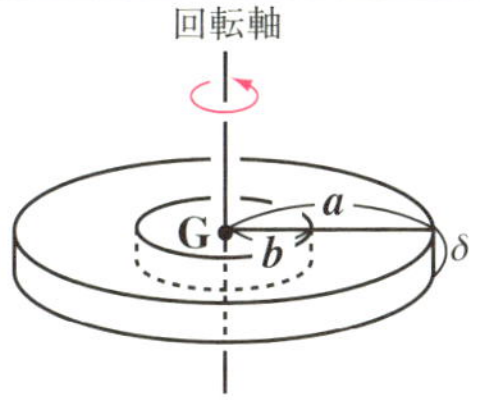

ヒント！ 円環の密度を ρ とおくと，$M=\pi a^2\delta\rho-\pi b^2\delta\rho=\pi(a^2-b^2)\delta\rho$ となる。円環を同心円状の多数の薄い円環の集まりとみる。

解答＆解説

円環の密度を ρ とおくと，質量 M は，

$M=\pi(a^2-b^2)\delta\rho$ ……①

円環を多数の同心円状の薄い円環に分けて考える。軸から距離 r と $r+dr$ の間にある円環の質量を dm とおくと，

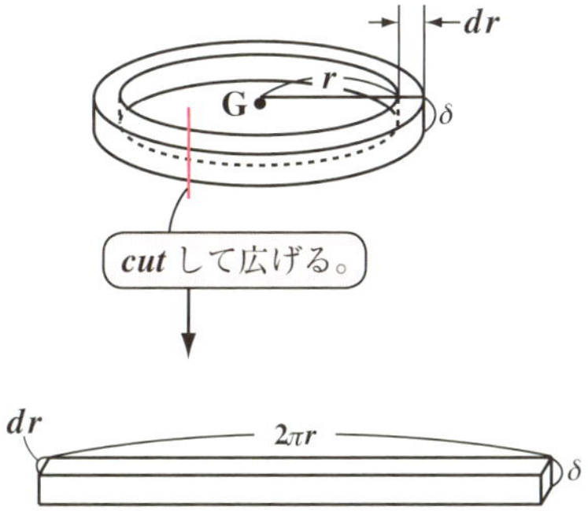

$dm=$ (ア)

$\therefore\ dm\cdot r^2=2\pi\delta\rho r^3dr$

これを $r=$ (イ) から $r=a$ まで積分したものが，慣性モーメント I より，

$$I=\int_b^a 2\pi\delta\rho r^3dr=2\pi\delta\rho\int_b^a r^3dr$$

$$=2\pi\delta\rho\left[\frac{1}{4}r^4\right]_b^a=\frac{1}{2}\pi\delta\rho(a^4-b^4)$$

$$=\underbrace{\pi(a^2-b^2)\delta\rho}_{M\,(①より)}\cdot\frac{1}{2}(a^2+b^2)=\text{(ウ)}$$

となる。（∵①）

……(答)

$b=0$ のとき，$I=\frac{1}{2}Ma^2$ となるが，これは半径 a，質量 M の円板の慣性モーメントを表す。(P181 参照)

解答　(ア) $2\pi r\cdot dr\cdot\delta\cdot\rho$　(イ) b　(ウ) $\frac{1}{2}M(a^2+b^2)$

演習問題 103 ● 平行軸の定理と棒の慣性モーメント ●

右図に示すように，長さ a，線密度 ρ，質量 M の細い棒がある。左端から距離 r の点を通り棒に垂直な軸のまわりの慣性モーメント I を r の関数として表せ。

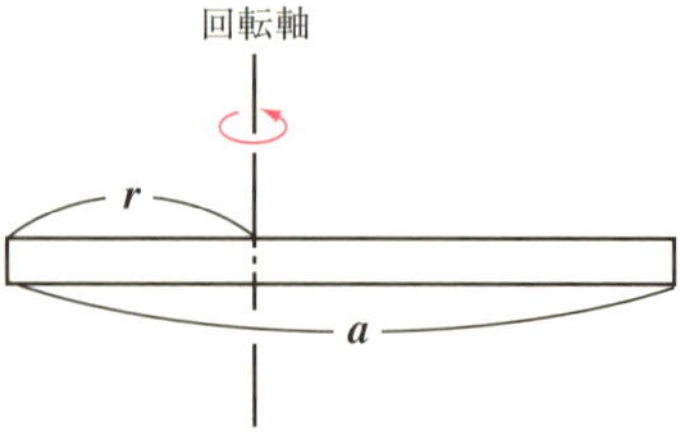

また，$r_G = \left| r - \frac{a}{2} \right|$ とおくと，

平行軸の定理：$I = I_G + Mr_G^2$ ……(＊)

が成り立つことを示せ。

ただし，I_G は，重心 G を通り回転軸に平行な軸のまわりの慣性モーメントとし，$0 \leqq r \leqq a$ とする。

ヒント！ 左端から距離 r の位置を原点 0，棒の右方向に x 軸をとり，慣性モーメント I を計算する。(＊) の右辺がこの I と一致することを確かめる。

解答＆解説

棒の線密度を ρ とおくと，質量 M は，

$$M = \underset{\text{棒の長さ}}{a} \cdot \rho \quad \cdots\cdots ①$$

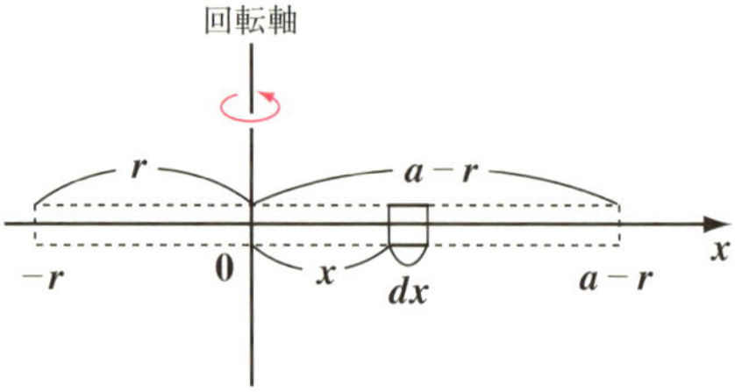

右図に示すように，棒の右方向に x 軸をとり，左端から距離 r の位置を原点 0 とすると，左端の位置は $-r$，右端の位置は $a-r$ となる。

x と $x+dx$ の間の微小部分の質量 dm は，

$$dm = \rho\, dx$$

$\therefore dm \cdot x^2 = \rho x^2 dx$ を，$x = -r$ から $x = a-r$ まで積分したものが，原点 0，すなわち左端から距離 r の位置を通り，棒に垂直な軸のまわりの慣性モーメント I となるので，

$$I = \int_{-r}^{a-r} \rho x^2 dx = \rho \cdot \left[\frac{1}{3} x^3 \right]_{-r}^{a-r}$$

$$= \frac{1}{3}\rho\{(a-r)^3 - (-r)^3\}$$

$$I = \frac{1}{3}\rho\{(a-r)^3 + r^3\} = \frac{1}{3}\rho(a^3 - 3a^2r + 3ar^2 - r^3 + r^3)$$

$$= \frac{1}{3}a\rho(a^2 - 3ar + 3r^2)$$

$a\rho$ = M（①より）

$\therefore\ I = \frac{1}{3}M(a^2 - 3ar + 3r^2)$ ……② となる。（∵①）……………………（答）

ここで，原点 0 と重心との距離を r_G とおくと，右図より，

$r_G = \left|r - \frac{a}{2}\right|$ である。このとき，②の I は，

$I = I_G + Mr_G^2$ ……(＊) ← 平行軸の定理

をみたすことを，以下に示す。

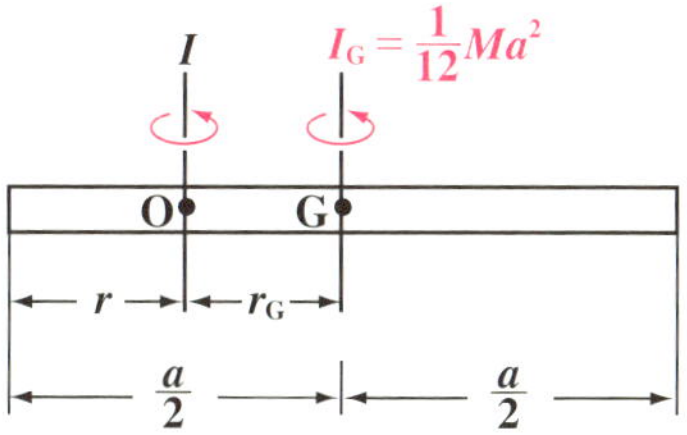

((＊)の右辺) $= I_G + Mr_G^2$ について，I_G は重心 G，すなわち左端から距離 $r = \frac{a}{2}$ の点を通り，棒に垂直な軸のまわりの慣性モーメントであるから，②の r に $\frac{a}{2}$ を代入して，

$$I_G = \frac{1}{3}M\left\{a^2 - 3a\cdot\frac{a}{2} + 3\cdot\left(\frac{a}{2}\right)^2\right\} = \frac{1}{3}M\left(a^2 - \frac{3}{2}a^2 + \frac{3}{4}a^2\right)$$

$$\therefore\ I_G = \frac{1}{12}Ma^2$$

$$\therefore\ ((＊)\text{の右辺}) = I_G + Mr_G^2 = \frac{1}{12}Ma^2 + M\left|r - \frac{a}{2}\right|^2$$

$\left|r - \frac{a}{2}\right|^2 = \left(r - \frac{a}{2}\right)^2$

$$= \frac{1}{12}Ma^2 + M\left(r^2 - ar + \frac{a^2}{4}\right)$$

$$= \frac{1}{12}Ma^2 + Mr^2 - Mar + \frac{1}{4}Ma^2$$

$$= \frac{1}{3}Ma^2 + Mr^2 - Mar$$

$$= \frac{1}{3}M(a^2 - 3ar + 3r^2) = I = ((＊)\text{の左辺})\quad(∵②より)$$

となって，(＊)は成り立つ。 ……………………………………………………（終）

演習問題 104 ● 長方形状の薄板の慣性モーメント (Ⅰ) ●

右図に示すように，横 a，縦 b，面密度 σ，質量 M の長方形状の薄板の重心 G を通り，縦方向に平行な軸のまわりの慣性モーメント I を，M と a で表せ。

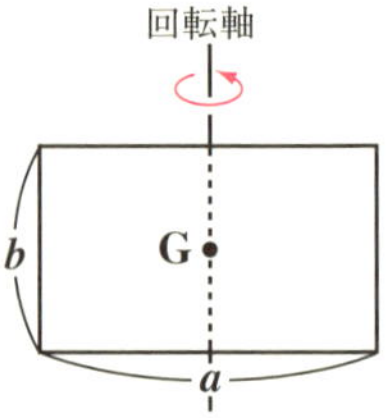

ヒント！ 長方形状の板を，長さ a の細い棒の集合とみて，前問の I_G を使う。

解答＆解説

右図のように，長方形の左下を原点 0，縦方向に y 軸をとる。板の面密度を σ とおくと，質量 M は，

$$M = \underset{\text{面積}}{ab} \cdot \sigma \quad \cdots\cdots①$$

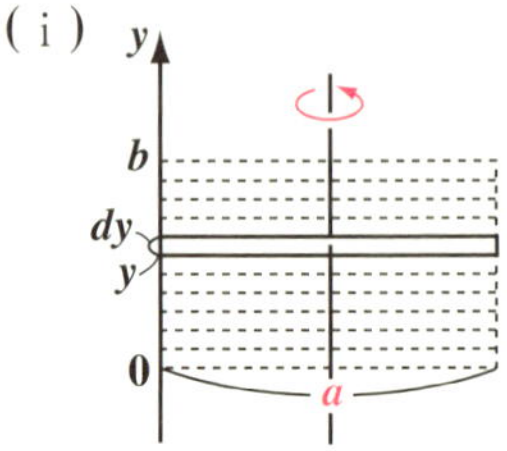

図 (i) のように，板を長さ a の細長い棒の集まりとみて，y と $y+dy$ の間にある棒の面積を dS とおくと，この棒の質量 dm は，

$$dm = \sigma \cdot dS \quad \cdots\cdots\cdots\cdots\cdots②$$

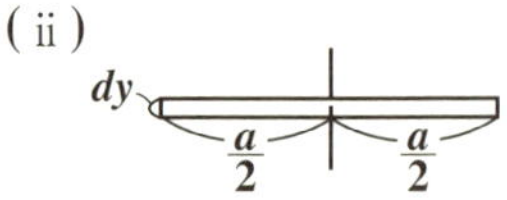

図 (ii) より，$dS = a \cdot dy$ ……③

③を②に代入して，$dm = \sigma a\,dy$

この棒の慣性モーメントは，$\dfrac{1}{12} \cdot dm \cdot a^2$ より，

長さ a，質量 M' の棒の重心を通り棒に垂直な軸のまわりの慣性モーメント：$I = \dfrac{1}{12}M'a^2$
(演習問題103参照)

$$\frac{1}{12} \cdot dm \cdot a^2 = \frac{1}{12}\sigma a\,dy \cdot a^2 = \frac{1}{12}\sigma a^3 dy$$

これを $y=0$ から $y=b$ まで積分して，求める慣性モーメント I は，

$$I = \int_0^b \frac{1}{12}\sigma a^3 dy = \frac{1}{12}\sigma a^3 \left[y \right]_0^b$$

$$= \frac{1}{12}\sigma a^3 b = \frac{1}{12}\underset{M\,(①より)}{\sigma ab} \cdot a^2 = \frac{1}{12}Ma^2$$ となる。……………………………(答)

演習問題 105 ● 長方形状の薄板の慣性モーメント(Ⅱ) ●

右図に示すような横 a，縦 b，質量 M の一様な長方形状の薄板があり，直交座標 $Oxyz$ を，x 軸，y 軸は板の内部にそれぞれ横方向，縦方向に平行にとり，z 軸は重心 G を通り，板と直交する向きにとる。各軸のまわりの慣性モーメントを I_x，I_y，I_z とおくとき，薄板の直交軸の定理：$I_z = I_x + I_y$ ……(＊) が成り立つことを示せ。また，これを用いて，重心 G を通り板に直交する軸 (z 軸) のまわりの慣性モーメント $I_G(=I_z)$ を，M，a，b で表せ。

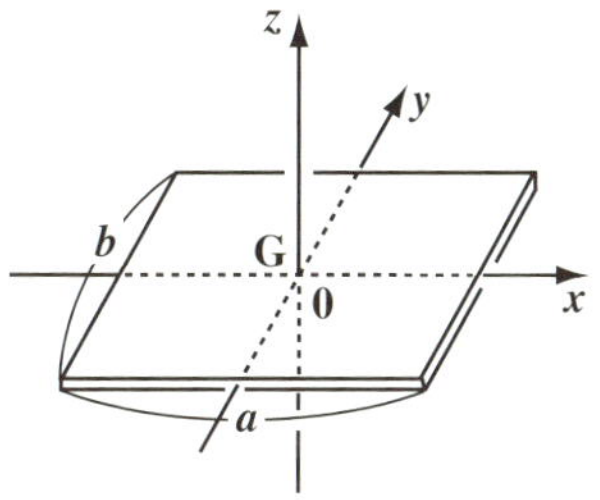

ヒント！ 慣性モーメントの定義式：$I = \sum_{k=1}^{n} m_k r_k{}^2 = \sum_{k=1}^{n} m_k(x_k{}^2 + y_k{}^2)$ を使って，(＊) を示す。また，演習問題 104 の結果を利用して，$I_G(=I_z)$ を求める。

解答＆解説

板を n 個の小片に分け，それらに 1，2，…，n の番号を付けたとき，k 番目の小片の質量を m_k，その重心の座標を $[x_k,\ y_k,\ 0]$ とおく。

- z 軸のまわりの慣性モーメント $I_z(=I_G)$ は，

$$I_z = \sum_{k=1}^{n} m_k(x_k{}^2 + y_k{}^2) = \sum_{k=1}^{n} m_k x_k{}^2 + \sum_{k=1}^{n} m_k y_k{}^2 \quad \cdots\cdots ①$$

- x 軸のまわりの慣性モーメント I_x は，$I_x = \sum_{k=1}^{n} m_k y_k{}^2$ ……②
- y 軸のまわりの慣性モーメント I_y は，$I_y = \sum_{k=1}^{n} m_k x_k{}^2$ ……③

②，③を①に代入して，$I_z = I_x + I_y$ ……(＊) を得る。 ……………………(終)

ここで，y 軸のまわりの慣性モーメント I_y は，

$$I_y = \frac{1}{12}Ma^2 \quad \cdots\cdots ④$$

x 軸のまわりの慣性モーメント I_x は，

$$I_x = \frac{1}{12}Mb^2 \quad \cdots\cdots ⑤$$

④，⑤を (＊) に代入して，求める I_G は，

$$I_G = I_z = \frac{1}{12}M(a^2 + b^2)$$ となる。…(答)

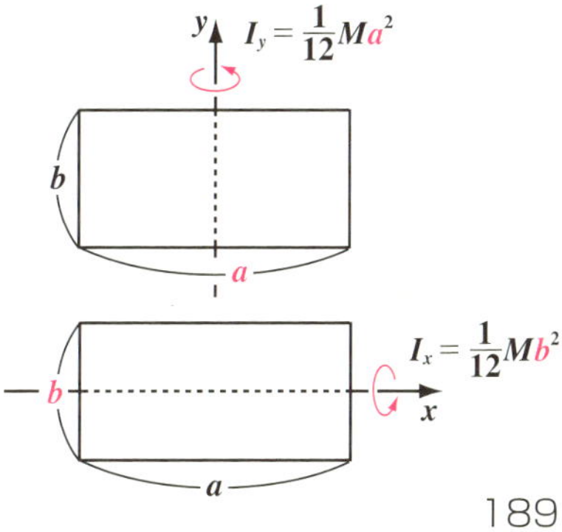

演習問題 106 　●長方形状の薄板による実体振り子の周期●

右図に示すように，重心 **G**，質量 M，横 a，縦 b の厚さも密度も一様な長方形状の薄板が **1** つの頂点 **O** を固定軸として，鉛直面内を重力により微小振動するものとする。$\mathrm{OG}=l_0$，またこの軸のまわりの慣性モーメントを I とし，鉛直線（x 軸）からの **OG** の振れ角を θ とおく。θ は微小なので，$\sin\theta \fallingdotseq \theta$ が成り立つものとする。このとき，この実体振り子の角振動数 ω_0 と周期 T を求めよ。

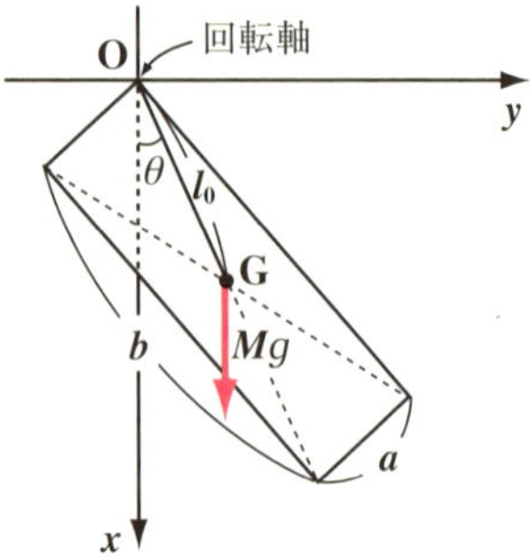

ヒント！ まず剛体の回転の運動方程式：$I\ddot{\theta}=N$ を立てる。長方形状の薄板の重心 **G** は，**2** 本の対角線の交点となる。この **G** を通り回転軸と平行な軸のまわりの慣性モーメント I_G は，$I_G=\dfrac{1}{12}M(a^2+b^2)$ となる。（演習問題 **105**）
これと平行軸の定理：$I=I_G+Ml_0{}^2$ を使って，回転軸のまわりの慣性モーメント I を計算する。トルク N も求めて，$I\ddot{\theta}=N$ より，単振動の微分方程式を導く。

解答＆解説

固定軸のある剛体の運動方程式：

$I\ddot{\theta}=N$ ……①

$(N=xf_y-yf_x)$

を用いる。

ここで，全質量 M が重心 **G** に集中していると考える。

右図のように x 軸，y 軸を定めると，外力 $\boldsymbol{f}$ は **G** にのみ働くと考えてよく，

$\boldsymbol{f}=[f_x,\ f_y]=[Mg,\ 0]$ となる。

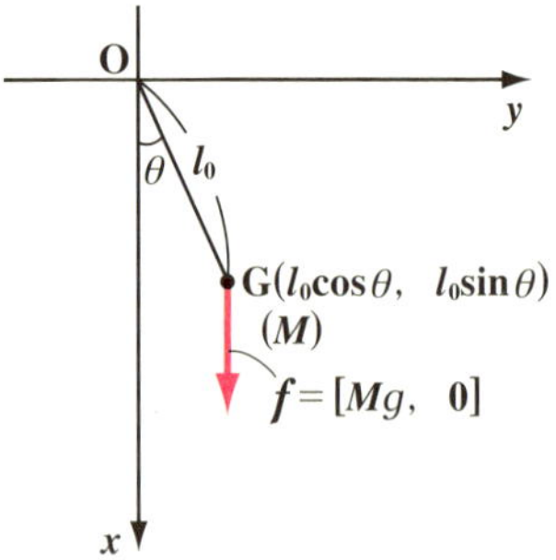

また，$\overrightarrow{\mathrm{OG}}=\boldsymbol{r}$ とおくと，

$\boldsymbol{r}=[x,\ y]=[l_0\cos\theta,\ l_0\sin\theta]$

よって，力のモーメント（トルク）は，

$$N = xf_y - yf_x = l_0\cos\theta\cdot 0 - l_0\sin\theta\cdot Mg$$
$$= -Mgl_0\sin\theta \fallingdotseq -Mgl_0\theta \quad \cdots\cdots ② \quad \text{となる。}$$

（$\sin\theta \fallingdotseq \theta$）

外積 $\boldsymbol{N} = \boldsymbol{r} \times \boldsymbol{f}$ の計算

$$\begin{matrix} x & y & 0 & x \\ f_x & f_y & 0 & f_x \end{matrix}$$

$[\ 0,\ 0,\ xf_y - yf_x]$

②を①に代入して，

$$I\ddot{\theta} = -Mgl_0\theta \quad \cdots\cdots ①'$$

また，横 a，縦 b の長方形状の薄板の重心 G を通る板に垂直な軸のまわりの慣性モーメント I_G は，

$$I_G = \frac{1}{12}M(a^2+b^2) \quad \cdots\cdots ③ \quad \text{となる。}$$

演習問題 105 の結果を使った。

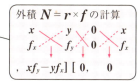

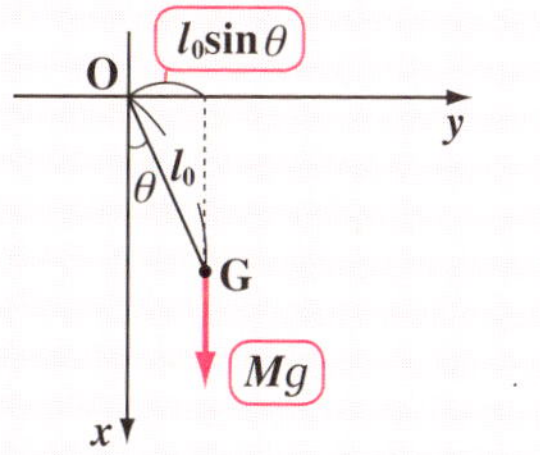

これから，図形的に
$N = -Mgl_0\sin\theta$ としてもよい。
時計回りを⊖とする。

G と固定点 O の距離 l_0 は，板の対角線の長さ $\sqrt{a^2+b^2}$ の半分なので，

$$l_0 = \frac{1}{2}\sqrt{a^2+b^2} \quad \cdots\cdots ④ \quad \text{となる。}$$

この G から l_0 だけ離れた O を通る板に垂直な軸のまわりの慣性モーメント I は，平行軸の定理より，

$$I = I_G + Ml_0^2 = \frac{1}{12}M(a^2+b^2) + M\cdot\frac{1}{4}(a^2+b^2) \quad (③,\ ④\text{より})$$

$$\therefore I = \frac{1}{3}M(a^2+b^2) \quad \cdots\cdots ⑤ \quad \text{となる。}$$

以上④，⑤を①′に代入して，

$$\frac{1}{3}M(a^2+b^2)\ddot{\theta} = -Mg\cdot\frac{1}{2}\sqrt{a^2+b^2}\cdot\theta$$

$$\ddot{\theta} = -\frac{3g}{2\sqrt{a^2+b^2}}\theta$$

（$\dfrac{3g}{2\sqrt{a^2+b^2}} = \omega_0^2$）

角振動数 $\omega_0 = \sqrt{\dfrac{3g}{2\sqrt{a^2+b^2}}}$ の単振動の方程式

よって，この実体振り子の角振動数 ω_0 と周期 T は，

$$\omega_0 = \sqrt{\frac{3g}{2\sqrt{a^2+b^2}}},\quad T = \frac{2\pi}{\omega_0} = 2\pi\sqrt{\frac{2\sqrt{a^2+b^2}}{3g}} \quad \text{となる。} \cdots\cdots\cdots\cdots\cdots\cdots(\text{答})$$

演習問題 107　● 実体振り子の力学的エネルギー ●

右図に示すように，Oxy 座標上で重心 G，質量 M の剛体が原点 O を固定軸として，重力により微小振動するものとする。$OG = l_0$，また，この軸のまわりの慣性モーメントを I とし，鉛直線（x 軸）からの OG の振れ角を θ とおく。この実体振り子の力学的エネルギー E は保存されることを示せ。

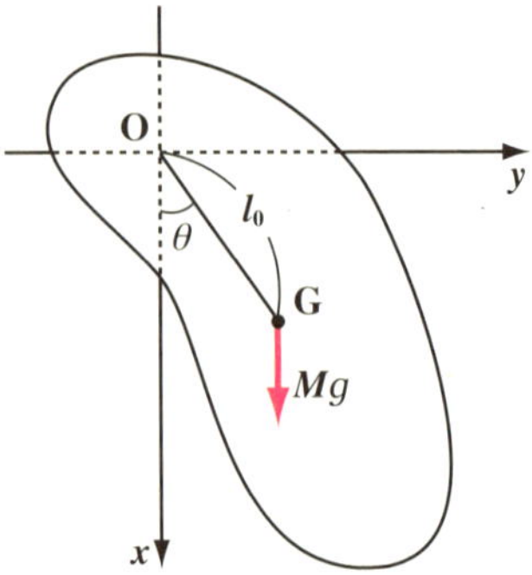

ヒント！ 振れ角 θ のみたす微分方程式 $\ddot{\theta} = -\omega_0{}^2\theta$ をまず導く。これを解いて，運動エネルギー $K = \frac{1}{2}I\omega^2$（P181）と位置エネルギー U の和を求める。

解答＆解説

回転の運動方程式は，

$I\ddot{\theta} = N$ ……①

$(N = xf_y - yf_x)$

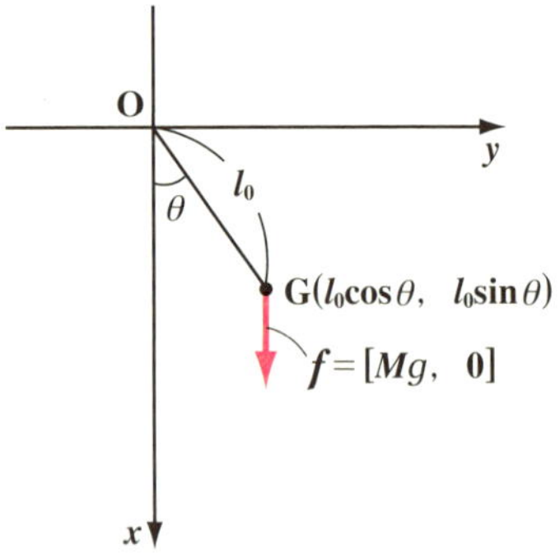

ここで，重心 G に全質量 M が集中していると考える。

右図のように x 軸，y 軸を定めると，

外力 $f = [f_x,\ f_y] = [Mg,\ 0]$

は，重心 G のみに働くと考えてよい。

また，$\overrightarrow{OG} = r$ とおくと，

$r = [x,\ y] = [l_0\cos\theta,\ l_0\sin\theta]$

よって，力のモーメント（トルク）N は，

$N = xf_y - yf_x = l_0\cos\theta\cdot 0 - l_0\sin\theta\cdot Mg$

$= -Mgl_0\underset{\theta}{\underline{\sin\theta}} \fallingdotseq -Mgl_0\theta$ ……②

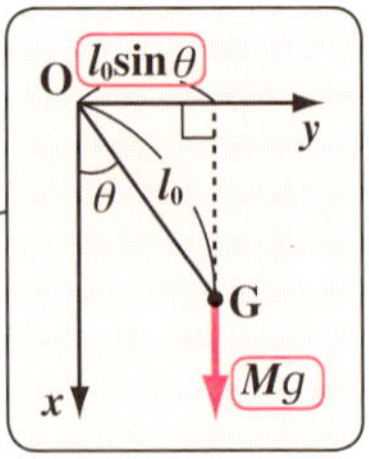

（$\because \theta \fallingdotseq 0$ より，$\sin\theta \fallingdotseq \theta$）

②を①に代入して，

$$I\ddot{\theta} = -Mgl_0\theta \qquad \therefore \ddot{\theta} = -\omega_0{}^2\theta \qquad \left(\omega_0 = \sqrt{\frac{Mgl_0}{I}} \cdots\cdots ③\right)$$

単振動の微分方程式

$\therefore \theta = A\cos(\omega_0 t + \phi)$ ……④　とおける。

よって，この実体振り子が回転軸のまわりを角速度 ω で振動するものとすると，

$$\omega = \dot{\theta} = -\omega_0 A\sin(\omega_0 t + \phi)$$

固定軸のまわりを角速度 ω で回転する剛体の運動エネルギー：$K = \frac{1}{2}I\omega^2$ 　(P181)

∴この実体振り子の運動エネルギー K は，

$$K = \frac{1}{2}I\omega^2 = \frac{1}{2}I\omega_0{}^2A^2\sin^2(\omega_0 t + \phi)$$

$$= \frac{1}{2}I\cdot\frac{Mgl_0}{I}\cdot A^2\sin^2(\omega_0 t + \phi) \quad (\because ③より)$$

$$= \frac{1}{2}Mgl_0A^2\sin^2(\omega_0 t + \phi) \cdots\cdots ⑤$$

重心 G が回転軸の真下にきたときを位置エネルギーの基準にとると，振れ角が θ のときの位置エネルギー U は，右図より，

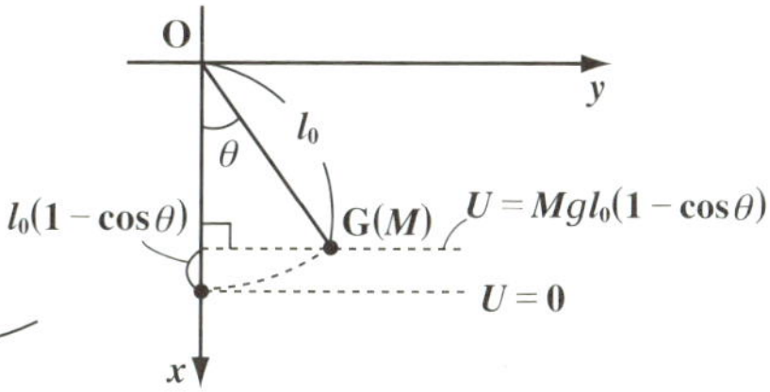

$$U = Mg\cdot l_0(1 - \cos\theta) \cdots\cdots ⑥$$

ここで，$\theta \fallingdotseq 0$ より，$\frac{1-\cos\theta}{\theta^2} \fallingdotseq \frac{1}{2}$

公式：$\lim_{\theta \to 0}\frac{1-\cos\theta}{\theta^2} = \frac{1}{2}$ より

$\therefore 1 - \cos\theta = \frac{1}{2}\theta^2$ とおける。これを⑥に代入して，

$$U = \frac{1}{2}Mgl_0\theta^2 = \frac{1}{2}Mgl_0\cdot A^2\cos^2(\omega_0 t + \phi) \cdots\cdots ⑦ \quad (\because ④より)$$

⑤＋⑥より，この実体振り子の力学的エネルギー $E = K + U$ は，

$$E = \frac{1}{2}Mgl_0A^2\sin^2(\omega_0 t + \phi) + \frac{1}{2}Mgl_0A^2\cos^2(\omega_0 t + \phi)$$

$$= \frac{1}{2}Mgl_0A^2\{\underbrace{\sin^2(\omega_0 t + \phi) + \cos^2(\omega_0 t + \phi)}_{1}\}$$

$$= \frac{1}{2}Mgl_0A^2 \quad (一定)$$

∴この実体振り子の力学的エネルギー E は時刻 t によらず，保存される。

……(終)

演習問題 108	● 斜面を転がる剛体 ●

右図に示すように，水平面と θ の角をなす斜面上を，質量 M，半径 a の薄い厚さをもつ球殻が転がっていくものとする。斜面と球殻の間にはまさつ力があり，球殻が斜面を滑ることなく回転するものとする。このとき，球殻の重心 G の x 軸方向の加速度 α と球殻に働くまさつ力 f を求めよ。また，時刻 $t = 0$ のとき $v = 0$，$\omega = 0$ の状態から，この球殻がこの斜面を落差 H だけ転がったときの速度 v を求めよ。ただし，ω は球殻の角速度，v は球殻の重心 G の x 軸方向の速度とする。

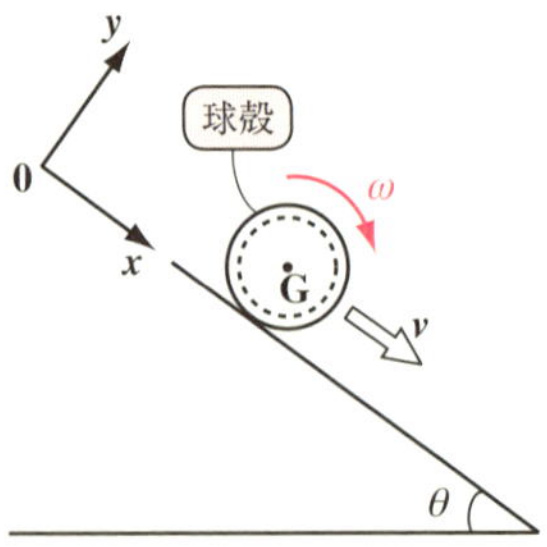

ヒント！ x 軸方向の重心 G の運動方程式と，G のまわりの回転の運動方程式を連立して解く。ここでは，滑りがないので全力学的エネルギー E は保存される。すなわち，$E = K + U = K_G + K' + U =$（一定）より，$E = \frac{1}{2}Mv^2 + \frac{1}{2}I\omega^2 + Mgh =$（一定）となる。

解答＆解説

この球殻の重心 G の x 軸方向の運動方程式は，

$$M\frac{dv}{dt} = Mg\sin\theta - f \quad \cdots\cdots①$$

となる。（f：静止まさつ力）

また，$v = a\omega$ ……②

が成り立つ。

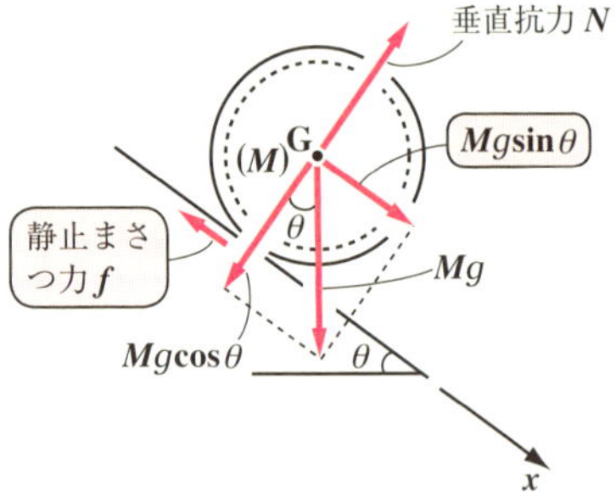

ここで，重心 G のまわりの球殻の回転の運動方程式は，

$$I\frac{d\omega}{dt} = fa \quad \cdots\cdots③$$ となる。

（ただし，I：球殻の慣性モーメント）

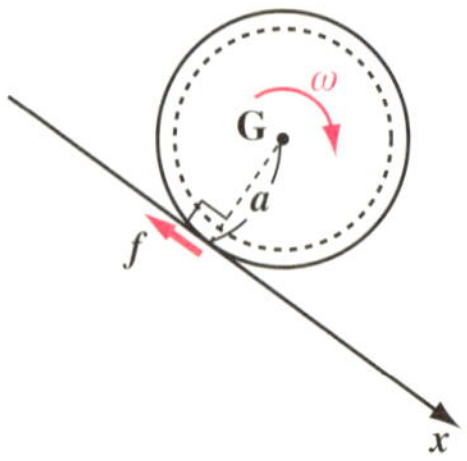

②より，$\omega = \dfrac{v}{a}$　　$\therefore \dfrac{d\omega}{dt} = \dfrac{1}{a}\dfrac{dv}{dt}$ ……………②´

また，球殻の慣性モーメント $I = \dfrac{2}{3}Ma^2$ ……④ ← P181 参照

②´，④を③に代入して，

$$\frac{2}{3}Ma^2 \cdot \frac{1}{a} \cdot \frac{dv}{dt} = fa \qquad \therefore f = \frac{2}{3}M \cdot \underbrace{\frac{dv}{dt}}_{\alpha} \quad \cdots\cdots⑤$$

⑤を①に代入して，

$$M\frac{dv}{dt} = Mg\sin\theta - \frac{2}{3}M \cdot \frac{dv}{dt} \qquad \frac{5}{3} \cdot \underbrace{\frac{dv}{dt}}_{\alpha} = g\sin\theta$$

よって，求める球殻の重心 G の x 軸方向の加速度 α は，

$\alpha = \dfrac{3}{5}g\sin\theta$ ……⑥　である。 ……………………………………………(答)

⑥を⑤に代入して，この球殻に働くまさつ力 f は，

$f = \dfrac{2}{3}M \cdot \dfrac{3}{5}g\sin\theta = \dfrac{2}{5}Mg\sin\theta$　である。 ……………………………(答)

次に，時刻 $t=0$ のとき，$v=0$，$\omega=0$ の状態から，この球殻がこの斜面を落差 H だけ転がったときの速度 v は，滑りがなく力学的エネルギーは保存されるので，

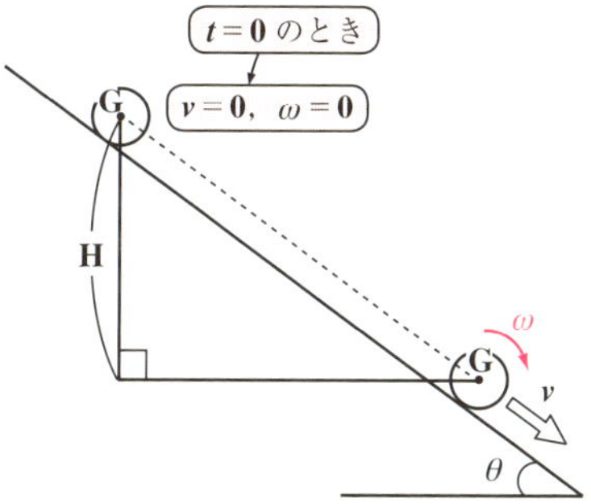

$$\frac{1}{2}M \cdot \underbrace{0^2}_{v(0)^2} + \frac{1}{2}I \cdot \underbrace{0^2}_{\omega(0)^2} + MgH = \frac{1}{2}Mv^2 + \frac{1}{2}\underbrace{I\omega^2}_{\frac{2}{3}Ma^2 \cdot \frac{v^2}{a^2} = \frac{2}{3}Mv^2} + Mg \cdot \underbrace{0}_{h}$$

$$MgH = \frac{1}{2}Mv^2 + \frac{1}{3}Mv^2 \qquad \frac{5}{6}v^2 = gH$$

$\therefore v = \sqrt{\dfrac{6}{5}gH}$　となる。 ……………………………………………………………(答)

垂直抗力 N は，重心 G の運動方向と垂直なので，仕事には寄与しない。また，静止まさつ力 f は，球殻が滑らないで転がるので，$f \times \underset{\text{移動距離}}{0} = 0$ となって，同様に仕事はしない。

演習問題 109　●コマの歳差運動●

右図に示すように，質量 $\boldsymbol{M}$ のコマが大きな角速度 ω で自転しながら，小さな角速度 Ω でゆっくりと歳差運動をしているものとする。このコマの自転軸のまわりの慣性モーメントを $\boldsymbol{I}$，またコマの支点 $\mathbf{O}$ からコマの重心 $\mathbf{G}$ までの距離を l とおく。さらに，コマは軸対称であり，支点 $\mathbf{O}$ も動くことなく，$\mathbf{O}$ を通る鉛直線と θ の角を保ちながら歳差運動をするものとする。この歳差運動の角速度 Ω を求めよ。
ただし，空気抵抗や支点 $\mathbf{O}$ でのまさつは無視する。

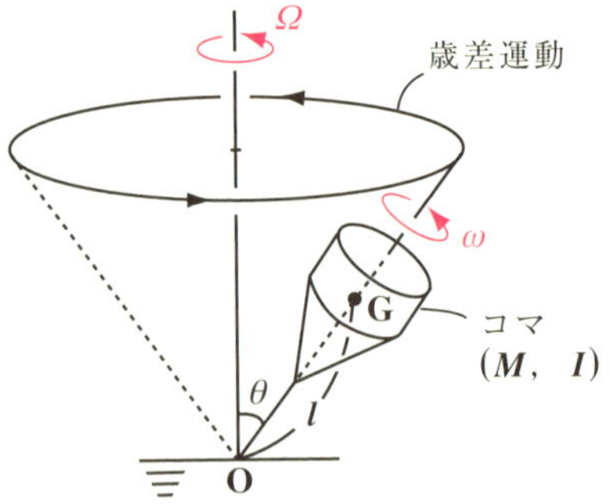

ヒント！ 回転の運動方程式 $\frac{d\boldsymbol{L}}{dt}=\boldsymbol{N}$ を使う。角運動量 $\boldsymbol{L}$ も外力（ここでは重力）のモーメント $\boldsymbol{N}$ も共に，支点 $\mathbf{O}$ のまわりのものを考える。角運動量 $\boldsymbol{L}$ には，コマの軸のまわりの自転による角運動量と，支点 $\mathbf{O}$ を通る鉛直線のまわりの回転による角運動量とがあるが，自転の角速度 ω が十分大きいため，歳差運動の角運動量は無視できる。したがって，角運動量 $\boldsymbol{L}$ は自転のものだけを考えてよいので，コマの角速度ベクトル $\boldsymbol{\omega}$ を使って，$\boldsymbol{L}=I\boldsymbol{\omega}$ とおける。(P180 参照)
また，コマの各部分に重力が働くが，コマの重心 $\mathbf{G}$ に全質量 M が集中したと考えて，支点 $\mathbf{O}$ のまわりの重力のモーメント $\boldsymbol{N}$ を求めてよい。

解答＆解説

支点 $\mathbf{O}$ のまわりの角運動量を $\boldsymbol{L}$ とし，支点 $\mathbf{O}$ のまわりの重力のモーメントを $\boldsymbol{N}$ とする。
歳差運動に比べ，自転によるコマの角速度 ω が十分大きいので，コマの角運動量 $\boldsymbol{L}$ は，自転の角速度ベクトル $\boldsymbol{\omega}$ を使って，

$\boldsymbol{L}=$ (ア)

コマの歳差運動

(i)

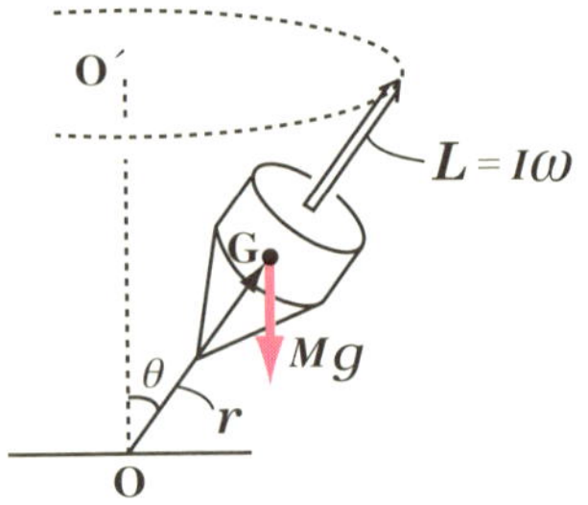

とおける。重心 G の位置ベクトルを $\overrightarrow{OG} = \boldsymbol{r}$ とおくと，支点 O のまわりの重力のモーメント $\boldsymbol{N}$ は，

$$\boldsymbol{N} = \boldsymbol{r} \times M\boldsymbol{g}$$

となる。(図 (i)(ii))

(ii) $\boldsymbol{N} = \boldsymbol{r} \times M\boldsymbol{g}$

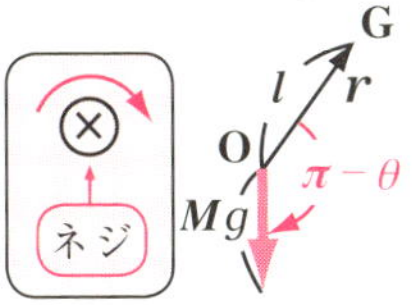

そして，$\boldsymbol{N}$ の大きさ N は，

$N =$ (イ) ……①

$\left(\begin{array}{l} N = Mgl\sin(\pi - \theta) \\ \quad = Mgl\sin\theta \end{array}\right)$

となる。

回転の運動方程式：

$\dfrac{d\boldsymbol{L}}{dt} = \boldsymbol{N}$ より，微小時間 Δt における $\boldsymbol{L}$ の変化を $\Delta\boldsymbol{L}$ とすれば，

$\Delta\boldsymbol{L} =$ (ウ)

(iii)

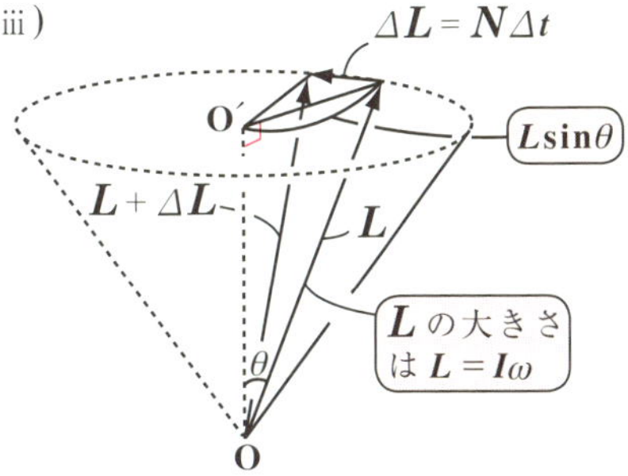

よって，図 (iii) に示すように，**力積モーメント** $\boldsymbol{N}\Delta t$ は $\boldsymbol{L}$ と垂直な水平方向を向いており，コマはその自転軸を，Δt 秒後に $\boldsymbol{L}+\Delta\boldsymbol{L}$ の向きに移動させることになる。この歳差運動により，$\boldsymbol{L}$ の先端が描く円を，図 (iv) に示す。この円の半径は，$\boldsymbol{L}$ の大きさ $L(=I\omega)$ を使って，

(iv)

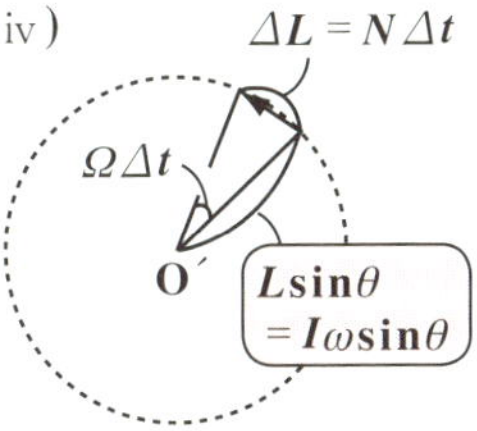

(歳差運動の真上から見た図)

$L\sin\theta = I\omega\sin\theta$ ……② と表せる。Δt 秒間にこの半径が掃く角度は，歳差運動の角速度が Ω より，(エ) となる。よって，図 (iv) から，

$I\omega\sin\theta \cdot \Omega\Delta t = N\Delta t \qquad \therefore I\omega\sin\theta \cdot \Omega = N$ ……③

①を③に代入して，

$I\omega\sin\theta \cdot \Omega = Mgl\sin\theta \qquad \therefore \Omega = \dfrac{Mgl}{I\omega}$ となる。……………………(答)

コマが真中に軽い軸を通した質量 M，半径 a の円板であれば，$\Omega = \dfrac{Mgl}{I\omega}$ に慣性モーメント $I = \dfrac{1}{2}Ma^2$ (P181) を代入して，歳差運動の角速度 Ω，周期 T が計算できる。

解答 (ア) $I\omega$ (イ) $Mgl\sin\theta$ (ウ) $N\Delta t$ (エ) $\Omega\Delta t$

演習問題 110　● 固定点のまわりの剛体の角速度と角運動量 ●

剛体内にある固定点 **O** をとり，この **O** を原点とする剛体に固定された直交座標系 **O***xyz* を定める。**O** のまわりの剛体の運動は，瞬間的には固定点 **O** を通るある軸のまわりの回転としてとらえることができる。(この軸を**瞬間回転軸**という。) この運動を，回転軸と方向が一致し，大きさが角速度 ω の角速度ベクトル $\boldsymbol{\omega}$ で表す。このとき，$\boldsymbol{\omega}$ と **O** のまわりの剛体の角運動量 $\boldsymbol{L}$ は，次の (＊) をみたすことを示せ。

$\boldsymbol{L} = A\boldsymbol{\omega}$ ……(＊)　(**慣性テンソル** A：**3** 行 **3** 列の対称行列)

ヒント！ 剛体を構成する k 番目の小片の **O** に関する位置ベクトルを $\boldsymbol{r}_k$ とおくと，公式 $\boldsymbol{\omega} \times \boldsymbol{r} = \dot{\boldsymbol{r}}$ より，$\boldsymbol{\omega} \times \boldsymbol{r}_k = \dot{\boldsymbol{r}}_k$ となる。

解答&解説

剛体を n 個の小片に分割し，**1**，**2**，…，n と番号を付け，その k 番目の小片 P_k の質量を m_k，この小片の **O** に関する位置ベクトルを $\boldsymbol{r}_k$ とおく。すると，**O** のまわりの剛体の角運動量 $\boldsymbol{L}$ は，

$$\boldsymbol{L} = \sum_{k=1}^{n} \boldsymbol{r}_k \times \boldsymbol{p}_k = \sum_{k=1}^{n} \boldsymbol{r}_k \times m_k \dot{\boldsymbol{r}}_k$$

$$\therefore \boldsymbol{L} = \sum_{k=1}^{n} m_k (\boldsymbol{r}_k \times \dot{\boldsymbol{r}}_k) \quad \cdots\cdots ①$$

ここで，各 P_k ($k = 1, 2, \cdots, n$) は，軸のまわりを角速度 ω で回転するので，その速度 $\boldsymbol{v}_k = \dot{\boldsymbol{r}}_k$ は，$\boldsymbol{\omega}$ と $\boldsymbol{r}_k$ の両方に垂直で，かつその大きさは，図 (ii) より，

$$\|\boldsymbol{v}_k\| = \|\boldsymbol{r}_k\| \sin\theta \cdot \|\boldsymbol{\omega}\| = \|\boldsymbol{r}_k \times \boldsymbol{\omega}\|$$

$\therefore \boldsymbol{v}_k = \dot{\boldsymbol{r}}_k = \boldsymbol{\omega} \times \boldsymbol{r}_k$ ……② となる。

② を ① に代入して，

$$\boldsymbol{L} = \sum_{k=1}^{n} m_k \{\boldsymbol{r}_k \times (\boldsymbol{\omega} \times \boldsymbol{r}_k)\} \quad \cdots\cdots ③$$

ベクトル **3** 重積

(i)

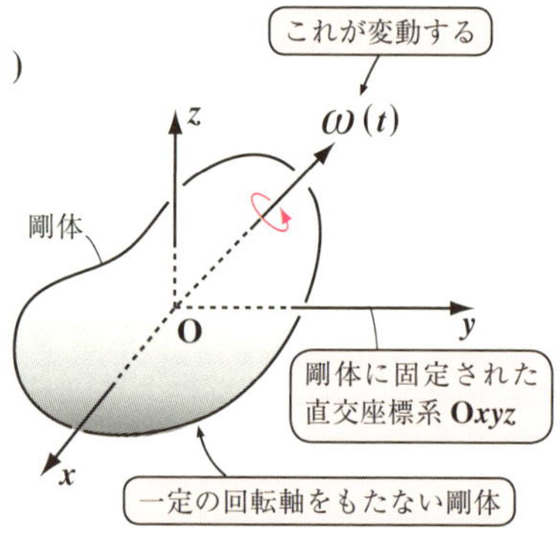

(ii)

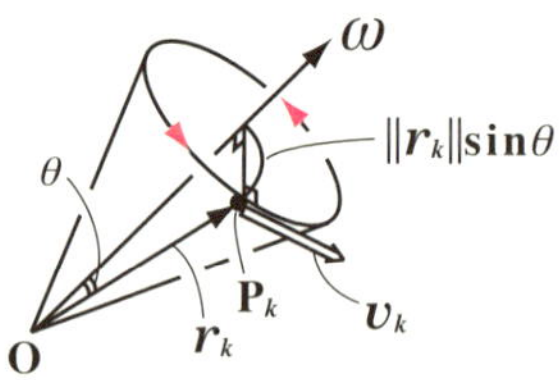

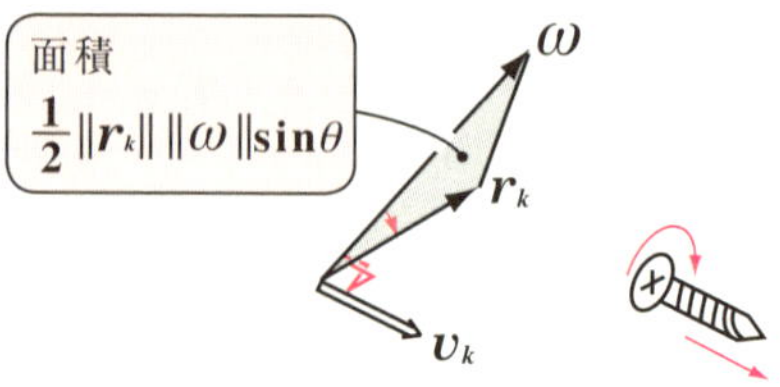

ここで，$\boldsymbol{\omega}=[\omega_x,\ \omega_y,\ \omega_z]$，$\boldsymbol{r}_k=[x_k,\ y_k,\ z_k]$ とおくと，

$$\boldsymbol{r}_k\times(\boldsymbol{\omega}\times\boldsymbol{r}_k)=(\boldsymbol{r}_k\cdot\boldsymbol{r}_k)\boldsymbol{\omega}-(\boldsymbol{r}_k\cdot\boldsymbol{\omega})\boldsymbol{r}_k$$

ベクトル3重積の公式：
$\boldsymbol{a}\times(\boldsymbol{b}\times\boldsymbol{c})$
$=(\boldsymbol{a}\cdot\boldsymbol{c})\boldsymbol{b}-(\boldsymbol{a}\cdot\boldsymbol{b})\boldsymbol{c}$
(P14，P15参照)

$$=(x_k^2+y_k^2+z_k^2)\begin{bmatrix}\omega_x\\ \omega_y\\ \omega_z\end{bmatrix}-(x_k\omega_x+y_k\omega_y+z_k\omega_z)\begin{bmatrix}x_k\\ y_k\\ z_k\end{bmatrix}$$

$$=\begin{bmatrix}(x_k^2+y_k^2+z_k^2)\omega_x-(x_k\omega_x+y_k\omega_y+z_k\omega_z)x_k\\ (x_k^2+y_k^2+z_k^2)\omega_y-(x_k\omega_x+y_k\omega_y+z_k\omega_z)y_k\\ (x_k^2+y_k^2+z_k^2)\omega_z-(x_k\omega_x+y_k\omega_y+z_k\omega_z)z_k\end{bmatrix}$$

$$\therefore\ \boldsymbol{r}_k\times(\boldsymbol{\omega}\times\boldsymbol{r}_k)=\begin{bmatrix}(y_k^2+z_k^2)\omega_x-x_ky_k\omega_y-z_kx_k\omega_z\\ -x_ky_k\omega_x+(z_k^2+x_k^2)\omega_y-y_kz_k\omega_z\\ -z_kx_k\omega_x-y_kz_k\omega_y+(x_k^2+y_k^2)\omega_z\end{bmatrix}\quad\cdots\cdots④$$

④を③に代入して，

$$\boldsymbol{L}=\sum_{k=1}^{n}m_k\begin{bmatrix}(y_k^2+z_k^2)\omega_x-x_ky_k\omega_y-z_kx_k\omega_z\\ -x_ky_k\omega_x+(z_k^2+x_k^2)\omega_y-y_kz_k\omega_z\\ -z_kx_k\omega_x-y_kz_k\omega_y+(x_k^2+y_k^2)\omega_z\end{bmatrix}$$

$$=\begin{bmatrix}\omega_x\underbrace{\sum_{k=1}^{n}m_k(y_k^2+z_k^2)}_{I_x}-\omega_y\underbrace{\sum_{k=1}^{n}m_kx_ky_k}_{I_{xy}}-\omega_z\underbrace{\sum_{k=1}^{n}m_kz_kx_k}_{I_{zx}}\\ -\omega_x\underbrace{\sum_{k=1}^{n}m_kx_ky_k}_{I_{xy}}+\omega_y\underbrace{\sum_{k=1}^{n}m_k(z_k^2+x_k^2)}_{I_y}-\omega_z\underbrace{\sum_{k=1}^{n}m_ky_kz_k}_{I_{yz}}\\ -\omega_x\underbrace{\sum_{k=1}^{n}m_kz_kx_k}_{I_{zx}}-\omega_y\underbrace{\sum_{k=1}^{n}m_ky_kz_k}_{I_{yz}}+\omega_z\underbrace{\sum_{k=1}^{n}m_k(x_k^2+y_k^2)}_{I_z}\end{bmatrix}\quad\cdots\cdots③'$$

ここで，$I_x=\sum_{k=1}^{n}m_k(y_k^2+z_k^2)$，$I_y=\sum_{k=1}^{n}m_k(z_k^2+x_k^2)$，$I_z=\sum_{k=1}^{n}m_k(x_k^2+y_k^2)$

$I_{xy}=\sum_{k=1}^{n}m_kx_ky_k$，$I_{yz}=\sum_{k=1}^{n}m_ky_kz_k$，$I_{zx}=\sum_{k=1}^{n}m_kz_kx_k$ とおくと，③′は，

$$\boldsymbol{L}=\begin{bmatrix}I_x\omega_x-I_{xy}\omega_y-I_{zx}\omega_z\\ -I_{xy}\omega_x+I_y\omega_y-I_{yz}\omega_z\\ -I_{zx}\omega_x-I_{yz}\omega_y+I_z\omega_z\end{bmatrix}=A\begin{bmatrix}\omega_x\\ \omega_y\\ \omega_z\end{bmatrix}\qquad\therefore\ \boldsymbol{L}=A\boldsymbol{\omega}$$

…(＊) となる。…(終)

$$\left(\text{ただし，}A=\begin{bmatrix}I_x & -I_{xy} & -I_{zx}\\ -I_{xy} & I_y & -I_{yz}\\ -I_{zx} & -I_{yz} & I_z\end{bmatrix}\right)$$

A：慣性テンソル，I_x，I_y，I_z：x，y，z軸のまわりの慣性モーメント，I_{xy}，I_{yz}，I_{zx}：慣性乗積

演習問題 111　●慣性主軸と主慣性モーメント●

剛体内に直交座標系 $\mathbf{O}xyz$ を固定する。このとき，原点 $\mathbf{O}$ のまわりの剛体の運動について，瞬間回転軸のまわりの角速度ベクトル $\boldsymbol{\omega}$ と，$\mathbf{O}$ のまわりの角運動量ベクトル $\boldsymbol{L}$ との間には，$\boldsymbol{L}=A\boldsymbol{\omega}$ ……(＊) が成り立つ。(A: 慣性テンソル)　ここで，行列 A は対称行列より，大きさ 1 の互いに直交する固有ベクトル $\boldsymbol{x}_1$，$\boldsymbol{x}_2$，$\boldsymbol{x}_3$ をもつ。この $\boldsymbol{x}_1$，$\boldsymbol{x}_2$，$\boldsymbol{x}_3$ によって定まる新たな直交座標系 $\mathbf{O}x_0y_0z_0$ で成分表示された $\boldsymbol{L}$，$\boldsymbol{\omega}$ を $\boldsymbol{L}_0$，$\boldsymbol{\omega}_0$ とおくと，$\boldsymbol{L}_0$ と $\boldsymbol{\omega}_0$ は次の (＊＊) をみたすことを示せ。

$$\boldsymbol{L}_0=\begin{bmatrix} I_{x_0} & 0 & 0 \\ 0 & I_{y_0} & 0 \\ 0 & 0 & I_{z_0} \end{bmatrix}\boldsymbol{\omega}_0 \quad \cdots\cdots(＊＊)$$

（ただし，I_{x_0}，I_{y_0}，I_{z_0} は，座標系 $\mathbf{O}x_0y_0z_0$ の各軸のまわりの慣性モーメントを表し，これを**主慣性モーメント**と呼ぶ。）

ヒント！ 対称行列 A を対角化する直交行列 U を用いて，$\boldsymbol{\omega}=U\boldsymbol{\omega}_0$，$\boldsymbol{L}=U\boldsymbol{L}_0$ で与えられるベクトル $\boldsymbol{\omega}_0$，$\boldsymbol{L}_0$ は，$\boldsymbol{x}_1$，$\boldsymbol{x}_2$，$\boldsymbol{x}_3$ により定まる新たな直交座標系 $\mathbf{O}x_0y_0z_0$（**慣性主軸**）で $\boldsymbol{\omega}$，$\boldsymbol{L}$ を成分表示したものとなる。

解答&解説

剛体に固定された直交座標系 $\mathbf{O}xyz$ に対して，剛体の角運動量 $\boldsymbol{L}$ と角速度ベクトル $\boldsymbol{\omega}$ は，$\boldsymbol{L}=A\boldsymbol{\omega}$ ……(＊)　をみたす。(A：慣性テンソル)

対称行列 A について，その固有値を λ，固有ベクトルを $\boldsymbol{x}$ とおくと，

$A\boldsymbol{x}=\lambda\boldsymbol{x}$ ……① となる。　①より，$(A-\lambda E)\boldsymbol{x}=\boldsymbol{0}$ ……①′

①′ が自明な解 $\boldsymbol{x}=\boldsymbol{0}$ 以外の解をもつものとすると，$(A-\lambda E)^{-1}$ は存在せず，固有方程式 $|A-\lambda E|=0$ を λ はみたす。←（λ の 3 次方程式）

この 3 つの解を λ_1，λ_2，λ_3 とおき，これらに対応する固有ベクトルを $\boldsymbol{x}_1$，$\boldsymbol{x}_2$，$\boldsymbol{x}_3$ とおくと，$\boldsymbol{x}_1$，$\boldsymbol{x}_2$，$\boldsymbol{x}_3$ は互いに直交し，さらに，これらを単位ベクトルにすることができる。この大きさ 1 の互いに直交するベクトル $\boldsymbol{x}_1$，$\boldsymbol{x}_2$，$\boldsymbol{x}_3$ に対して，①は，

(i) $A\boldsymbol{x}_1=\lambda_1\boldsymbol{x}_1$，　(ii) $A\boldsymbol{x}_2=\lambda_2\boldsymbol{x}_2$，　(iii) $A\boldsymbol{x}_3=\lambda_3\boldsymbol{x}_3$　とおける。

これらをまとめて 1 つの式で表すと，

$$A\underbrace{[\boldsymbol{x}_1\ \boldsymbol{x}_2\ \boldsymbol{x}_3]}_{U}=[\lambda_1\boldsymbol{x}_1\ \lambda_2\boldsymbol{x}_2\ \lambda_3\boldsymbol{x}_3]=\underbrace{[\boldsymbol{x}_1\ \boldsymbol{x}_2\ \boldsymbol{x}_3]}_{U}\begin{bmatrix} \lambda_1 & 0 & 0 \\ 0 & \lambda_2 & 0 \\ 0 & 0 & \lambda_3 \end{bmatrix} \cdots②$$

となる。

ここで，$\boldsymbol{U}=[\boldsymbol{x}_1\ \boldsymbol{x}_2\ \boldsymbol{x}_3]$ とおくと，②は，

$\boldsymbol{A}\boldsymbol{U}=\boldsymbol{U}\begin{bmatrix}\lambda_1 & 0 & 0\\ 0 & \lambda_2 & 0\\ 0 & 0 & \lambda_3\end{bmatrix}$ となる。$\boldsymbol{U}$ は逆行列 $\boldsymbol{U}^{-1}$ をもつので，この両辺に $\boldsymbol{U}^{-1}$ を左からかけて，

直交行列 $\boldsymbol{U}$ による行列 $\boldsymbol{A}$ の対角化

$\boldsymbol{U}^{-1}\boldsymbol{A}\boldsymbol{U}=\begin{bmatrix}\lambda_1 & 0 & 0\\ 0 & \lambda_2 & 0\\ 0 & 0 & \lambda_3\end{bmatrix}$ ……③ となる。

④，⑤の両辺に $\boldsymbol{U}^{-1}$ を左からかけて，$\boldsymbol{\omega}_0=\boldsymbol{U}^{-1}\boldsymbol{\omega}$，$\boldsymbol{L}_0=\boldsymbol{U}^{-1}\boldsymbol{L}$ と，$\boldsymbol{\omega}_0$，$\boldsymbol{L}_0$ が定まる。

ここで，$\boldsymbol{\omega}=\boldsymbol{U}\boldsymbol{\omega}_0$ ……④，$\boldsymbol{L}=\boldsymbol{U}\boldsymbol{L}_0$ ……⑤ によって，新たなベクトル $\boldsymbol{\omega}_0$ と $\boldsymbol{L}_0$ を定める。

$\boldsymbol{\omega}_0=\begin{bmatrix}\omega_{x_0}\\ \omega_{y_0}\\ \omega_{z_0}\end{bmatrix}$，$\boldsymbol{L}_0=\begin{bmatrix}L_{x_0}\\ L_{y_0}\\ L_{z_0}\end{bmatrix}$ と成分表示すると，④は，

$$\boldsymbol{\omega}=\underbrace{[\boldsymbol{x}_1\ \boldsymbol{x}_2\ \boldsymbol{x}_3]}_{\boldsymbol{U}}\begin{bmatrix}\omega_{x_0}\\ \omega_{y_0}\\ \omega_{z_0}\end{bmatrix}=\omega_{x_0}\boldsymbol{x}_1+\omega_{y_0}\boldsymbol{x}_2+\omega_{z_0}\boldsymbol{x}_3 \quad \text{となる。}$$

新たな座標系（慣性主軸）

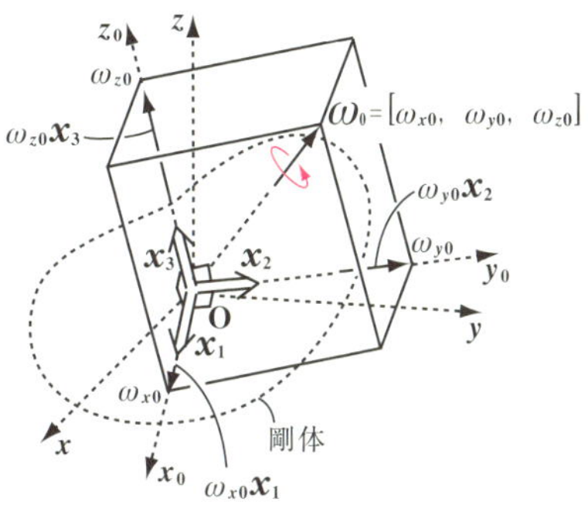

∴ $\boldsymbol{x}_1$，$\boldsymbol{x}_2$，$\boldsymbol{x}_3$ は互いに直交する単位ベクトルより，$\boldsymbol{\omega}_0=[\omega_{x_0},\ \omega_{y_0},\ \omega_{z_0}]$ は，右図に示すように，$\boldsymbol{x}_1$，$\boldsymbol{x}_2$，$\boldsymbol{x}_3$ によって定まる新たな直交座標系 $\mathrm{O}x_0y_0z_0$ で $\boldsymbol{\omega}$ を成分表示したものである。同様に，⑤より $\boldsymbol{L}_0$ は，$\boldsymbol{L}$ を直交座標系 $\mathrm{O}x_0y_0z_0$ で成分表示したベクトルとなる。

④，⑤を $\boldsymbol{L}=\boldsymbol{A}\boldsymbol{\omega}$ ……(＊) に代入して，

$\boldsymbol{U}\boldsymbol{L}_0=\boldsymbol{A}\boldsymbol{U}\boldsymbol{\omega}_0$ 　この両辺に $\boldsymbol{U}^{-1}$ を左からかけて，$\boldsymbol{L}_0=\boldsymbol{U}^{-1}\boldsymbol{A}\boldsymbol{U}\boldsymbol{\omega}_0$ ……⑥となる。

対角行列（③より）

ここで，$\boldsymbol{U}^{-1}\boldsymbol{A}\boldsymbol{U}=\begin{bmatrix}I_{x_0} & 0 & 0\\ 0 & I_{y_0} & 0\\ 0 & 0 & I_{z_0}\end{bmatrix}$ とおいて，⑥に代入して，

$$\boldsymbol{L}_0=\begin{bmatrix}I_{x_0} & 0 & 0\\ 0 & I_{y_0} & 0\\ 0 & 0 & I_{z_0}\end{bmatrix}\boldsymbol{\omega}_0$$ ……(＊＊) が導かれる。 ……………………………(終)

演習問題 112　●オイラーの方程式(I)●

剛体内に固定された慣性主軸に対して，原点を通る瞬間回転軸のまわりの角速度ベクトルを$\boldsymbol{\omega}=[\omega_x,\ \omega_y,\ \omega_z]$，主慣性モーメントを$I_x,\ I_y,\ I_z$とおくと，角運動量$\boldsymbol{L}$は各軸の方向を表す単位ベクトル$\boldsymbol{i},\ \boldsymbol{j},\ \boldsymbol{k}$により，

$$\boldsymbol{L}=I_x\omega_x\boldsymbol{i}+I_y\omega_y\boldsymbol{j}+I_z\omega_z\boldsymbol{k}\ \cdots\cdots①$$

と表すことができる。①を，回転の運動方程式：$\dfrac{d\boldsymbol{L}}{dt}=\boldsymbol{N}\ \cdots\cdots②$

($\boldsymbol{N}=N_x\boldsymbol{i}+N_y\boldsymbol{j}+N_z\boldsymbol{k}\ \cdots\cdots③$)の左辺に代入することによって，次の剛体の回転に関するオイラーの方程式を導け。

$$\begin{cases} I_x\dfrac{d\omega_x}{dt}-(I_y-I_z)\omega_y\omega_z=N_x & \cdots\cdots(*1)\\ I_y\dfrac{d\omega_y}{dt}-(I_z-I_x)\omega_z\omega_x=N_y & \cdots\cdots(*2)\\ I_z\dfrac{d\omega_z}{dt}-(I_x-I_y)\omega_x\omega_y=N_z & \cdots\cdots(*3)\end{cases}$$

演習問題111における$I_{x_0},\ I_{y_0},\ I_{z_0},\ \omega_{x_0},\ \omega_{y_0},\ \omega_{z_0}$の下付き添え字"$_0$"を省略して表していることに注意しよう。

$$\left(\begin{array}{l} I_x=\sum_{k=1}^{n}m_k(y_k{}^2+z_k{}^2),\ I_y=\sum_{k=1}^{n}m_k(z_k{}^2+x_k{}^2),\ I_z=\sum_{k=1}^{n}m_k(x_k{}^2+y_k{}^2)\\ \boldsymbol{N}=[N_x,\ N_y,\ N_z]:\text{力のモーメント(トルク)}\end{array}\right)$$

ヒント！ ①を②の左辺に代入して各成分を時刻tで微分するとき，$\boldsymbol{\omega}$が変動するだけでなく，剛体に固定された慣性主軸の各方向を表す$\boldsymbol{i},\ \boldsymbol{j},\ \boldsymbol{k}$も瞬間回転軸のまわりを角速度$\omega$で回転することに注意しよう。

解答＆解説

主慣性モーメントを対角成分にもつ慣性テンソルを$\begin{bmatrix} I_x & 0 & 0\\ 0 & I_y & 0\\ 0 & 0 & I_z\end{bmatrix}$，角運動量を$\boldsymbol{L}=\begin{bmatrix} L_x\\ L_y\\ L_z\end{bmatrix}$とおくと，

$$\begin{bmatrix} L_x\\ L_y\\ L_z\end{bmatrix}=\begin{bmatrix} I_x & 0 & 0\\ 0 & I_y & 0\\ 0 & 0 & I_z\end{bmatrix}\begin{bmatrix}\omega_x\\ \omega_y\\ \omega_z\end{bmatrix}=\begin{bmatrix} I_x\omega_x\\ I_y\omega_y\\ I_z\omega_z\end{bmatrix}$$

となるので，

$$\boldsymbol{L}=L_x\boldsymbol{i}+L_y\boldsymbol{j}+L_z\boldsymbol{k}=I_x\omega_x\boldsymbol{i}+I_y\omega_y\boldsymbol{j}+I_z\omega_z\boldsymbol{k}\ \cdots\cdots①$$ と表せる。

①を $\dfrac{d\boldsymbol{L}}{dt}=\boldsymbol{N}$ ……②の左辺に代入して，

$$\frac{d\boldsymbol{L}}{dt}=\frac{d}{dt}(\underbrace{I_x}_{\text{定数}}\underbrace{\omega_x\boldsymbol{i}}_{t\text{の関数}}+\underbrace{I_y}_{\text{定数}}\underbrace{\omega_y\boldsymbol{j}}_{t\text{の関数}}+\underbrace{I_z}_{\text{定数}}\underbrace{\omega_z\boldsymbol{k}}_{t\text{の関数}})$$

$$=I_x\left(\frac{d\omega_x}{dt}\boldsymbol{i}+\omega_x\underbrace{\frac{d\boldsymbol{i}}{dt}}_{\omega\times\boldsymbol{i}}\right)+I_y\left(\frac{d\omega_y}{dt}\boldsymbol{j}+\omega_y\underbrace{\frac{d\boldsymbol{j}}{dt}}_{\omega\times\boldsymbol{j}}\right)+I_z\left(\frac{d\omega_z}{dt}\boldsymbol{k}+\omega_z\underbrace{\frac{d\boldsymbol{k}}{dt}}_{\omega\times\boldsymbol{k}}\right)\quad\cdots④$$

ここで，$\boldsymbol{\omega}$ は慣性主軸の原点を通る瞬間回転軸のまわりの角速度ベクトルを表すので，この原点に関する剛体内の各点の位置ベクトル $\boldsymbol{r}$ は，

$\dfrac{d\boldsymbol{r}}{dt}=\boldsymbol{\omega}\times\boldsymbol{r}$　をみたす。←（演習問題 110 の②式参照）

∴ $\boldsymbol{i}$, $\boldsymbol{j}$, $\boldsymbol{k}$ も剛体と共に角速度 ω で回転するので，次式をみたす。

$$\begin{cases}\dfrac{d\boldsymbol{i}}{dt}=\boldsymbol{\omega}\times\boldsymbol{i}=\omega_z\boldsymbol{j}-\omega_y\boldsymbol{k}\\[2mm] \dfrac{d\boldsymbol{j}}{dt}=\boldsymbol{\omega}\times\boldsymbol{j}=-\omega_z\boldsymbol{i}+\omega_x\boldsymbol{k}\quad\cdots\cdots⑤\\[2mm] \dfrac{d\boldsymbol{k}}{dt}=\boldsymbol{\omega}\times\boldsymbol{k}=\omega_y\boldsymbol{i}-\omega_x\boldsymbol{j}\end{cases}$$

（$\omega_x\ \omega_y\ \omega_z\ \omega_x$ / $1\ 0\ 0\ 1$ → $[0,\ \omega_z,\ -\omega_y]$）
（$\omega_x\ \omega_y\ \omega_z\ \omega_x$ / $0\ 1\ 0\ 0$ → $[-\omega_z,\ 0,\ \omega_x]$）
（$\omega_x\ \omega_y\ \omega_z\ \omega_x$ / $0\ 0\ 1\ 0$ → $[\omega_y,\ -\omega_x,\ 0]$）

⑤を④に代入して，$\boldsymbol{i}$, $\boldsymbol{j}$, $\boldsymbol{k}$ についてまとめると，

$$\frac{d\boldsymbol{L}}{dt}=I_x\frac{d\omega_x}{dt}\boldsymbol{i}+I_x\omega_x(\omega_z\boldsymbol{j}-\omega_y\boldsymbol{k})+I_y\frac{d\omega_y}{dt}\boldsymbol{j}+I_y\omega_y(-\omega_z\boldsymbol{i}+\omega_x\boldsymbol{k})$$
$$+I_z\frac{d\omega_z}{dt}\boldsymbol{k}+I_z\omega_z(\omega_y\boldsymbol{i}-\omega_x\boldsymbol{j})$$

$$\therefore\ \frac{d\boldsymbol{L}}{dt}=\left\{I_x\frac{d\omega_x}{dt}-(I_y-I_z)\omega_y\omega_z\right\}\boldsymbol{i}+\left\{I_y\frac{d\omega_y}{dt}-(I_z-I_x)\omega_z\omega_x\right\}\boldsymbol{j}$$
$$+\left\{I_z\frac{d\omega_z}{dt}-(I_x-I_y)\omega_x\omega_y\right\}\boldsymbol{k}\quad\cdots\cdots⑥$$

⑥と $\boldsymbol{N}=N_x\boldsymbol{i}+N_y\boldsymbol{j}+N_z\boldsymbol{k}$ …③を $\dfrac{d\boldsymbol{L}}{dt}=\boldsymbol{N}$ …②に代入して，両辺の $\boldsymbol{i}$, $\boldsymbol{j}$, $\boldsymbol{k}$ の係数を比較することにより，剛体の回転に関するオイラーの方程式 (＊1), (＊2), (＊3) を得る。……………………………………(終)

演習問題 113 ● オイラーの方程式（Ⅱ）●

$I_x = I_y$ かつ $\boldsymbol{N} = [N_x, N_y, N_z] = \boldsymbol{0}$ のとき，オイラーの方程式：

$$\begin{cases} I_x \dfrac{d\omega_x}{dt} - (I_y - I_z)\omega_y\omega_z = N_x & \cdots\cdots(*1) \\ I_y \dfrac{d\omega_y}{dt} - (I_z - I_x)\omega_z\omega_x = N_y & \cdots\cdots(*2) \\ I_z \dfrac{d\omega_z}{dt} - (I_x - I_y)\omega_x\omega_y = N_z & \cdots\cdots(*3) \end{cases}$$

をみたす角速度ベクトル $\boldsymbol{\omega}(t) = [\omega_x(t), \omega_y(t), \omega_z(t)]$ を求めよ。
（初期条件 $\omega_x(0)$，$\omega_y(0)$，$\omega_z(0)$ はすべて 0 でない定数とする。）
また，この剛体の運動の様子を調べよ。

ヒント！ その内部に固定された直交座標系 $Oxyz$（慣性主軸）の原点が重心と一致し，z 軸に関して対称であるような剛体，例えば密度が一様な回転だ円体：$\dfrac{x^2}{a^2} + \dfrac{y^2}{a^2} + \dfrac{z^2}{c^2} \leqq 1$ の場合，x 軸と y 軸のまわりの主慣性モーメントは等しいので，$I_x = I_y$ をみたす立体のイメージになる。　まず，$I_z = \sum_{k=1}^{n} m_k(x_k^2 + y_k^2) > 0$，$I_x = I_y$，$N_z = 0$ から，$(*3)$ より，$\dfrac{d\omega_z}{dt} = 0$　　よって，$\omega_z = $（一定）となる。

解答＆解説

$I_x = I_y$ かつ $N_x = N_y = N_z = 0$ の条件より，
オイラーの方程式は，

$$\begin{cases} I_x\dot{\omega}_x = (\overset{I_y}{I_x} - I_z)\omega_y\omega_z & \cdots\cdots① \\ \overset{I_y}{I_x}\dot{\omega}_y = (I_z - I_x)\omega_z\omega_x & \cdots\cdots② \\ I_z\dot{\omega}_z = 0 & \cdots\cdots③ \end{cases}$$

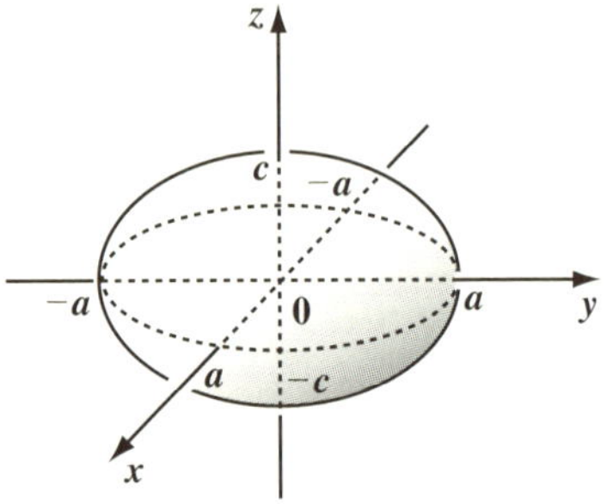

$I_x = I_y$ をみたす立体のイメージの 1 つ（回転だ円体）

$I_z > 0$ より，③の両辺を I_z で割って，

$\dot{\omega}_z = 0$　　$\therefore \omega_z(t) = \omega_z(0)$ ……③′（$\omega_z(0)$：初期値（定数））

となって，角速度ベクトル $\boldsymbol{\omega}$ の z 成分 ω_z は常に一定である。
③′を①，②に代入して，①，②の両辺を $I_x (>0)$ で割ってまとめると，

$$\begin{cases} \dot{\omega}_x = -\underbrace{\frac{I_z - I_x}{I_x} \cdot \omega_z(0)}_{\Omega(\text{定数})} \cdot \omega_y & \cdots\cdots ①' \\ \dot{\omega}_y = \underbrace{\frac{I_z - I_x}{I_x} \cdot \omega_z(0)}_{\Omega(\text{定数})} \cdot \omega_x & \cdots\cdots ②' \end{cases}$$

となる。

ここで，$\frac{I_z - I_x}{I_x} \cdot \omega_z(0) = \Omega$（定数）とおくと，①′，②′は，

$$\begin{cases} \dot{\omega}_x = -\Omega \cdot \omega_y & \cdots\cdots ④ \\ \dot{\omega}_y = \Omega \cdot \omega_x & \cdots\cdots ⑤ \end{cases}$$

④＋⑤ $\times i$ より，$\left(i = \sqrt{-1}\text{：虚数単位}\right)$

$$\dot{\omega}_x + i\dot{\omega}_y = -\Omega \cdot \omega_y + i \cdot \Omega \cdot \omega_x$$

$$\frac{d}{dt}\underbrace{(\omega_x + i\omega_y)}_{\zeta} = \Omega(\underbrace{-1}_{i^2} \cdot \omega_y + i \cdot \omega_x) = i\Omega\underbrace{(\omega_x + i\omega_y)}_{\zeta} \quad \cdots\cdots ⑥$$

ここで，$\zeta = \omega_x + i\omega_y$ ……⑦とおくと，⑥は，

$$\frac{d\zeta}{dt} = i\Omega \cdot \zeta$$

$$\therefore \zeta(t) = Ce^{i\Omega t} \quad \cdots\cdots ⑧$$

⑧の両辺を t で微分して，
$\frac{d\zeta(t)}{dt} = i\Omega Ce^{i\Omega t} = i\Omega\zeta(t)$
となって，⑧は $\frac{d\zeta}{dt} = i\Omega\zeta$ をみたす。

また，$t = 0$ のとき，⑧，⑦より，

$$\zeta(0) = Ce^0 = C = \omega_x(0) + i\omega_y(0)$$

よって，⑧は，

$$\zeta = \{\omega_x(0) + i\omega_y(0)\}\underbrace{e^{i\Omega t}}_{\cos\Omega t + i \cdot \sin\Omega t}$$

オイラーの公式：
$e^{i\theta} = \cos\theta + i\sin\theta$ より

$$= \{\omega_x(0) + i\omega_y(0)\}(\cos\Omega t + i \cdot \sin\Omega t)$$

$$= \omega_x(0)\cos\Omega t + i\omega_x(0) \cdot \sin\Omega t + i\omega_y(0) \cdot \cos\Omega t + \underbrace{i^2}_{-1}\omega_y(0) \cdot \sin\Omega t$$

この両辺を i でまとめて，

$$\zeta(t) = \{\omega_x(0)\cos\Omega t - \omega_y(0) \cdot \sin\Omega t\} + i \cdot \{\omega_x(0) \cdot \sin\Omega t + \omega_y(0) \cdot \cos\Omega t\} \quad \cdots\cdots ⑨$$

⑦を⑨の左辺に代入して，

$$\omega_x(t)+i\omega_y(t)=\{\omega_x(0)\cos\Omega t-\omega_y(0)\cdot\sin\Omega t\}$$
$$+i\cdot\{\omega_x(0)\cdot\sin\Omega t+\omega_y(0)\cdot\cos\Omega t\}$$

この両辺の実部と虚部を比較して,

$$\begin{cases}\omega_x(t)=\omega_x(0)\cdot\cos\Omega t-\omega_y(0)\cdot\sin\Omega t\\ \omega_y(t)=\omega_x(0)\cdot\sin\Omega t+\omega_y(0)\cdot\cos\Omega t\end{cases}$$

これをまとめて,

$$\begin{bmatrix}\omega_x(t)\\ \omega_y(t)\end{bmatrix}=\begin{bmatrix}\cos\Omega t & -\sin\Omega t\\ \sin\Omega t & \cos\Omega t\end{bmatrix}\begin{bmatrix}\omega_x(0)\\ \omega_y(0)\end{bmatrix}\quad\cdots\cdots⑩$$

回転の行列 $R(\Omega t)$

回転の行列 $R(\theta)=\begin{bmatrix}\cos\theta & -\sin\theta\\ \sin\theta & \cos\theta\end{bmatrix}$

⑩より, ベクトル $[\omega_x(t),\ \omega_y(t)]$ は, 右図に示すように, 原点 0 のまわりを角速度 Ω で回転することになる。

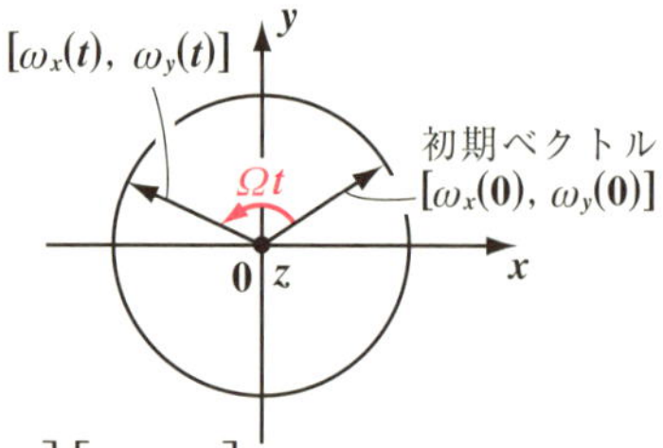

⑩と $\omega_z(t)=\omega_z(0)$ …③´をまとめて, 角速度ベクトル $\omega(t)$ を表すと,

$$\omega(t)=\begin{bmatrix}\omega_x(t)\\ \omega_y(t)\\ \omega_z(t)\end{bmatrix}=\begin{bmatrix}\cos\Omega t & -\sin\Omega t & 0\\ \sin\Omega t & \cos\Omega t & 0\\ 0 & 0 & 1\end{bmatrix}\begin{bmatrix}\omega_x(0)\\ \omega_y(0)\\ \omega_z(0)\end{bmatrix}$$ となる。 …………(答)

時刻 t における角速度ベクトル　　初期角速度ベクトル

よって, 右図に示すように, 角速度ベクトル ω, すなわち瞬間回転軸は, $\omega_z(t)=\omega_z(0)$ (一定) を保ちながら, z 軸のまわりを角速度 Ω で歳差運動することになる。そして, この瞬間回転軸のまわりをこの剛体は, 一定の角速度

$$\|\omega\|=\sqrt{\omega_x(0)^2+\omega_y(0)^2+\omega_z(0)^2}$$

で回転し続ける。 ………………(答)

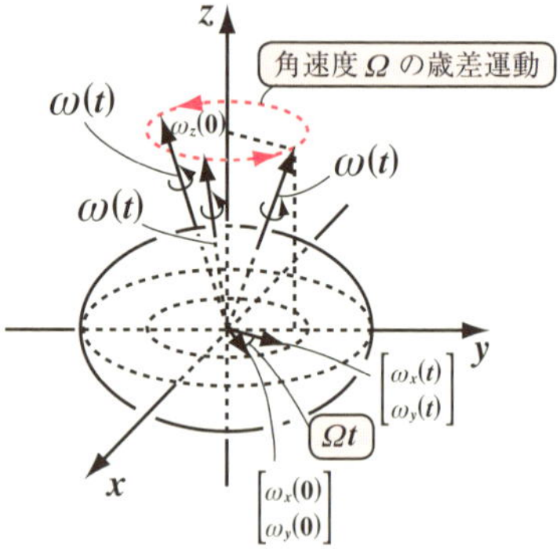

$$\|\omega\|^2=\{\omega_x(0)\cos\Omega t-\omega_y(0)\cdot\sin\Omega t\}^2+\{\omega_x(0)\sin\Omega t+\omega_y(0)\cos\Omega t\}^2+\omega_z(0)^2$$
$$=\{\omega_x(0)^2+\omega_y(0)^2\}\underbrace{(\cos^2\Omega+\sin^2\Omega t)}_{1}+\omega_z(0)^2=\omega_x(0)^2+\omega_y(0)^2+\omega_z(0)^2$$

◆解析力学入門◆ methods & formulae

“**解析力学**”(***analytical mechanics***)では，ニュートンの運動方程式の代わりに，次に示す“**ラグランジュの運動方程式**”(***Lagrange's equation of motion***)が利用される。

ラグランジュの運動方程式

$$\frac{d}{dt}\left(\frac{\partial L}{\partial \dot{q}_i}\right)-\frac{\partial L}{\partial q_i}=0 \quad \cdots\cdots\cdots(*a) \quad (i=1,\ 2,\ 3,\ \cdots,\ f)$$

(f：自由度)

ただし，L：ラグランジアン，q_i：一般化座標，t：時刻

$L=T-U$ （T：運動エネルギー，U：ポテンシャルエネルギー）

たとえば，右図のような質量 m の質点の自由落下運動においては，当然，自由度 $f=1$ で，一般化座標 $q_i=x$ とおける。ここで

$$\begin{cases} \text{運動エネルギー}：T=\frac{1}{2}m\dot{x}^2 \\ \text{ポテンシャルエネルギー}：U=-mgx \end{cases}$$ より

質点の自由落下

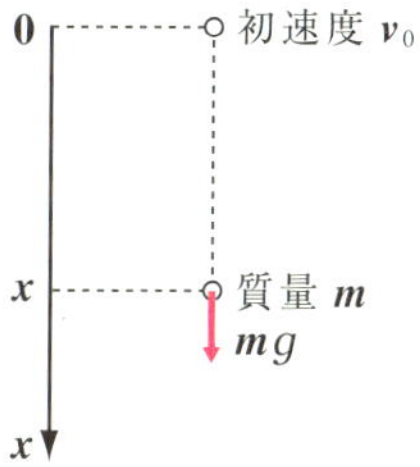

ラグランジアン $L=T-U=\frac{1}{2}m\dot{x}^2+mgx$

よって，この運動のラグランジュの運動方程式は，

$$\frac{d}{dt}\left(\frac{\partial L}{\partial \dot{x}}\right)-\frac{\partial L}{\partial x}=0 \quad \cdots\cdots①$$ と表される。ここで，

$$\frac{\partial L}{\partial \dot{x}}=\frac{\partial}{\partial \dot{x}}\left(\frac{1}{2}m\dot{x}^2+mgx\right)=\frac{1}{2}m\cdot 2\dot{x}=m\dot{x} \quad \cdots\cdots②$$

（m，mgx：定数扱い）

$$\frac{\partial L}{\partial x}=\frac{\partial}{\partial x}\left(\frac{1}{2}m\dot{x}^2+mgx\right)=mg \quad \cdots\cdots\cdots\cdots\cdots\cdots\cdots③$$ より，

（$\frac{1}{2}m\dot{x}^2$，m：定数扱い）

②，③を①に代入して，

$\frac{d}{dt}(m\dot{x})-mg=0$ 　　$m\ddot{x}=mg$ となって，ニュートンの運動方程式を導くことができる。つまりラグランジュの運動方程式とニュートンの運動方程式は等価であると言える。

解析力学では，さらに次の“**ハミルトンの正準方程式**”(***Hamilton's canonical equation***)も利用する。

ハミルトンの正準方程式

$$\frac{dq_i}{dt}=\frac{\partial H}{\partial p_i}\ \cdots\cdots(*b),\quad \frac{dp_i}{dt}=-\frac{\partial H}{\partial q_i}\ \cdots\cdots(*b)'\quad (i=1,\ 2,\ \cdots,\ f)$$

（ただし，H：ハミルトニアン，q_i：一般化座標，t：時刻，f：自由度，
p_i：一般化運動量，$p_i=\dfrac{\partial L}{\partial \dot{q}_i}$ ……$(*c)$ (L：ラグランジアン)，
$H=\sum_{i=1}^{f}p_i\dot{q}_i-L$ ……$(*d)$）

このハミルトンの正準方程式は，$(*b)$ と $(*b)'$ の **2** 組が対になった方程式で，そして **2** 組の独立変数 q_i(一般化座標)と p_i(一般化運動量)をもつ。

また，ハミルトニアン H は，厳密には，$(*d)$ から導かれる。しかし，ここでは概略の解説なので，簡単に $H=T+U$ ……$(*d)'$ と覚えておいていい。

したがって，$\begin{cases}\text{ラグランジアン } L=T-U \\ \text{ハミルトニアン } H=T+U\end{cases}$ と覚えておくと忘れないはずだ。

このハミルトンの正準方程式は，量子力学など，応用範囲が広い。
そして，これもニュートンの運動方程式と等価と言える。

これについても，同様の自由落下の問題で確認しておこう。これは，自由度 $f=1$ なので，一般化座標 $q_1=x$，一般化運動量 $p_1=p_x$ とおくと，ハミルトンの正準方程式は次のようになる。

質点の自由落下

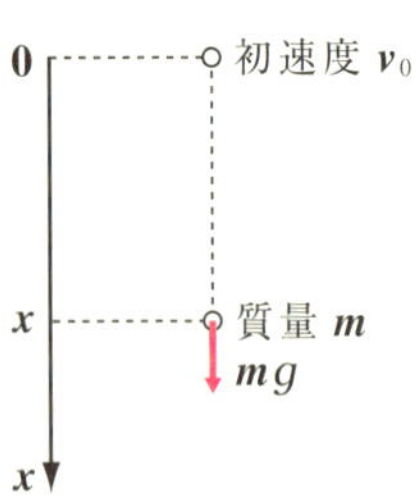

$$\begin{cases}\text{(i)}\ \dfrac{dx}{dt}=\dfrac{\partial H}{\partial p_x}\ \cdots\cdots\cdots①\\[2ex] \text{(ii)}\ \dfrac{dp_x}{dt}=-\dfrac{\partial H}{\partial x}\ \cdots\cdots②\end{cases}$$

$f=1$ より，正準方程式
$\dfrac{dq_1}{dt}=\dfrac{\partial H}{\partial p_1}$，$\dfrac{dp_1}{dt}=-\dfrac{\partial H}{\partial q_1}$
の q_1 を x，p_1 を p_x とおいた。

まず，運動量 $p_x = m\dot{x}$ より，$\dot{x} = \frac{p_x}{m}$ ……………………③

また，ハミルトニアン $H = T + U = \frac{1}{2}m\dot{x}^2 - mgx$ ……④

④に③を代入して，

$H = \frac{1}{2}m\left(\frac{p_x}{m}\right)^2 - mgx$ より，

$H = \frac{p_x^{\ 2}}{2m} - mgx$ ……④´ となる。

（Hは，q_1とp_1，すなわちxとp_xの式で表す。）

よって，④´を①と②にそれぞれ代入すればよい。

(i) ④´を①に代入して，

$$\dot{x} = \frac{\partial}{\partial p_x}\left(\frac{1}{2m}p_x^{\ 2} - mgx\right) = \frac{1}{2m}\cdot 2p_x = \frac{p_x}{m}$$ となる。

（$\frac{1}{2m}$，mgx：定数扱い）

（これは，③と同じ運動量の式だ！）

(ii) ④´を②に代入して，

$$\dot{p}_x = -\frac{\partial}{\partial x}\left(\frac{1}{2m}p_x^{\ 2} - mgx\right) = mg$$ となる。

（$\frac{1}{2m}p_x^{\ 2}$，mg：定数扱い）

（$\dot{p}_x = \frac{d}{dt}(m\dot{x}) = m\ddot{x}$）

これから，$m\ddot{x} = mg$ となって，ニュートンの運動方程式が導けた。つまり，これで，ハミルトンの正準方程式も，ニュートンの運動方程式と等価であることが示せた。

しかし，この例題を解いて，ニュートンの運動方程式は，(ii)の②のみから導かれているので，(i)の①は不要ではないか？と思われるかも知れない。しかし，ここで詳しい解説はできないが，ハミルトンの正準方程式は，**2**組の独立変数(正準変数)q_i，p_iに対応して，**2**組の対になった方程式で**1**つの意味をなしていると考えて頂きたい。

詳しくは，「**解析力学キャンパス・ゼミ**」(マセマ)で学習されることを勧める。

演習問題 114　●ラグランジュの運動方程式(Ⅰ)●

自然長が l_1，l_2，バネ定数が k_1，k_2 の 2 本のバネがある。質量 m の質点 P の両側にこの 2 本のバネの一端を結び付けたものを，滑らかな水平面上に置き，さらに 2 本のバネの他端を壁に固定した。平衡状態の P の位置を原点 0，水平右向きに x 軸をとる。この状態から P を右方向に B_1 だけずらして，静かに手を離した後の運動は，ラグランジュの方程式：$\frac{d}{dt}\left(\frac{\partial L}{\partial \dot{x}}\right)-\frac{\partial L}{\partial x}=0$ ……(＊)で表される。これから，ニュートンの運動方程式：$\ddot{x}=-\omega^2 x$ ……(＊)′ $\left(\omega=\sqrt{\frac{k_1+k_2}{m}}\right)$ を導け。

ヒント！ これは演習問題 53(P86) と同じ条件の問題である。

解答＆解説

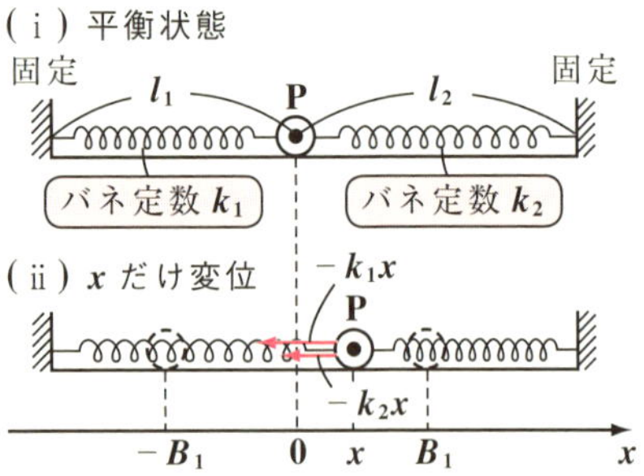

平衡状態から x だけずれた位置に P があるとき，

$$\begin{cases} 運動エネルギー：T=\frac{1}{2}m\dot{x}^2 \\ ポテンシャルエネルギー：U=\frac{1}{2}k_1x^2+\frac{1}{2}k_2x^2 \end{cases}$$

よって，ラグランジアン $L(=T-U)$ は，

$L=\frac{1}{2}m\dot{x}^2-\frac{k_1+k_2}{2}x^2$ となる。

この運動のラグランジュの運動方程式は，

$\frac{d}{dt}\left(\frac{\partial L}{\partial \dot{x}}\right)-\frac{\partial L}{\partial x}=0$ ……(＊) と表される。ここで，

$$\begin{cases} \frac{\partial L}{\partial \dot{x}}=\frac{\partial}{\partial \dot{x}}\left(\frac{1}{2}m\dot{x}^2-\underbrace{\frac{k_1+k_2}{2}x^2}_{定数扱い}\right)=m\dot{x} \quad \cdots\cdots\cdots\cdots\cdots\cdots① \\ \frac{\partial L}{\partial x}=\frac{\partial}{\partial x}\left(\underbrace{\frac{1}{2}m\dot{x}^2}_{定数扱い}-\frac{k_1+k_2}{2}x^2\right)=-(k_1+k_2)x \quad \cdots\cdots② \end{cases}$$

①，②を(＊)に代入して，$m\ddot{x}+(k_1+k_2)x=0$　よって，ニュートンの運動方程式：$\ddot{x}=-\omega^2 x$ …(＊)′ $\left(\omega=\sqrt{\frac{k_1+k_2}{m}}\right)$ が導ける。…………(終)

演習問題 115　●ラグランジュの運動方程式（II）●

質量を無視できる長さ l の軽い糸の上端 O を天井に固定し，下端に質量 m の重り P を付けて単振り子を作る。この単振り子の振れ角 θ が十分に小さいとき，この運動はラグランジュの方程式：
$\dfrac{d}{dt}\left(\dfrac{\partial L}{\partial \dot{\theta}}\right) - \dfrac{\partial L}{\partial \theta} = 0$ ……（＊）で表される。これから，
ニュートンの運動方程式：$\ddot{\theta} = -\omega^2 \theta$ ……（＊）′ $\left(\omega = \sqrt{\dfrac{g}{l}}\right)$ を導け。

ヒント！ これは演習問題 55(P88) と同じ条件の単振り子の問題である。演習問題 55 では，x 軸方向と y 軸方向の 2 つの成分 (自由度 $f=2$) の運動方程式から (＊)′ を導いたけれど，極座標においては，単振り子は $r=l$ (一定) で，r 方向の運動方程式を立てる必要がなく，θ 方向の運動のみ (自由度 $f=1$) を考えればいい。

解答＆解説

質点 P が，鉛直下向きより十分小さな角 θ だけ振れた位置にあるとき，

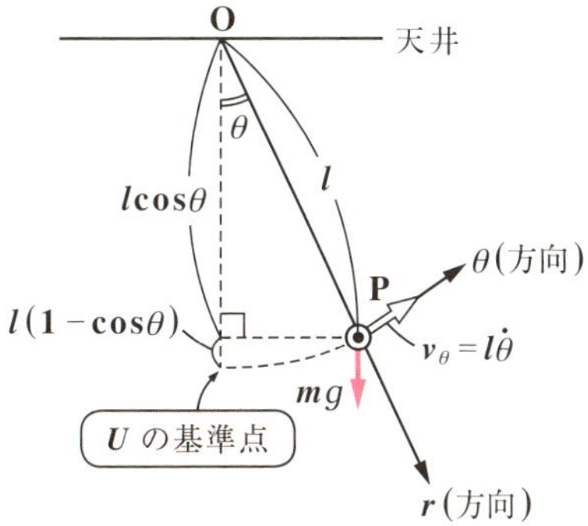

運動エネルギー：$T = \dfrac{1}{2} m v_\theta^2 \quad \underbrace{}_{(l\dot{\theta})^2}$
$= \dfrac{1}{2} m l^2 \dot{\theta}^2$

$r = l$ (一定) より，r 方向の速度成分 $v_r = \dot{r} = 0$ となるので，$\dfrac{1}{2} m v_r^2 = 0$ より，θ 方向の運動エネルギーのみを考えればいい。

ポテンシャルエネルギー：$U = mgl(1 - \cos\theta)$

よって，ラグランジアン $L\,(= T - U)$ は，
$L = \dfrac{1}{2} m l^2 \dot{\theta}^2 - mgl(1 - \cos\theta)$ ……① となる。

よって，①の L を用いると，

$$L = \frac{1}{2}ml^2\dot{\theta}^2 - mgl(1-\cos\theta) \cdots\cdots ①$$

ラグランジュの運動方程式は，

$$\frac{d}{dt}\left(\frac{\partial L}{\partial \dot{\theta}}\right) - \frac{\partial L}{\partial \theta} = 0 \quad \cdots\cdots(*)$$ となる。ここで，

r についてのラグランジュの方程式も $\frac{d}{dt}\left(\frac{\partial L}{\partial \dot{r}}\right) - \frac{\partial L}{\partial r} = 0$ と表されるが，L が θ と $\dot{\theta}$ のみの関数で，r と $\dot{r}$ を独立変数にもたないので，この方程式の右辺は恒等的に 0 となる。つまり，方程式の意味がないんだね。

$$\begin{cases} \dfrac{\partial L}{\partial \dot{\theta}} = \dfrac{\partial}{\partial \dot{\theta}}\left\{ \underbrace{\dfrac{1}{2}ml^2}_{\text{定数扱い}}\dot{\theta}^2 - \underbrace{mgl(1-\cos\theta)}_{\text{定数扱い}} \right\} = ml^2\dot{\theta} \quad \cdots\cdots\cdots\cdots\cdots ② \\ \dfrac{\partial L}{\partial \theta} = \dfrac{\partial}{\partial \theta}\left\{ \underbrace{\dfrac{1}{2}ml^2\dot{\theta}^2}_{\text{定数扱い}} - \underbrace{mgl}_{}(1-\cos\theta) \right\} = -mgl\sin\theta \quad \cdots\cdots ③ \end{cases}$$

②，③を $(*)$ に代入して，

$$\frac{d}{dt}(\underbrace{ml^2}_{\text{定数}}\dot{\theta}) + mgl\sin\theta = 0$$ より，$ml^2\ddot{\theta} = -mgl\sin\theta$

$\ddot{\theta} = -\frac{g}{l}\sin\theta$ 　ここで，$\theta \fallingdotseq 0$ より，近似的に $\sin\theta \fallingdotseq \theta$ と表せる。

よって，$\frac{g}{l} = \omega^2$ とおくと，ニュートンの運動方程式

$\ddot{\theta} = -\omega^2\theta \quad \cdots\cdots(*)'$ $\left(\omega = \sqrt{\frac{g}{l}}\right)$ が導かれる。…………………………(終)

演習問題 55 のときのように，糸の張力 S など一切考慮せずに，機械的に $(*)'$ を導けるところが，ラグランジュの運動方程式の大きな長所と言える。さらに，変数 x の代わりに θ となっても，ラグランジュの方程式は，

$\frac{d}{dt}\left(\frac{\partial L}{\partial \dot{x}}\right) - \frac{\partial L}{\partial x} = 0$ の代わりに $\frac{d}{dt}\left(\frac{\partial L}{\partial \dot{\theta}}\right) - \frac{\partial L}{\partial \theta} = 0$ となるだけで，形式的にまったく同じ方程式で表される。これも大きな利点の 1 つであり，これから，公式として，変数 x や θ の代わりに一般化座標 q_i で表すことができるんだね。

演習問題 116　●ハミルトンの正準方程式（Ⅰ）●

自然長が l_1, l_2, バネ定数が k_1, k_2 の 2 本のバネがある。質量 m の質点 P の両側にこの 2 本のバネの一端を結び付けたものを，滑らかな水平面上に置き，さらに 2 本のバネの他端を壁に固定した。平衡状態の P の位置を原点 0，水平右向きに x 軸をとる。この状態から P を右方向に B_1 だけずらして，静かに手を離した後の運動は，ハミルトンの正準方程式：

$\frac{dx}{dt} = \frac{\partial H}{\partial p}$ ……(＊1)　$\frac{dp}{dt} = -\frac{\partial H}{\partial x}$ ……(＊2) で表される。これから，

ニュートンの運動方程式：$\ddot{x} = -\omega^2 x$ ……(＊)′ $\left(\omega = \sqrt{\frac{k_1+k_2}{m}}\right)$ を導け。

ヒント！ これは演習問題 114(P210) と同じ設定の問題だね。ここでは，正準方程式 (＊1), (＊2) から，ニュートンの運動方程式：$\ddot{x} = -\omega^2 x$……(＊)′ を導いてみよう。

解答＆解説

平衡状態から x だけずれた位置に P があるとき，

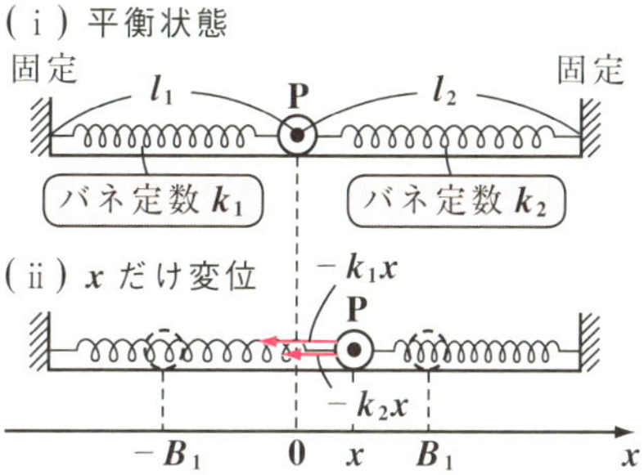

$$\begin{cases} 運動エネルギー：T = \frac{1}{2}m\dot{x}^2 \\ ポテンシャルエネルギー：U = \frac{1}{2}k_1x^2 + \frac{1}{2}k_2x^2 \end{cases}$$

よって，ラグランジアン $L(=T-U)$ は，

$$L = \frac{1}{2}m\dot{x}^2 - \frac{k_1+k_2}{2}x^2 \quad \cdots\cdots ①$$ となる。

よって，一般化運動量 p は，

$$p = \frac{dL}{d\dot{x}} = \frac{d}{d\dot{x}}\left(\frac{1}{2}m\dot{x}^2 - \frac{k_1+k_2}{2}x^2\right) = m\dot{x} \quad \therefore p = m\dot{x} \quad \cdots\cdots ②$$

（定数扱い）（運動量の式）

よって，ハミルトニアン H は，$H = p\dot{x} - L$……③ より，

（これが H の正式な求め方だ！）

①, ②を③に代入して,

$$H = m\dot{x}^2 - \left(\frac{1}{2}m\dot{x}^2 - \frac{k_1+k_2}{2}x^2\right)$$

$$= \frac{1}{2}m\dot{x}^2 + \frac{k_1+k_2}{2}x^2$$

$\frac{1}{2}m\dot{x}^2 = \frac{(m\dot{x})^2}{2m} = \frac{p^2}{2m}$ (②より) ← H を x と p の式で表す。

$L = \frac{1}{2}m\dot{x}^2 - \frac{k_1+k_2}{2}x^2$ ……①

$P = m\dot{x}$ ……………………………②

$H = p\cdot\dot{x} - L$ ………………………③

$$\therefore H = \frac{p^2}{2m} + \frac{k_1+k_2}{2}x^2 \quad \cdots\cdots ④$$

となる。よって，ハミルトンの正準方程式から，ニュートンの単振動の運動方程式を導く。

ハミルトンの正準方程式

$$\begin{cases} \dfrac{dx}{dt} = \dfrac{\partial H}{\partial p} & \cdots\cdots(*1) \\ \dfrac{dp}{dt} = -\dfrac{\partial H}{\partial x} & \cdots\cdots(*2) \end{cases}$$

(i) $\frac{dx}{dt} = \frac{\partial H}{\partial p}$ ……$(*1)$ より,

$$\dot{x} = \frac{\partial}{\partial p}\left(\frac{p^2}{2m} + \frac{k_1+k_2}{2}x^2\right) = \frac{2p}{2m} = \frac{p}{m} \text{ より,}$$

(定数扱い)

これから, $p = m\dot{x}$ ……② が導ける。 ← これは，無駄に思えるかもしれないけれど，ハミルトンの正準方程式は $(*1)$ と $(*2)$ のペアで，いつも考える！

(ii) $\frac{dp}{dt} = -\frac{\partial H}{\partial x}$ ……$(*2)$ より,

$$\frac{d}{dt}(m\dot{x}) = -\frac{\partial}{\partial x}\left(\frac{p^2}{2m} + \frac{k_1+k_2}{2}x^2\right) \qquad m\ddot{x} = -\frac{k_1+k_2}{2}\cdot 2x$$

($\frac{d}{dt}(m\dot{x}) = m\ddot{x}$)　(定数扱い)

∴ニュートンの単振動の運動方程式：

$\ddot{x} = -\omega^2 x$ ……$(*)'$ $\left(\omega = \sqrt{\frac{k_1+k_2}{m}}\right)$ が導かれる。………………(答)

演習問題 117　●ハミルトンの正準方程式（Ⅱ）●

質量を無視できる長さ l の軽い糸の上端 O を天井に固定し，下端に質量 m の重り P を付けて単振り子を作る。この単振り子の振れ角 θ が十分に小さいとき，この運動はハミルトンの正準方程式：
$\dfrac{d\theta}{dt} = \dfrac{\partial H}{\partial p}$ ……（＊1）　$\dfrac{dp}{dt} = -\dfrac{\partial H}{\partial \theta}$ ……（＊2）で表される。これから，
ニュートンの運動方程式：$\ddot{\theta} = -\omega^2 \theta$ ……（＊）　$\left(\omega = \sqrt{\dfrac{g}{l}}\right)$ を導け。

ヒント！ これは，演習問題 115（P211）と同じ設定の問題だね。今回は，ラグランジュの運動方程式ではなく，ハミルトンの正準方程式（＊1），（＊2）からニュートンの運動方程式：$\ddot{\theta} = -\omega^2 \theta$ を導く問題だ。ハミルトニアン H は $H = p\dot{\theta} - L$ から求めよう。

解答＆解説

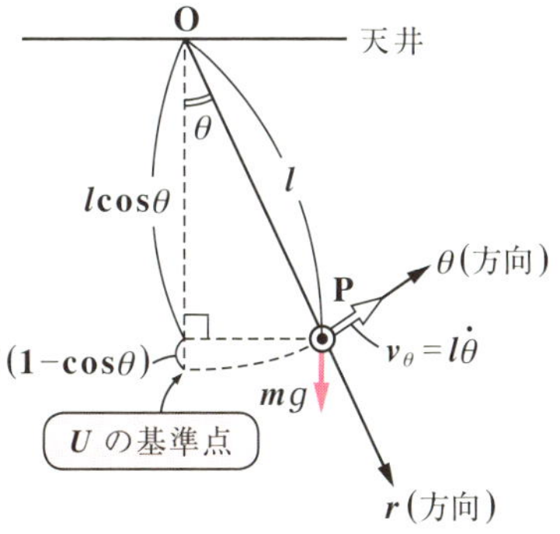

質点 P が，鉛直下向きより十分小さな角 θ だけ振れた位置にあるとき，

$\begin{cases} 運動エネルギー：T = \dfrac{1}{2} m v_\theta^2 = \dfrac{1}{2} m l^2 \dot{\theta}^2 \\ \qquad\qquad\qquad\quad\;\; \underbrace{}_{(l\dot\theta)^2} \\ ポテンシャルエネルギー：U = mgl(1 - \cos\theta) \end{cases}$

よって，ラグランジアン $L (= T - U)$ は，

$L = \dfrac{1}{2} m l^2 \dot{\theta}^2 - mgl(1 - \cos\theta)$ ……①

よって，一般化運動量 p は，　　　　　　　　　　　運動量の式

$p = \dfrac{dL}{d\dot{\theta}} = \dfrac{d}{d\dot{\theta}} \left\{ \underbrace{\dfrac{1}{2} m l^2}_{定数} \dot{\theta}^2 - \underbrace{mgl(1 - \cos\theta)}_{定数扱い} \right\} = \dfrac{1}{2} m l^2 \cdot 2\dot{\theta}$　∴ $p = m l^2 \dot{\theta}$ …②

よって，ハミルトニアン H は，$H = p\dot{\theta} - L$ ……③ より，
$\qquad\qquad\qquad\qquad\qquad\quad\; \underbrace{}_{ml^2\dot\theta\,(②より)} \;\; \underbrace{}_{\left\{\frac{1}{2}ml^2\dot\theta^2 - mgl(1-\cos\theta)\right\}\,(①より)}$

$H = m l^2 \dot{\theta}^2 - \left\{ \dfrac{1}{2} m l^2 \dot{\theta}^2 - mgl(1 - \cos\theta) \right\}$

$p = ml^2\dot{\theta}$ ……②

$H = p\dot{\theta} - L$ ……③

よって，$H = \frac{1}{2} ml^2 \dot{\theta}^2 + mgl(1-\cos\theta)$

$\left(\frac{p}{ml^2}\right)^2 = \frac{p^2}{m^2l^4}$ （②より）

$= \frac{p^2}{2ml^2} + mgl(1-\cos\theta)$ ……④ となる。

H は，θ と p の式で表す。

ハミルトンの正準方程式

$\frac{d\theta}{dt} = \frac{\partial H}{\partial p}$ ………（＊1）

$\frac{dp}{dt} = -\frac{\partial H}{\partial \theta}$ ……（＊2）

（今回は変数は，x ではなく，θ である。）

これから，ハミルトンの正準方程式により，ニュートンの単振動の方程式を導く。

(i) $\frac{d\theta}{dt} = \frac{\partial H}{\partial p}$ ……（＊1）より，

$\dot{\theta} = \frac{\partial}{\partial p}\left\{\frac{1}{2ml^2}p^2 + mgl(1-\cos\theta)\right\}$

定数　定数扱い

$= \frac{2p}{2ml^2} = \frac{p}{ml^2}$　これから，$p = ml^2\dot{\theta}$ ……⑤ が導ける。

これは，②と等しい

(ii) $\frac{dp}{dt} = -\frac{\partial H}{\partial \theta}$ ……（＊2）より，

$\frac{d}{dt}(ml^2\dot{\theta}) = -\frac{\partial}{\partial \theta}\left\{\frac{p^2}{2ml^2} + mgl(1-\cos\theta)\right\}$ よって，

②より　定数扱い　定数

$ml^2\ddot{\theta} = -mgl\cdot\sin\theta$　$\theta \fallingdotseq 0$ より，$\sin\theta \fallingdotseq \theta$

$\theta\ (\because \theta \fallingdotseq 0)$

よって，$ml^2\ddot{\theta} = -mgl\cdot\theta$ より，$\ddot{\theta} = -\frac{g}{l}\theta$

ここで，$\frac{g}{l} = \omega^2$ とおくと，ニュートンの運動方程式：

$\ddot{\theta} = -\omega^2\theta$ ……（＊）$\left(\omega = \sqrt{\frac{g}{l}}\right)$ が導かれる。……………………(答)

Term・Index

メモ

メモ

スバラシク実力がつくと評判の
演習 力学 キャンパス・ゼミ
改訂 4

マセマ

著　者　馬場 敬之　高杉 豊
発行者　馬場 敬之
発行所　マセマ出版社
〒 332-0023 埼玉県川口市飯塚 3-7-21-502
TEL 048-253-1734　FAX 048-253-1729
Email：info@mathema.jp
http://www.mathema.jp

編　集　七里 啓之
校閲・校正　清代 芳生　秋野 麻里子
制作協力　久池井 茂　木本 大輔　滝本 隆
滝本 修二　野村 大輔　真下 久志
間宮 栄二　町田 朱美
カバーデザイン　馬場 冬之
ロゴデザイン　馬場 利貞
印刷所　株式会社 シナノ

ISBN978-4-86615-095-6 C3042
落丁・乱丁本はお取りかえいたします。